零基础学电工

韩雪涛　主　编
吴瑛　韩广兴　副主编

机械工业出版社
CHINA MACHINE PRESS

本书以电工领域的市场需求为导向，根据国家相关职业资格标准安排电工知识和技能的学习内容。结合电工行业的培训特色和读者学习习惯，将电工知识与技能划分成16章内容，具体为电工基础知识、常用电器和电子元器件、常用工具和仪表的功能与使用、电工识图、电气部件与电子元器件的检测、线路的加工与连接、灯控照明系统的安装与维护、供配电线路的安装与维护、电力拖动系统的安装与维护、电动机的拆装与维护应用、电动机常用控制电路的特点与应用、变频器的使用与调试、PLC技术与编程、机电设备的自动化应用控制、变频电路的综合控制应用、PLC的综合控制应用。这些知识内容涵盖了目前电工行业的主要岗位需求，注重电工知识的系统性，强调电工技能的实用性。

　　本书采用微视频讲解互动的全新教学模式，在书中重要的知识点或操作技能环节附印有二维码，读者通过手机扫描书中的二维码，就可以在手机上观看相应知识点和技能点的视频演示，从而与图书中的内容形成互补，确保达到最佳的学习效果。

　　本书是电工上岗从业必读的教程，可供电工在岗从业人员及待岗求职人员学习，也可作为职业院校、培训学校及相关培训机构的师生和广大电工电子爱好者学习使用。

图书在版编目（CIP）数据

零基础学电工 / 韩雪涛主编 . —北京：机械工业出版社，2018.2（2022.3重印）
ISBN 978-7-111-58954-9

Ⅰ.①零…　Ⅱ.①韩…　Ⅲ.①电工技术 Ⅳ.① TM

中国版本图书馆 CIP 数据核字（2018）第 003267 号

机械工业出版社（北京市百万庄大街 22 号　邮政编码 100037）
策划编辑：任　鑫　责任编辑：任　鑫
责任校对：肖　琳　封面设计：马精明
责任印制：李　昂
北京瑞禾彩色印刷有限公司印刷
2022 年 3 月第 1 版第 10 次印刷
185mm×260mm · 20 印张 · 568 千字
标准书号：ISBN 978-7-111-58954-9
定价：80.00 元

凡购本书，如有缺页、倒页、脱页，由本社发行部调换
电话服务　　　　　　　　　　网络服务
服务咨询热线：010-88361066　机工官网：www.cmpbook.com
读者购书热线：010-68326294　机工官博：weibo.com/cmp1952
　　　　　　　010-88379203　金书网：www.golden-book.com
封面无防伪标均为盗版　教育服务网：www.cmpedu.com

随着国民经济的发展，城乡现代化建设步伐的加快，各种电气设备大量增加。社会对电工电子技能人员的需求越来越强烈。电工行业的就业前景十分广阔。

电气自动化程度的提高，使得电工从业不仅需要具备过硬的动手能力，还需要掌握扎实、全面的电路知识。随着技术的不断更新，摆在电工从业人员面前的首要任务就是如何能够在短时间内掌握规范的操作技能和实用的电路知识。

经过大量的市场调研，我们发现社会特别需要具有明显技术特色的新型电工人才，而相关的专业化培训却存在严重的脱节。尤其是相关的培训教材难以适应岗位就业的需要，难以在短时间内向学习者传授专业完善的知识技能。

为解决这一问题，我们特组织编写了《零基础学电工》专业培训教材。本书重点以岗位就业为目标，所针对的读者对象为广大电工电子初级和中级学习者，主要目的是帮助学习者完成对电工知识技能从初级到专业的进阶。需要特别提醒广大读者注意的是，为尽量与广大读者的从业习惯一致，本书在部分专业术语和图形符号等表达方面，并没有严格按照国家标准进行统一，而是尽量采用行业内的通用习惯。

本书力求打造电工领域的"全新"教授模式，无论是在编写初衷、内容编排，还是表现形式、后期服务上，本书都进行了大胆的调整，**内容超丰富、特色超鲜明**。

在层次定位上——【明确】

首先，从市场定位上，本书以国家职业资格为标准，以岗位就业为出发点，对电工电子从业市场的岗位需求进行了充分的调研。定位在从事和希望从事电工行业的初级读者。从零基础出发，通过本书的学习实现从零基础到全精通的"飞跃"。

在涉及内容上——【全面】

本书内容全面，章节安排充分考虑本行业读者的特点和学习习惯，在知识的架构设计上结合岗位就业培训的特色，明确从业范围，明确从业目标，明确岗位需求，明确学习目的。让读者的学习更具针对性。全书的内容安排也全部由实际工作中"移植"而来，书中大量的案例和数据均来源于实际的工作，确保学习的实用性。

在表现形式上——【新颖】

本书充分发挥"全图解"的讲解特色。采用全彩印刷方式，运用大量的实物图、效果图、电路图及实操演示图等辅助知识技能的讲解。让读者能够更加直观、更加生动地了解电工知识，"看会"复杂的电工操作，不仅使阅读更加轻松，更重要的是节省学习时间、提升学习效率，并达到最佳的学习效果。让电工技术中的难点和电工技能中的关键点都通过图解的方式清晰地展现在读者面前，让读者一看就懂。

在后期服务上——【超值】

本书的编写得到了数码维修工程师鉴定指导中心的大力支持，为读者在学习过程中和以后的技能进阶方面提供全方位立体化的配套服务。读者在学习和工作过程中有什么问题，可登录数码维修工程师鉴定指导中心官方网站（www.chinadse.org）获得超值技术服务。

另外，本书将数字媒体与传统纸质载体完美结合，读者可以通过手机扫描书中的二维码，即可开启相应知识点的动态视频学习资源，教学内容与图书中的图文资源相互衔接，确保读者在短时间内最佳的学习效果。也是图书内容的进一步"延伸"。

本书由韩雪涛担任主编，吴瑛、韩广兴担任副主编，参加编写的人员还有韩雪冬、张湘萍、吴惠英、刘秀东、马楠、吴玮、周洋、孙涛、唐秀鸾、张丽梅、高瑞征、王新霞、张义伟、黄博翔、宋明芳、路建歆、周文静、马敬宇、朱勇、马梦霞、吴鹏飞、张明杰、郭海滨、梁明等。

读者可以通过以下方式与我们联系。

数码维修工程师鉴定指导中心
网　　址：http://www.chinadse.org
联系电话：022-83718162、83715667，13114807267
地　　址：天津市南开区榕苑路 4 号天发科技园 8-1-401
邮　　编：300384

编　者

目 录

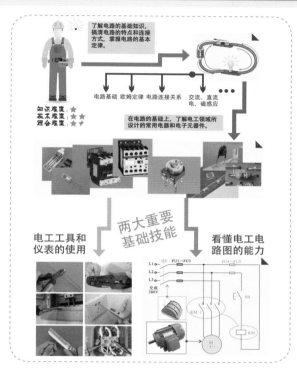

基 础 篇

P30

P54, P57, P61

基　础　篇

实　操　篇

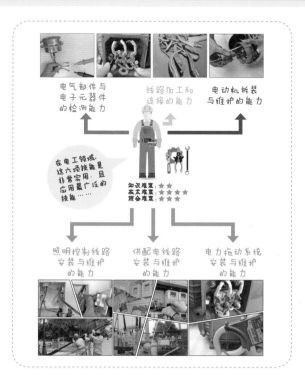

P81, P86, P89, P92,
P94, P96, P97

P106, P112, P117

P122, P123, P124, P125, P127

实操篇

进阶篇

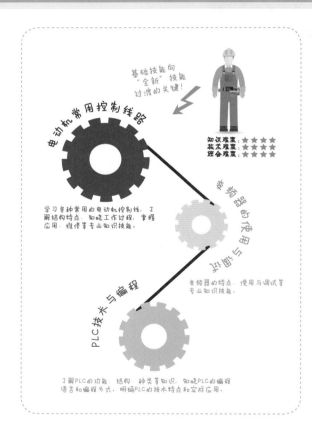

综合应用篇

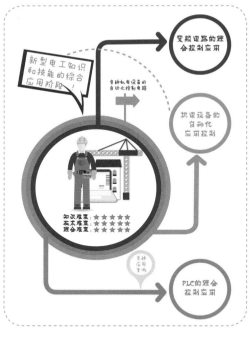

P262, P264, P270

第1章 电工基础知识

1.1 电路基础

1.1.1 电流与电动势

1 电流

在导体的两端加上电压，导体内的电子就会在电场力的作用下做定向运动，形成电流。电流的方向规定为电子（负电荷）运动的反方向，即电流的方向与电子运动的方向相反。

图1-1为由电池、开关、灯泡组成的电路模型，当开关闭合时，电路形成通路，电池的电动势形成电压，继而产生了电场力，在电场力的作用下，处于电场内的电子便会定向移动，从而形成电流。

📋 图1-1　由电池、开关、灯泡组成的电路模型

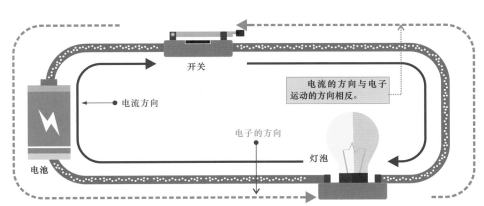

开关

电流方向

电流的方向与电子运动的方向相反。

电子的方向

灯泡

电池

| 提示说明 |

电流的大小称为电流强度，它是指在单位时间内通过导体横截面的电荷量。电流强度使用字母"I"（或 i）来表示，电荷量使用"Q"表示。若在时间 t（s）内通过导体横截面的电荷量是 Q，则电流强度可用下式计算：

$$I=\frac{Q}{t}$$

电流强度的单位为安培，简称安，用字母"A"表示。根据不同的需要，还可以用千安（kA）、毫安（mA）和微安（μA）来表示。它们之间的关系为

　　1kA =1000A　　　1mA=10^{-3}A　　　1μA=10^{-6}A

2 电动势

电动势是描述电源性质的重要物理量，用字母"*E*"表示，单位为"V"（伏特，简称伏）。它是表示单位正电荷经电源内部，从负极移动到正极所做的功，标志着电源将其他形式的能量转换成电路的动力，即电源供应电路的能力。

电动势用公式表示，即

$$E = \frac{W}{Q}$$

式中，*E* 为电动势，单位为伏特（V）；*W* 为将正电荷经电源内部从负极引到正极所做的功，单位为焦耳（J）；*Q* 为移动的正电荷数量，单位为库仑（C）。

图 1-2 为由电池、开关、可变电阻器构成的电路模型。

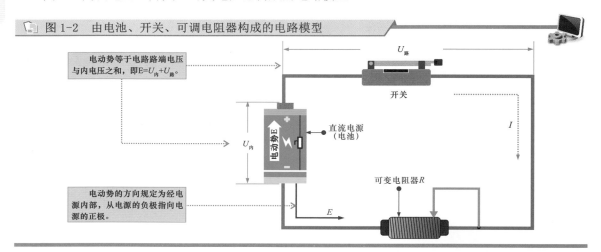

图 1-2 由电池、开关、可调电阻器构成的电路模型

电动势等于电路路端电压与内电压之和，即 $E=U_内+U_路$。

$U_内$

电动势E

直流电源（电池）

开关

$U_路$

I

可变电阻器*R*

电动势的方向规定为经电源内部，从电源的负极指向电源的正极。

E

在闭合电路中，电动势是维持电流流动的电学量，电动势的方向规定为经电源内部，从电源的负极指向电源的正极。电动势等于路端电压与内电压之和，用公式表示为

$$E = U_路 + U_内 = IR + Ir$$

式中，$U_路$ 表示路端电压（即电源加在外电路端的电压）；$U_内$ 表示内电压（即电池因内阻自行消耗的电压）；*I* 表示闭合电路的电流；*R* 表示外电路总电阻（简称外阻）；*r* 表示电源的内阻。

| **提示说明** |

对于确定的电源来说，电动势 *E* 和内阻 *r* 都是一定的。若闭合电路中外电阻 *R* 增大，电流 *I* 便会减小，内电压 $U_内$ 减小，故路端电压 $U_路$ 增大。若闭合电路中外电阻 *R* 减小，电流 *I* 便会增大，内电压 $U_内$ 增大，故路端电压 $U_路$ 减小。当外电路断开，外电阻 *R* 无限大，电流 *I* 便会为零，内电压 $U_内$ 也变为零，此时路端电压就等于电源的电动势。

1.1.2 电位与电压

1 电位

电位是指该点与指定的零电位的大小差距。电位也称电势，单位是伏特（V），用符号"φ"表示。它的值是相对的，电路中某点电位的大小与参考点的选择有关。

图 1-3 是由电池、三个阻值相同的电阻和开关构成的电路模型（电位的原理）。电路以 A 点作为参考点，A 点的电位为 0V（即 $\varphi_A=0V$），则 B 点的电位为 0.5V（即 $\varphi_B=0.5V$），C 点的电位为 1V（即 $\varphi_C=1V$），D 点的电位为 1.5V（即 $\varphi_D=1.5V$）。

图 1-3　由电池、三个阻值相同的电阻和开关构成的电路模型（一）

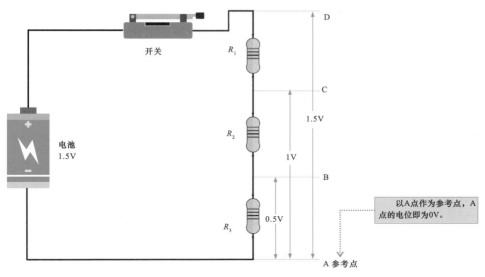

图 1-4 为以 B 点为参考点，B 点的电位为 0V（即 φ_B=0V），则 A 点的电位为 -0.5V（即 φ_A= -0.5V），C 点的电位为 0.5V（即 φ_C=0.5V），D 点的电位为 1V（即 φ_D=1V）。

图 1-4　由电池、三个阻值相同的电阻和开关构成的电路模型（二）

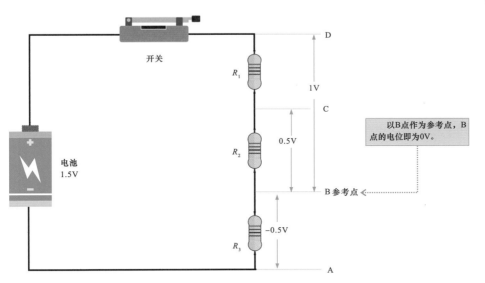

| 提示说明 |

　　若以 C 点为参考点，C 点的电位即为 0V（即 φ_C=0V），则 A 点的电位为 -1V（即 φ_A=-1V），B 点的电位为 -0.5V（即 φ_B=-0.5V），D 点的电位为 0.5V（即 φ_D=0.5V）。若以 D 点为参考点，D 点的电位为 0V（即 φ_D=0V），则 A 点的电位为 -1.5V（即 φ_A=-1.5V），B 点的电位为 -1V（即 φ_B=-1V），C 点的电位为 -0.5V（即 φ_C=-0.5V）。

3

2 电压

电压也称电位差（或电势差），单位是伏特（V）。电流之所以能够在电路中流动是因为电路中存在电压，即高电位与低电位之间的差值。

图1-5为由电池、两个阻值相等的电阻器和开关构成的电路模型。

📄 图1-5 电池、两个阻值相等的电阻器和开关构成的电路模型

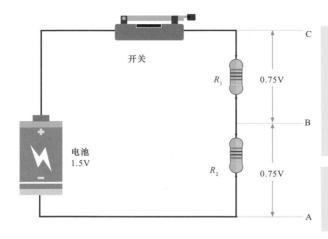

在闭合电路中，任意两点之间的电压就是指这两点之间电位的差值，用公式表示即为$U_{AB}=\varphi_A-\varphi_B$，以A点为参考点（即$\varphi_A$=0V），B点的电位为0.75V（即$\varphi_B$=0.75V），B点与A点之间的$U_{BA}=\varphi_B-\varphi_A$=0.75V，也就是说加在电阻器$R_2$两端的电压为0.75V；C点的电位为1.5V（即$\varphi_C$=1.5V），C点与A点之间的$U_{CA}=\varphi_C-\varphi_A$=1.5V，也就是说加在电阻器$R_1$和$R_2$两端的电压为1.5V。

但若单独衡量电阻器R_1两端的电压（即U_{BC}），若以B点为参考点（φ_B=0），C点电位即为0.75V（φ_C=0.75V），因此加在电阻器R_1两端的电压仍为0.75V（即U_{BC}=0.75V）。

1.2 欧姆定律

欧姆定律规定了电压（U）、电流（I）和电阻（R）之间的关系。在电路中，流过电阻器的电流与电阻器两端的电压成正比，与电阻成反比，即$I=U/R$，这就是欧姆定律的基本概念，是电路中最基本的定律之一。

1.2.1 电压对电流的影响

在电路中电阻阻值不变的情况下，电阻两端的电压升高，流经电阻的电流也成比例增加；电压降低，流经电阻的电流也成比例减小。

图1-6为电压变化对电流的影响。电压从25V升高到30V时，电流也会从2.5A升高到3A。

📄 图1-6 电压变化对电流的影响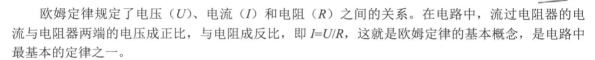

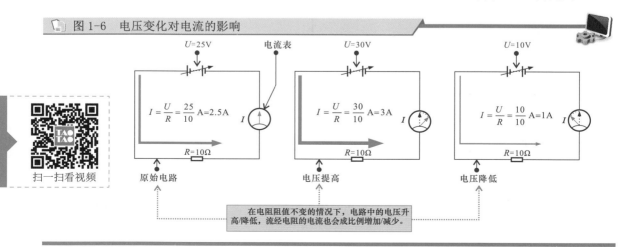

扫一扫看视频

原始电路　　　　　电压提高　　　　　电压降低

在电阻阻值不变的情况下，电路中的电压升高/降低，流经电阻的电流也会成比例增加/减少。

1.2.2　电阻对电流的影响

在电路中电阻两端电压值不变的情况下，电阻阻值升高，流经电阻的电流成比例降低；电阻阻值降低，流经电阻的电流则成比例升高。

图 1-7 为电阻变化对电流的影响。电阻从 10Ω 升高到 20Ω 时，电流值会从 2.5A 降低到 1.25A。

图 1-7　电阻变化对电流的影响

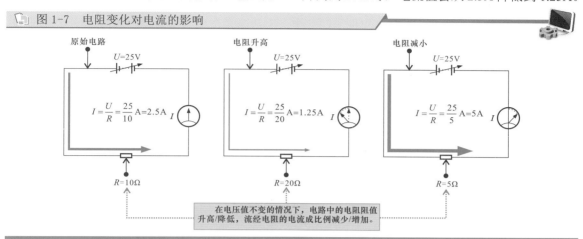

1.3　电功率和焦耳定律

1.3.1　电功与电功率

1　电功

能量被定义为做功的能力。它以各种形式存在，包括电能、热能、光能、机械能、化学能以及声能等。电能是指电荷移动所承载的能量。

电能的转换是在电流做功的过程中进行的。因此，电流做功所消耗电能的多少可以用电功来度量。电功的计算公式为

$$W = UIt$$

式中，U 为电压，单位为 V；I 为电流，单位为 A；W 为电功，单位为 J；t 为时间，单位为 s。

日常生产和生活中，电功也常用度作为单位，家庭用电能表如图 1-8 所示，是计量一段时间内家庭的所有电器耗电（电功）的综合。1 度 =1kW·h。

图 1-8　家庭用电能表

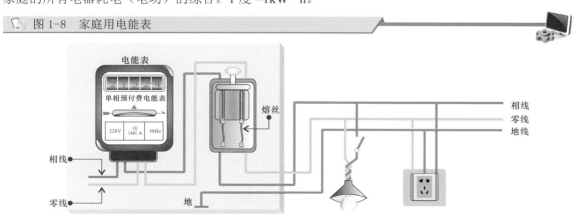

我们日常生活中使用的电能主要来自其他形式能量的转换，包括水能（水力发电）、热能（火力发电）、原子能（原子能发电）、风能（风力发电）、化学能（电池）及光能（光电池、太阳电池等）等。电能也可转换成其他所需的能量形式。它可以采用有线或无线的形式进行远距离的传输。

2 电功率

功率是指做功的速率或者是利用能量的速率。电功率是指电流在单位时间内（s）所做的功，以字母"*P*"标识，即

$$P = W/t = UIt/t = UI$$

式中，*U* 的单位为 V；*I* 的单位为 A；*P* 的单位为 W。例如，图 1-9 为电功率的计算案例。

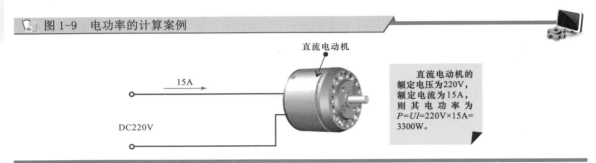

图 1-9　电功率的计算案例

直流电动机

15A

DC220V

直流电动机的额定电压为220V，额定电流为15A，则其电功率为 *P=UI*=220V×15A= 3300W。

电功率也常用千瓦（kW）、毫瓦（mW）来表示。例如，某电机的功率标识为 2kW，表示其耗电功率为 2kW。也有用马力来表示的（非标准单位），它们之间的关系是

$$1kW = 10^3 W$$
$$1mW = 10^{-3} W$$
$$1\ 马力 = 0.735kW$$
$$1kW = 1.36\ 马力$$

根据欧姆定律，电功率的表达式还可转化为

由 $P = W/t = UIt/t = UI$，$U=IR$，因此可得

$$P = I^2 R$$

由 $P = W/t = UIt/t = UI$，$I=U/R$，因此可得

$$P= U^2 / R$$

由以上公式可看出：

1）当流过负载电阻的电流一定时，电功率与电阻值成正比。

2）当加在负载电阻两端的电压一定时，电功率与电阻值成反比。

大多数电力设备都标有电瓦数或额定功率。如电烤箱上标有 220V　1200W 字样，则 1200W 为其额定电功率。额定电功率即是电气设备安全正常工作的最大电功率。电气设备正常工作时的最大电压叫作额定电压，例如 AC 220V，即为交流 220V 供电的条件。在额定电压下的电功率叫作额定功率。实际加在电气设备两端的电压叫作实际电压，在实际电压下的电功率叫作实际功率。只有在实际电压与额定电压相等时，实际功率才等于额定功率。

在一个电路中，额定功率大的设备实际消耗功率不一定大，应由设备两端实际电压和流过设备的实际电流决定。

1.3.2 焦耳定律

把手靠近点亮了一段时间的白炽灯泡，就会感到灯泡发热；电视机、计算机主机和显示器，长时间工作后外壳会发热，即导体中有电流通过时，导体就会发热，这种现象叫作电流的热效应。

我们知道灯泡和电线串联在电路中，电流相同，灯泡发热、发光，电线却不怎么热；相同的导线如果将灯泡换成大功率的电炉，电线将显著发热，甚至烧坏电线；电熨斗通电的时间过长，也会产生很多热量，一不小心，就会烫坏衣料。这些都说明电流产生的热量与导体的电阻、电流和通电时间有关。

英国物理学家焦耳做了大量的实验后于 1840 年最先确定了电流产生的热量与电流、电阻和通电时间的定量关系：电流通过导体产生的热量与电流的二次方成正比，与导体电阻成正比，与通电时间成正比。这个规律叫作焦耳定律。

用 I 表示电流，R 表示电阻，t 为通电时间，Q 表示热量，焦耳定律可以表示为

$$Q = I^2Rt$$

电流的热效应在生产和生活中应用广泛。例如，电饭煲、电磁炉、电烙铁、电熨斗、电暖气等，如图 1-10a 所示。这些电热器具有热效率高，调节温度方便，清洁卫生等优点，给生产和生活提供了极大的便利。电流的热效应也有不利的地方，比如电动机、电视机等工作时也会有热量产生，如图 1-10b 所示，这既浪费了电能，又可能在机器散热较差时被烧毁。在远距离输电时，由于输电线有电阻，不可避免地使一部分电能在输电线上转化为热能而损失。所以无论是利用电流的热效应，还是减小电流的热效应，都需要掌握有关热效应的规律。

图 1-10 焦耳定律的实际应用（电流的热效应）

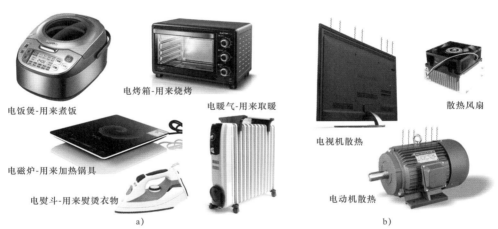

电饭煲-用来煮饭
电烤箱-用来烧烤
电暖气-用来取暖
散热风扇
电磁炉-用来加热锅具
电视机散热
电熨斗-用来熨烫衣物
电动机散热

a)　　　　　　　　　b)

1.4　电路的连接方式

1.4.1　串联方式

如果电路中多个负载首尾相连，那么我们称它们的连接状态是串联的，该电路即为串联电路。

如图 1-11 所示，在串联电路中，通过每个负载的电流量是相同的，且串联电路中只有一个电流通路，当开关断开或电路的某一点出现问题时，整个电路将处于断路状态，因此当其中一盏灯损坏后，另一盏灯的电流通路也被切断，该灯也不能点亮。

图 1-11　电子元件的串联关系

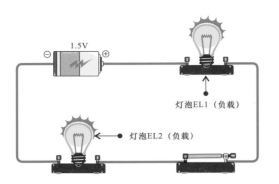

1.5V

灯泡EL1（负载）

灯泡EL2（负载）

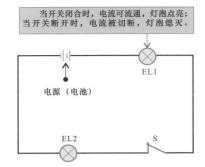

当开关闭合时，电流可流通，灯泡点亮；
当开关断开时，电流被切断，灯泡熄灭。

电源（电池）

EL1

EL2

S

| 提示说明 |

　　在串联电路中通过每个负载的电流量是相同的，且串联电路中只有一个电流通路，当开关断开或电路的某一点出现问题时，整个电路将变成断路状态。

　　在串联电路中，流过每个负载的电流相同，各个负载分享电源电压，如图 1-12 所示，电路中有三个相同的灯泡串联在一起，那么每个灯泡将得到 1/3 的电源电压量。每个串联的负载可分到的电压量与其自身的电阻有关，即自身电阻较大的负载会得到较大的电压值。

图 1-12　灯泡（负载）串联的电压分配

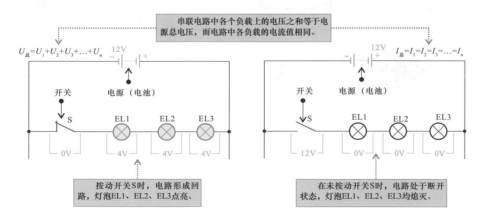

串联电路中各个负载上的电压之和等于电源总电压，而电路中各负载的电流值相同。

$U_总 = U_1 + U_2 + U_3 + \ldots + U_n$

12V

开关

电源（电池）

S　　EL1　　EL2　　EL3

0V　　4V　　4V　　4V

按动开关S时，电路形成回路，灯泡EL1、EL2、EL3点亮。

12V

$I_总 = I_1 = I_2 = I_3 = \ldots = I_n$

开关

电源（电池）

S　　EL1　　EL2　　EL3

12V　　0V　　0V　　0V

在未按动开关S时，电路处于断开状态，灯泡EL1、EL2、EL3均熄灭。

1.4.2　并联方式

　　两个或两个以上负载的两端都与电源两极相连，我们称这种连接状态是并联的，该电路即为并联电路。

　　如图 1-13 所示，在并联状态下，每个负载的工作电压都等于电源电压。不同支路中会有不同的电流通路，当支路某一点出现问题时，该支路将处于断路状态，照明灯会熄灭，但其他支路依然正常工作，不受影响。

图 1-13　电子元件的并联关系

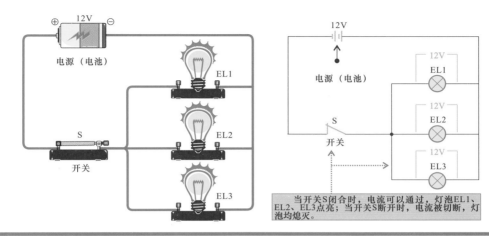

当开关S闭合时，电流可以通过，灯泡EL1、EL2、EL3点亮；当开关S断开时，电流被切断，灯泡均熄灭。

图 1-14 为灯泡（负载）并联的电压分配。

图 1-14　灯泡（负载）并联的电压分配

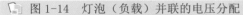

并联电路电压与电流的关系：
$$U_总=U_1=U_2=\ldots=U_n$$
$$I_总=I_1+I_2+\ldots+I_n$$

并联电路中每个设备的电压都相等，然而，每个负载处流过的电流由于它们的电阻不同而不同，它们的电流值和它们的电阻值成反比，即设备的电阻越大，流经负载的电流越小。

在并联电路中，每个负载的工作电压都等于电源电压。

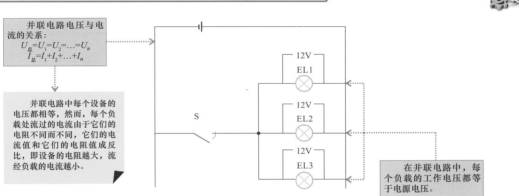

1.4.3　混联方式

如图 1-15 所示，将电子元器件串联和并联后构成的电路称为混联电路。

图 1-15　电子元器件的混联关系

EL1、EL2与EL3、EL4并联，再与EL5串联。

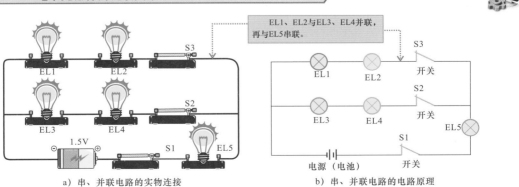

a）串、并联电路的实物连接　　　　b）串、并联电路的电路原理

1.5 直流电与交流电

1.5.1 直流电与直流电路

1 直流电

直流电（Direct Current，DC）是指电流方向不随时间作周期性变化，由正极流向负极，但电流的大小可能会变化。

直流电可以分为脉动直流和恒定直流两种，如图 1-16 所示，脉动直流中电流大小不稳定；而恒定直流中的电流大小是恒定不变的。

📄 **图 1-16　脉动直流和恒定直流**

一般将可提供直流电的装置称为直流电源，例如干电池、蓄电池、直流发电机等。直流电源有正、负两极。当直流电源为电路供电时，直流电源能够使电路两端之间保持恒定的电位差，从而在外电路中形成由电源正极到负极的电流，如图 1-17 所示。

📄 **图 1-17　直流电的特点**

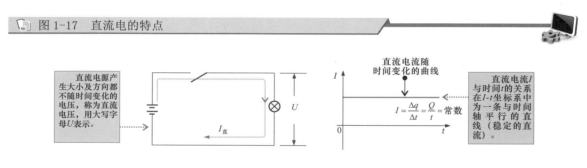

直流电源产生大小及方向都不随时间变化的电压，称为直流电压，用大写字母 U 表示。

$$I = \frac{\Delta q}{\Delta t} = \frac{Q}{t} = 常数$$

直流电流随时间变化的曲线

直流电流 I 与时间 t 的关系在 I-t 坐标系中为一条与时间轴平行的直线（稳定的直流）。

2 直流电路

由直流电源作用的电路称为直流电路，它主要是由直流电源和负载构成的闭合电路。

在生活和生产中电池供电的电器都属于直流供电方式，如低压小功率照明灯、直流电动机等。还有许多电器是利用交流－直流变换器，将交流变成直流再为电器供电。图 1-18 为直流电动机驱动电路，它采用直流电源供电，这是一个典型的直流电路。

家庭或企事业单位的供电都是采用交流 220V、50Hz 的电源，而电子产品内部各电路单元及其元器件则往往需要多种直流电压，因而需要一些电路将交流 220V 电压变为直流电压，供电路各部分使用。

如图 1-19 所示，交流 220V 电压经变压器 T，先变成交流低压（12V）。再经整流二极管 VD 整流后变成脉动直流，脉动直流经 LC 滤波后变成稳定的直流电压。

图 1-18　直流电动机驱动电路

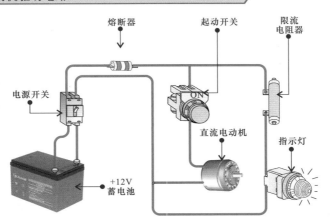

熔断器　起动开关　限流电阻器

电源开关

ON

直流电动机

+12V蓄电池

指示灯

图 1-19　直流电源电路

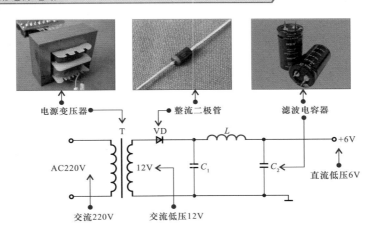

电源变压器　整流二极管　滤波电容器

T　VD　L

AC220V　12V　C_1　C_2　+6V

直流低压6V

交流220V　交流低压12V

| 提示说明 |

　　如图 1-20 所示，一些实用电子产品（如手机、收音机等）是借助充电器给电池充电后获取电能。值得一提的是，不论是电动车的大型充电器，还是手机、收音机等的小型充电器，都需要从市电交流 220V 的电源中获得能量。

　　充电器的功能是将交流 220V 变为所需的直流电压后再对蓄电池进行充电。还有一些电子产品将直流电源作为附件，制成一个独立的电路单元，称为适配器，如笔记本电脑、摄录一体机等。适配器将 220V 交流电转变为直流电后为用电设备提供所需要的电压。

1.5.2　交流电与交流电路

1　交流电

　　交流电（Alternating Current，AC）是指大小和方向会随时间周期性变化的电压或电流。在日常生活中所有的电器产品都需要有供电电源才能正常工作，大多数的电器设备都是由市电交流 220V、50Hz 作为供电电源，这是我国公共用电的统一标准，交流 220V 电压是指相线（即火线）对零线的电压。

📄 图 1-20　典型实用电子产品中直流电源的获取方式

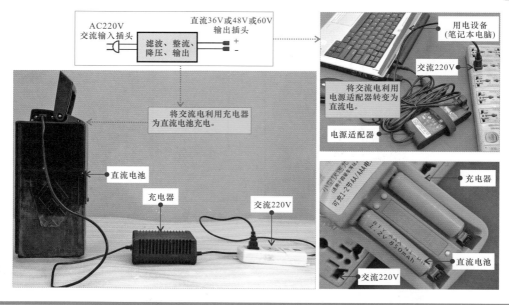

如图 1-21 所示，交流电是由交流发电机产生的，交流发电机有产生单相交流电的机型和产生三相交流电的机型。

📄 图 1-21　交流电的产生

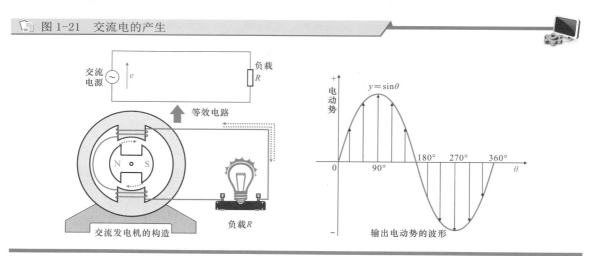

| 提示说明 |

交流发电机的转子是由永磁体构成的，当水轮机或汽轮机带动发电机转子旋转时，转子磁极旋转，会对定子线圈辐射磁场，磁力线切割定子线圈，定子线圈中便会产生感应电动势，转子磁极转动一周就会使定子线圈产生相应的电动势（电压）。由于感应电动势的强弱与感应磁场的强度成正比，感应电动势的极性也与感应磁场的极性相对应。定子线圈所受到的感应磁场是正反向交替周期性变化的。转子磁极匀速转动时，感应磁场是按正弦规律变化的，发电机输出的电动势波形为正弦波形。

如图 1-22 所示，发电机根据电磁感应原理产生电动势，当线圈受到变化磁场的作用时，即线圈切割磁力线便会产生感应磁场，感应磁场的方向与作用磁场方向相反。

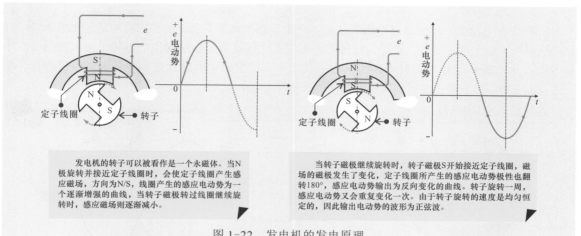

图 1-22　发电机的发电原理

（1）单相交流电

单相交流电在电路中具有单一交变的电压，该电压以一定的频率随时间变化，如图 1-23 所示。在单相交流发电机中，只有一个线圈绕制在铁心上构成定子，转子是永磁体，当其内部的定子和线圈为一组时，它所产生的感应电动势（电压）也为一组（相），由两条线进行传输。

图 1-23　单相交流电的产生

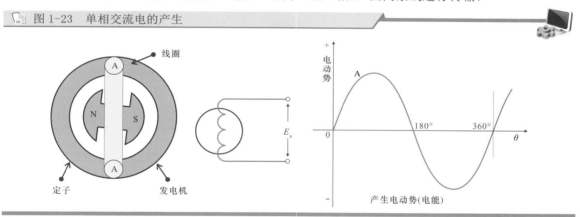

（2）两相交流电

在发电机内设有两组定子线圈互相垂直地分布在转子外围，如图 1-24 所示。转子旋转时两组定子线圈产生两组感应电动势，这两组电动势之间有 90° 的相位差，这种电源称为两相电源，多用在自动化设备中。

图 1-24　两相交流电的产生

（3）三相交流电

三相交流电是由三相交流发电机产生的。在定子槽内放置着三个结构相同的定子绕组 A、B、C，这些绕组在空间互隔 120°。转子旋转时，其磁场在空间按正弦规律变化，当转子由水轮机或汽轮机带动以角速度 ω 等速顺时针方向旋转时，在三个定子绕组中就会产生频率相同、幅值相等、相位上互差 120° 的三个正弦电动势，即对称的三相电动势，如图 1-25 所示。

图 1-25　三相交流电的产生

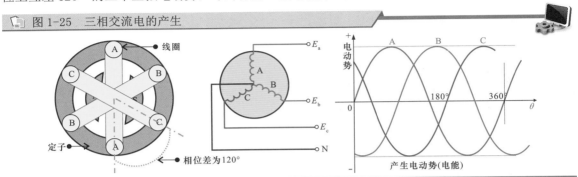

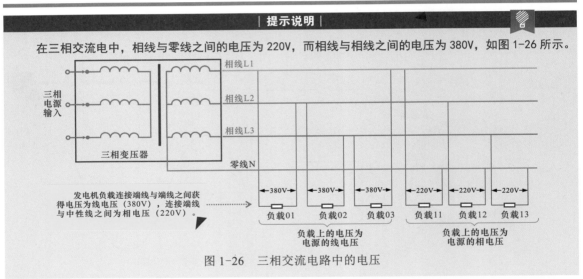

| 提示说明 |

在三相交流电中，相线与零线之间的电压为 220V，而相线与相线之间的电压为 380V，如图 1-26 所示。

图 1-26　三相交流电路中的电压

2　交流电路

我们将交流电通过的电路称为交流电路。交流电路普遍用于人们的日常生活和生产中，下面就分别介绍一下单相交流电路和三相交流电路。

（1）单相交流电电路

单相交流电路的供电方式主要有单相两线制、单相三线制，一般的家庭用电都是单相交流电路。

◇ 单相两线制。单相两线制是指供配电线路仅由一根相线（L）和一根零线（N）构成，通过这两根线获取 220V 单相电压，分配给各用电设备。图 1-27 为单相两线制交流电路在家庭照明中的应用。

◇ 单相三线制。单相三线制是在单相两线制的基础上添加一条地线，即由一根相线、零线和地线构成。其中，地线与相线之间的电压为 220V，零线（中性线 N）与相线（L）之间的电压为 220V。由于不同接地点存在一定的电位差，因而零线与地线之间可能有一定的电压。图 1-28 为单相三线制交流电路在家庭照明中的应用。

图 1-27 单相两线制的交流电路

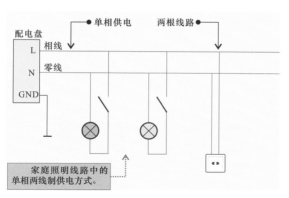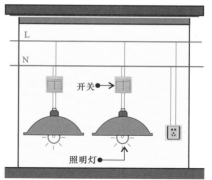

图 1-28 单相三线制交流电路

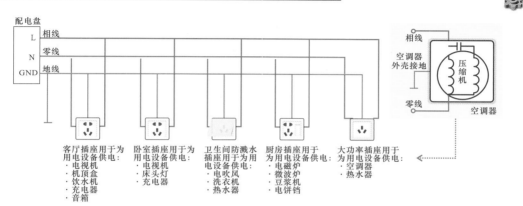

（2）三相交流电电路

三相交流电路的供电方式主要三相三线制、三相四线制和三相五线制三种供电方法，一般的工厂中的电器设备常采用三相交流电路。

◇ 三相三线制。三相三线制是指供电线路由三根相线构成的，每根相线之间的电压为380V，额定电压为 380V 的电气设备可直接连接在相线上，如图 1-29 所示。这种供电方式多用在电能传输系统中。

◇ 三相四线制。三相四线制交流电路是指由变压器引出四根线的供电方式。其中，三根为相线，另一根中性线为零线。这种供电方式常用于 380/220V 低压动力与照明混合配电，如图 1-30 所示。

| 提示说明 |

注意：在三相四线制供电方式中，在三相负载不平衡时和低压电网的零线过长且阻抗过大时，零线将有零序电流通过，过长的低压电网，由于环境恶化、导线老化、受潮等因素，导线的漏电电流通过零线形成闭合回路，致使零线也带一定的电位，这对安全运行十分不利。在零线断线的特殊情况下，断线以后的单相设备和所有保护接零的设备会产生危险的电压，这是不允许的。

◇ 三相五线制。图 1-31 为典型三相五线供电方式的示意图。在前面所述的三相四线制交流电路中，把零线的两个作用分开，即一根线作为工作零线（N），另一根线作为保护零线（PE），这样的供电接线方式称为三相五线制的交流电路。

📋 图 1-29　三相三线制交流电路

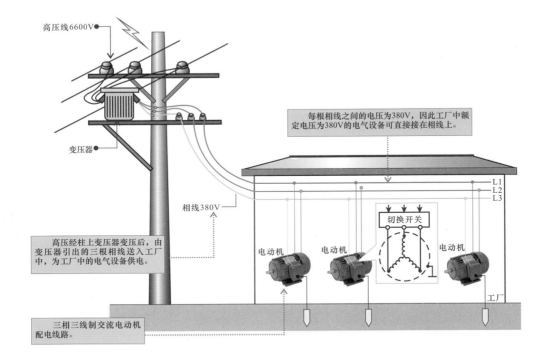

高压线6600V

变压器

相线380V

高压经柱上变压器变压后，由变压器引出的三根相线送入工厂中，为工厂中的电气设备供电。

每根相线之间的电压为380V，因此工厂中额定电压为380V的电气设备可直接接在相线上。

L1
L2
L3

切换开关

电动机　　电动机　　　　　　电动机

工厂

三相三线制交流电动机配电线路。

📋 图 1-30　三相四线制交流电路

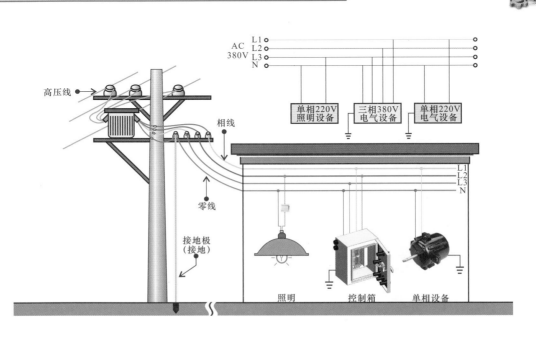

高压线

相线

零线

接地极
（接地）

AC
380V
L1
L2
L3
N

单相220V
照明设备

三相380V
电气设备

单相220V
电气设备

L1
L2
L3
N

照明　　　　控制箱　　　单相设备

图 1-31 三相五线制的交流电路

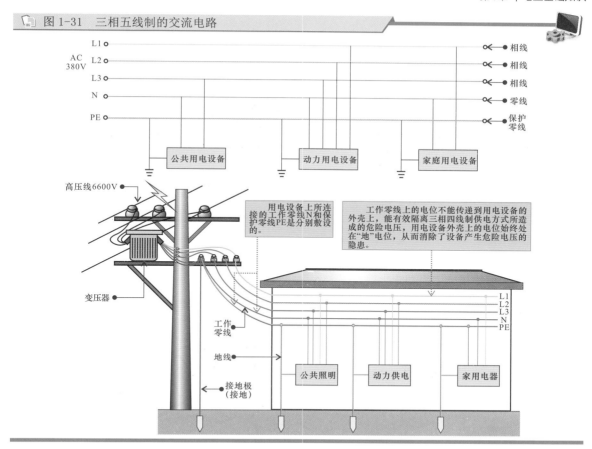

1.6 电磁现象及规律

1.6.1 电流感应磁场

通俗地讲，磁场就是存在磁力的场所，可以用铁粉末验证磁场的存在。

在一块硬纸板下面放一块磁铁，在纸板上面撒一些细的铁粉末，铁粉末会自动排列起来，形成一串串曲线的样子，如图 1-32 所示，在两个磁极附近和两个磁极之间被磁化的铁粉末所形成的纹路图案是很有规律的线条。它是从磁体的 N 极出发经过空间到磁体 S 极的线条，在磁体内部从 S 极又回到 N 极，形成一个封闭的环。通常说磁力线的方向就是磁性体 N 极所指的方向。

图 1-32 磁铁周围的磁场

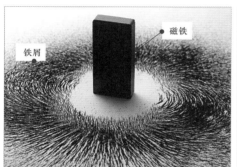

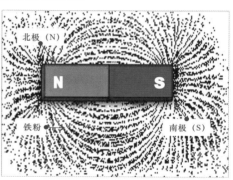

如图 1-33 所示，如果金属导线通过电流，那么借助铁粉末可以看到在导线的周围产生磁场，而且导线中通过的电流越大、产生的磁场越强。

🗎 **图 1-33　电流感应磁场**

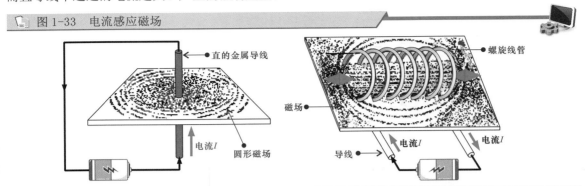

流过导体的电流方向和所产生的磁场方向之间有着明确的关系。图 1-34 为安培定则（右手定则），说明了电流周围磁场方向与电流方向的关系。

🗎 **图 1-34　安培定则（右手定则）**

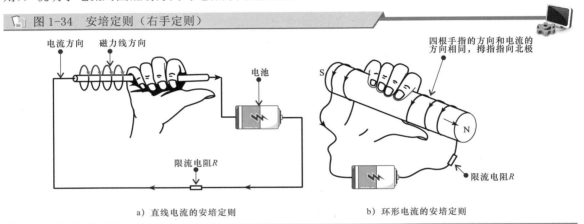

a）直线电流的安培定则　　　　　　　　　b）环形电流的安培定则

直线电流的安培定则：用右手握住导线，让伸直的大拇指所指的方向与电流的方向一致，那么弯曲的四指所指的方向就是磁力线的环绕方向，如图 1-34a 所示。

环形电流的安培定则：让右手弯曲的四指和环形电流的方向一致，那么伸直的大拇指所指的方向就是环形电流中心轴线上磁力线（磁场）的方向，如图 1-34b 所示。

1.6.2　磁场感应电流

磁场能感应出电流。把一个螺线管两端接上检测电流的检流计，在螺线管内部放置一根磁铁。当把磁铁很快地抽出螺线管时，可以看到检流计指针发生了偏转，而且磁铁抽出的速度越快，检流计指针偏转的程度越大。同样，如果把磁铁插入螺线管，检流计也会偏转，但偏转方向与抽出时相反，检流计指针偏摆表明线圈内有电流产生。图 1-35 为磁场感应电流。

当闭合回路中一部分导体在磁场中做切割磁感线运动时，回路中就有电流产生；当穿过闭合线圈的磁通发生变化时，线圈中有电流产生。这种由磁产生电的现象称为电磁感应现象，产生的电流叫作感应电流。图 1-36 所示为电磁感应现象。

感应电流的方向与导体切割磁力线的运动方向和磁场方向有关。当闭合回路中一部分导体作切割磁力线运动时，所产生的感应电流方向可用右手定则来判断，如图 1-37 所示。伸开右手，使拇指与四指垂直，并都与手掌在一个平面内，让磁力线穿入手心，拇指指向导体运动方向，四指所指的即为感应电流的方向。

图 1-35 磁场感应电流

图 1-36 电磁感应现象

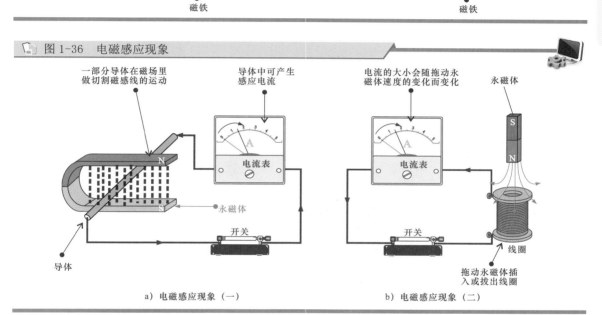

a）电磁感应现象（一）　　　　b）电磁感应现象（二）

图 1-37 磁铁感应电流

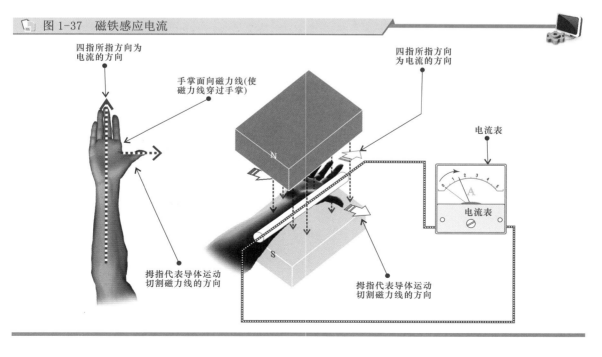

第2章 常用电器和电子元器件

2.1 低压开关

2.1.1 开启式负荷开关

开启式负荷开关又称闸刀开关，该类开关通常应用在低压电气照明电路、电热线路、建筑工地供电、农用机械供电以及分支配电电路中。它主要是在带负荷状态下接通或切断电源电路。图 2-1 为开启式负荷开关的结构外形。

图 2-1 开启式负荷开关

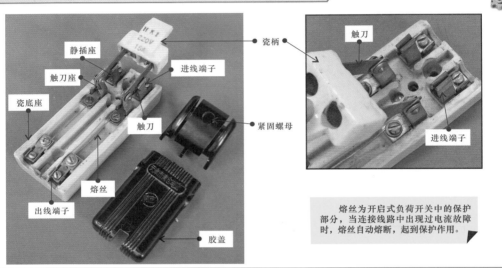

瓷柄
触刀
静插座
进线端子
触刀座
瓷底座
触刀
紧固螺母
进线端子
熔丝
出线端子
胶盖

熔丝为开启式负荷开关中的保护部分，当连接线路中出现过电流故障时，熔丝自动熔断，起到保护作用。

| 提示说明 |

如图 2-2 所示，开启式负荷开关按其极数的不同，主要分为两极式（220V）和三极式（380V）两种，两极开启式负荷开关主要应用于单相供电电路中作为分支电路的配电开关；三极开启式负荷开关主要用于三相供电电路中。

两极开启式负荷开关
三极开启式负荷开关
电路符号

图 2-2 两极开启式负荷开关和三极开启式负荷开关

2.1.2 封闭式负荷开关

封闭式负荷开关又称为铁壳开关，是在开启式负荷开关的基础上改进的一种手动开关，其操作性能和安全防护都优于开启式负荷开关。封闭式负荷开关通常用于额定电压小于 500V，额定电流小于 200A 的电气设备中。图 2-3 为封闭式负荷开关的外形。

图 2-3　封闭式负荷开关

外壳　　　　　　外壳　静触头　速断弹簧

动触头

手柄　　　　熔断器　手柄

如图 2-4 所示，封闭式负荷开关内部使用的速断弹簧，保证了外壳在打开的状态下，不能进行合闸，提高了封闭式负荷开关的安全防护能力。当手柄转至上方时，封闭式负荷开关的动、静触头处于接通状态；当封闭式负荷开关的手柄转至下方时，其动、静触头处于断开的状态，此时也断开了电路。

图 2-4　封闭式负荷开关的控制原理

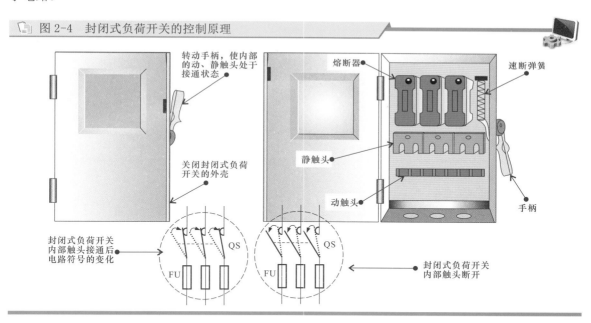

转动手柄，使内部的动、静触头处于接通状态

关闭封闭式负荷开关的外壳

封闭式负荷开关内部触头接通后电路符号的变化

熔断器　速断弹簧

静触头

动触头

手柄

封闭式负荷开关内部触头断开

2.1.3　组合开关

组合开关又称转换开关，是由多组开关构成的，是一种转动式的闸刀开关，主要用于接通或切断电路，具有体积小、寿命长、结构简单、操作方便等优点。通常在机床等电气设备中应用较为广泛。图 2-5 为组合开关的结构外形。

如图 2-6 所示，在组合开关内部有若干个动触片和静触片，分别装于多层绝缘件内，静触片固定在绝缘垫板上；动触片装在转轴上，随转轴旋转而变换通、断位置。

当组合开关的手柄转至不同的位置时，实现的功能也不相同，当手柄转至不同的档位时，其相关的两个触头闭合，其他触头断开。

图 2-5 组合开关

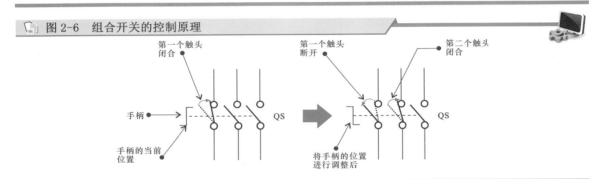

图 2-6 组合开关的控制原理

2.2 接触器

2.2.1 交流接触器

交流接触器是一种应用于交流电源环境中的通断开关，在目前各种控制线路中应用最为广泛。具有欠电压保护、零电压释放保护、工作可靠、性能稳定、操作频率高、维护方便等特点。图 2-7 为交流接触器的结构外形。

图 2-7 交流接触器的结构外形

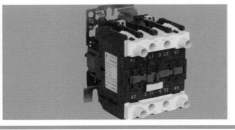

在实际应用中，交流接触器主要作为交流供电电路中的通断开关，实现远距离接通与分断电

路功能，图 2-8 为交流接触器在三相交流电动机连续控制线路中的应用。

图 2-8　交流接触器在三相交流电动机连续控制线路中的应用

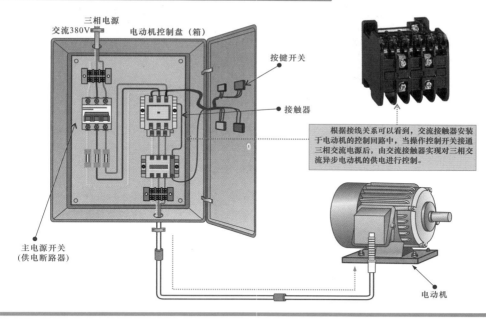

根据接线关系可以看到，交流接触器安装于电动机的控制回路中，当操作控制开关接通三相交流电源后，由交流接触器实现对三相交流异步电动机的供电进行控制。

| 提示说明 |

在实际控制线路中，接触器一般利用主触头接通或分断主电路及其连接负载。用辅助触头执行控制指令。图 2-9 为交流接触器的功能。

在水泵的起、停控制线路中，控制线路中的交流接触器 KM 主要是由线圈、一组动合主触头 KM-1、两组动合辅助触头和一组动断辅助触头构成的。控制系统中闭合断路器 QF，接通三相电源。电源经交流接触器 KM 的动断辅助触头 KM-3 为停机指示灯 HL2 供电，HL2 点亮。按下起动按钮 SB1，交流接触器 KM 线圈得电：动合主触头 KM-1 闭合，水泵电动机接通三相电源起动运转。

同时，动合辅助触头 KM-2 闭合实现自锁功能；动断辅助触头

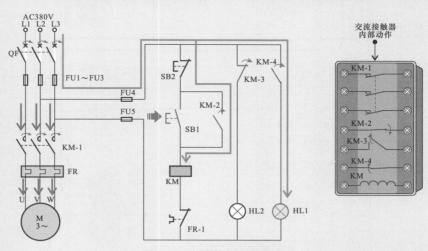

图 2-9　交流接触器的功能

KM-3 断开，切断停机指示灯 HL2 的供电电源，HL2 随即熄灭；动合辅助触头 KM-4 闭合，运行指示灯 HL1 点亮，指示水泵电动机处于工作状态。

2.2.2　直流接触器

直流接触器是一种应用于直流电源环境中的通断开关，具有低电压释放保护、工作可靠、性能稳定等特点。图 2-10 为直流接触器的结构外形。

图 2-10　直流接触器的结构外形

　　直流接触器是由直流控制的电磁开关，用于控制直流电路，例如控制直流电动机的单向运转。

　　在实际应用中，直流接触器用于远距离接通与分断直流供电或控制电路。如直流电动机起停控制，图 2-11 为直流接触器在典型直流电动机的起停控制电路中的应用。

图 2-11　直流接触器在直流电动机的单向控制电路中的应用

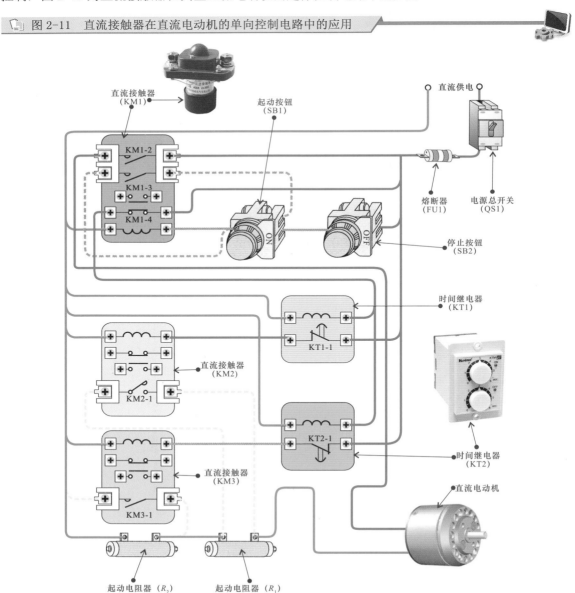

2.3 继电器

2.3.1 电磁继电器

电磁继电器是一种电子控制器件，具有输入回路和输出回路，通常用于自动的控制系统中，实际上是用较小的电流或电压去控制较大的电流或电压的一种"自动开关"，在电路中起到了自动调节、保护和转换电路的作用。图 2-12 为电磁继电器的结构外形。

图 2-12 电磁继电器的结构外形

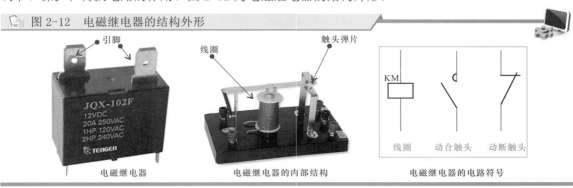

电磁继电器 电磁继电器的内部结构 电磁继电器的电路符号

2.3.2 中间继电器

中间继电器是一种动作值与释放值固定的电压继电器，用来增加控制电路中信号数量或将信号放大。其输入信号是线圈的通电和断电，输出信号是触头的动作。

图 2-13 为中间继电器的结构外形。

图 2-13 中间继电器的结构外形

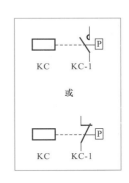

中间继电器的电路符号

│提示说明│

在中间继电器的电路符号中，通常情况下用字母"KC"表示线圈；"KC-1"表示继电器的触头。由于中间继电器触头的数量较多，而且通过小电流就可以用来控制多个元件或回路。

2.3.3 电流继电器

当继电器的电流超过整定值时，引起开关电器有延时或无延时动作的继电器叫作电流继电器，图 2-14 为电流继电器的结构外形。该类继电器主要用于频繁起动和重载起动的场合，作为电动机和主电路的过载和短路保护。

电流继电器又可分为过电流继电器和欠电流继电器。过电流继电器是指线圈中的电流高于容许值时动作的继电器；欠电流继电器是指线圈中的电流低于容许值时动作的继电器。

图 2-14 电流继电器的结构外形

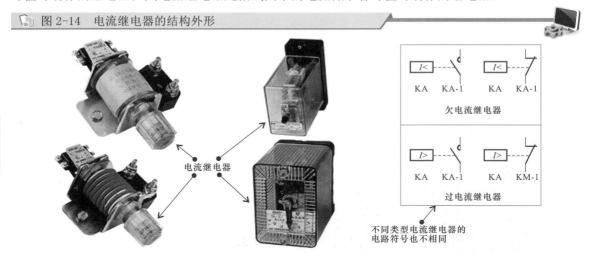

2.3.4 电压继电器

电压继电器又称零电压继电器，是一种按电压值的大小而动作的继电器，当输入的电压值达到设定的电压时，其触头会做出相应动作。电压继电器具有导线细、匝数多、阻抗大的特点。图2-15 为电压继电器的结构外形。

图 2-15 电压继电器的结构外形

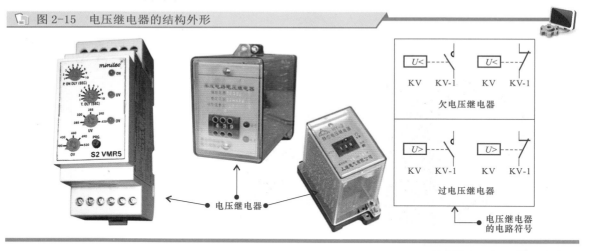

2.3.5 速度继电器

速度继电器又称为反接制动继电器，主要是与接触器配合使用，实现电动机的反接制动。

速度继电器在电路中通常用字母"KS"表示。常用的速度继电器主要有 JY1 型和 JFZ0 型两种。图 2-16 为速度继电器的结构外形。

2.3.6 热继电器

热继电器是一种电气保护元件，利用电流的热效应来推动内部的动作机构使触头闭合或断开的保护电器。由于热继电器发热元件具有热惯性，因此，在电路中不能用作瞬时过载保护，更不能用作短路保护。

图 2-16　速度继电器的结构外形

速度继电器

KS n 　常开触头　　n 　KS 常闭触头

速度继电器
的电路符号

图 2-17 为热继电器的结构外形。热继电器在电路中，通常用字母"FR"表示。该类继电器具有体积小、结构简单、成本低等特点，主要用于电动机的过载保护、电流不平衡运行的保护及其他电气设备发热状态的控制。

图 2-17　热继电器的结构外形

热继电器

热继电器
的电路符号

FR　FR 热元件　动断触头

| 提示说明 |

当过载电流通过热元件后，热元件内的双金属片受热弯曲变形从而带动触头动作，使电动机控制电路断开实现电动机的过载保护。

2.3.7　时间继电器

时间继电器是指其内部的感测机构接收到外界动作信号，经过一段时间延时后触头才动作或输出电路产生跳跃式改变的继电器。图 2-18 为时间继电器的结构外形。

在时间继电器的电路符号中，通常是以字母"KT"表示，触头数量是用字母和数字"KT-1"表示。时间继电器主要用于需要按时间顺序控制的电路中，延时接通和切断某些控制电路。

图 2-18　时间继电器的结构外形

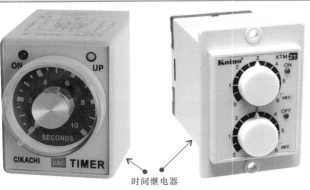
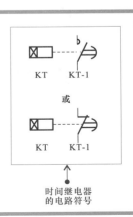

KT　KT-1

或

KT　KT-1

时间继电器
的电路符号

时间继电器的种类很多，按动作原理可以分为空气阻尼式继电器、电磁阻尼式继电器、电动式继电器、电子式继电器等；按延时方式可以分为通电延时继电器和断电延时继电器。

2.3.8 压力继电器

压力继电器是将压力转换成电信号的液压器件。压力继电器通常用于机械设备的液压或气压的控制系统中，它可以根据压力的变化情况来决定触头的开通和断开，方便对机械设备提供控制和保护的作用。图 2-19 为压力继电器的结构外形。压力继电器在电路中的符号通常是用字母"KP"表示。

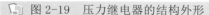

图 2-19 压力继电器的结构外形

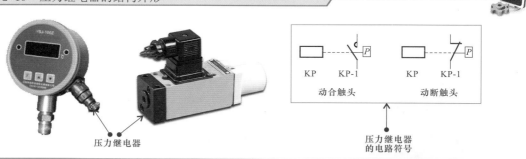

2.4 传感器

2.4.1 温度传感器

温度传感器是将物理量（温度信号）变成电信号的器件，该传感器是利用热敏电阻器的电阻值随温度变化而变化这一特性来反映温度变化的，主要用于各种需要对温度进行测量、监视、控制及补偿的场合，如图 2-20 所示。图 2-21 为温度传感器在不同温度环境下的控制关系。

图 2-20 温度传感器的连接关系

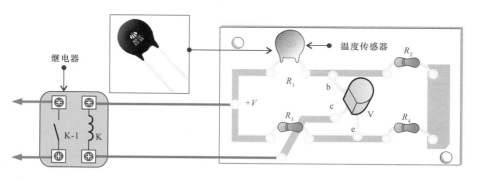

| 提示说明 |

根据温度传感器感应特性的不同，可分为 PTC 传感器和 NTC 传感器。PTC 传感器为正温度系数传感器，其阻值随温度的升高而增大，随温度的降低而减小；NTC 传感器为负温度系数传感器，其阻值随温度的升高而减小，随温度的降低而增大。

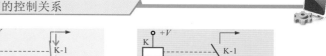

图 2-21　温度传感器在不同温度环境下的控制关系

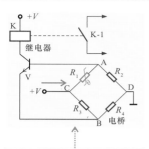
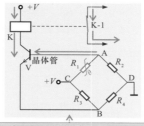
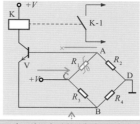

在正常环境温度下时，电桥的电阻值 $R_1/R_2=R_3/R_4$，电桥平衡，此时 A、B 两点间电位相等，输出端 A 与 B 间没有电流流过，晶体管 V 的基极 b 与发射极 e 间的电位差为零，晶体管 V 截止，继电器 K 线圈不能得电。

当环境温度逐渐上升时，温度传感器 R_t 的阻值不断减小，电桥失去平衡，此时 A 点电位逐渐升高，晶体管 V 的基极 b 电压逐渐增大，此时基极 b 电压高于发射极 e 电压，晶体管 V 导通，继电器 K 线圈得电，常开触头 K-1 闭合，接通负载设备的供电电源，负载设备即可起动。

当环境温度逐渐下降时，温度传感器 R_t 的阻值不断增大，此时 A 点电位逐渐降低，晶体管 V 的基极 b 电压逐渐减小，当基极 b 电压低于发射极 e 电压时，晶体管 V 截止，继电器 K 线圈失电，对应的常开触头 K-1 复位断开，切断负载设备的供电电源，负载设备停止工作。

29

2.4.2　湿度传感器

湿度传感器是一种将湿度信号转换为电信号的器件，主要用于工业生产、天气预报、食品加工等行业中对各种湿度进行控制、测量和监视。图 2-22 为湿度传感器在不同湿度环境下的控制关系。

图 2-22　湿度传感器在不同湿度环境下的控制关系

当环境湿度较小时，湿度传感器 MS 的阻值较大，晶体管 V1 的基极 b 为低电平，使基极 b 电压低于发射极 e 电压，晶体管 V1 截止；此时晶体管 V2 基极 b 电压升高，基极 b 电压高于发射极 e 电压，晶体管 V2 导通，发光二极管 VL 点亮。

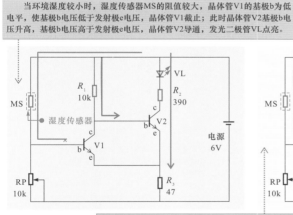
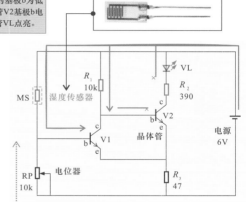

当环境湿度增加时，湿度传感器 MS 的阻值逐渐变小，晶体管 V1 的基极 b 电压逐渐升高，使基极 b 电压高于发射极 e 电压，晶体管 V1 导通；晶体管 V2 基极 b 电压降低，晶体管 V2 截止，发光二极管 VL 熄灭。

2.4.3　光电传感器

光电传感器是一种能够将可见光信号转换为电信号的器件，也称为光电器件，主要用于光控开关、光控照明、光控报警等领域中，对各种可见光进行控制。图 2-23 为光电传感器在不同光线环境下的控制关系。

2.4.4　气敏传感器

气敏传感器是一种将某种气体的有无或浓度大小转换为电信号的器件，它可检测出环境中的某种气体及其浓度，并将其转换成相应的电信号。该传感器主要用于可燃或有毒气体泄漏的报警电路中。图 2-24 为气敏传感器在不同环境下的控制关系。

图 2-23　光电传感器在不同光线环境下的控制关系

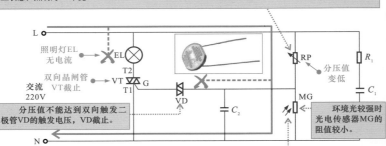

当环境光较强时，光电传感器MG的阻值较小，使电位器RP与光电传感器MG处的分压值变低，不能达到双向触发二极管VD的触发电压，双向触发二极管VD截止，不能触发双向晶闸管，VT也处于截止状态，照明灯EL不亮。

当环境光较弱时，光电传感器MG的阻值变大，使电位器RP与光电传感器MG处的分压值变高，随着光照强度的逐渐增强，光电传感器MG的阻值逐渐变大，当电位器RP与光电传感器MG处的分压值达到双向触发二极管VD的触发电压时，双向二极管VD导通，进而触发双向晶闸管VT也导通，照明灯EL点亮。

分压值不能达到双向触发二极管VD的触发电压，VD截止。

环境光较弱时光电传感器MG的阻值较小。

30

图 2-24　气敏传感器在不同环境下的控制关系

电路开始工作时，9V直流电源经滤波电容器C_1滤波后，由三端稳压器稳压，输出6V直流电源，再经滤波电容器C_2滤波后，为气体检测控制电路提供工作条件。

在空气中，气敏传感器MQ中A、B电极之间的阻值较大，其B端为低电平，误差检测电路IC3的输入极R电压较低，IC3不能导通，发光二极管VL不点亮，报警器HA无报警声。

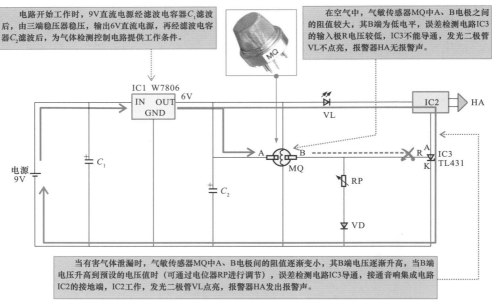

当有害气体泄漏时，气敏传感器MQ中A、B电极间的阻值逐渐变小，其B端电压逐渐升高，当B端电压升高到预设的电压值时（可通过电位器RP进行调节），误差检测电路IC3导通，接通音响集成电路IC2的接地端，IC2工作，发光二极管VL点亮，报警器HA发出报警声。

2.5　常用电子元器件

2.5.1　电阻器

　　物体对电流通过的阻碍作用称为"电阻"，利用这种阻碍作用做成的电器元件称为电阻器，简称为电阻，图 2-25 为几种常见电阻器的实物外形。在电子设备中，电阻是使用最多也是最普遍的元器件之一。

　　电阻器按其特性可分为固定电阻器、可变电阻器和特殊电阻器。

1　固定电阻器

　　固定电阻器的种类很多，其外形和电路图形符号如图 2-26 所示。图中的符号，代号为 R 的是电阻，只有两根引脚沿中心轴伸出，一般情况下不分正、负极性。

固定电阻器按照其结构和外形可分为线绕电阻器和非线绕电阻器两大类。

图 2-25 常见的电阻器

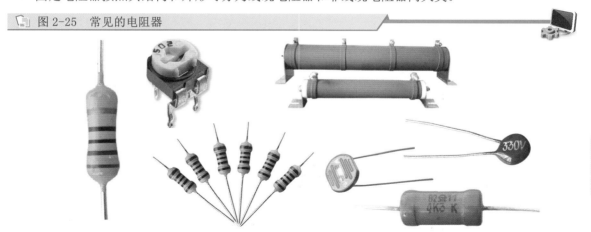

图 2-26 固定电阻器的外形及在电路图中的图形符号

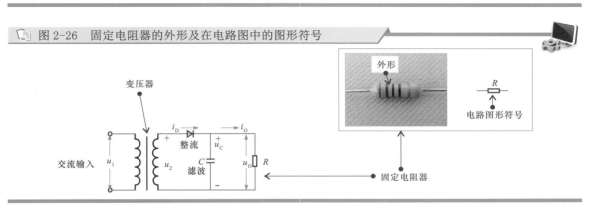

图 2-27 为典型的线绕电阻器。通常，功率比较大的电阻常常采用线绕电阻器。线绕电阻器是用镍铬合金、锰铜合金等电阻丝绕在绝缘支架上制成的，其外面涂有耐热的釉绝缘层。

图 2-27 典型的线绕电阻器

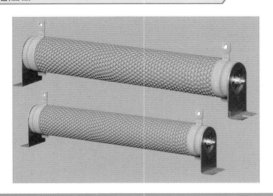

图 2-28 为典型的非线绕电阻器。一般来说，非线绕电阻又可以分为薄膜电阻和实心电阻两大类。其中，薄膜电阻器是利用蒸镀的方法将具有一定电阻率的材料蒸镀在绝缘材料表面制成的，功率比较大。常用的蒸镀材料不同，因而薄膜电阻有碳膜电阻、金属膜电阻和金属氧化物膜电阻之分。

实心电阻器则是由有机导电材料（炭黑、石墨等）或无机导电材料及一些不良导电材料混合并加入黏合剂后压制而成的。实心电阻的成本低，但阻值误差大，稳定性较差。

图 2-28　典型的非线绕电阻器

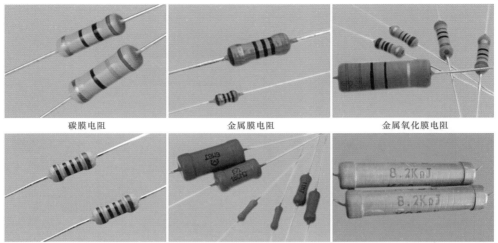

| 碳膜电阻 | 金属膜电阻 | 金属氧化膜电阻 |
| 合成碳膜电阻 | 玻璃釉电阻 | 有机合成实心电阻 |

2　可变电阻器

可变电阻器一般有三个引脚，其中有两个定片引脚和一个动片引脚，设有一个调整口，通过它可以改变动片，从而改变该电阻的阻值。

图 2-29 为典型可变电阻器的实物外形。

图 2-29　典型的可变电阻器

电路图形符号

可变电阻的最大阻值就是与可变电阻的标称阻值十分相近的阻值；最小阻值就是该可变电阻的最小阻值，一般为 0Ω。这类电阻器的阻值在最小阻值与最大阻值之间随调整旋钮的变化而变化。

3　特殊电阻器

根据电路实际工作的需要，一些特殊电阻器在电路板上发挥着特殊的作用，如熔断电阻器、水泥电阻器、压敏电阻器、热敏电阻器和光敏电阻器等。

如图 2-30 所示，熔断电阻器又叫保险丝电阻器。它是一种具有电阻器和过电流保护熔断丝双重作用的元件。在正常情况下具有普通电阻器的电气功能，在电子设备中常常采用熔断电阻器，从而起到保护其他元器件的功能。在电流过大的情况下，其自身熔化断裂，从而保护整个设备不再过载。

如图 2-31 所示，水泥电阻器采用陶瓷、矿质材料包封，具有优良的绝缘性能，散热好，功率大，具有优良的阻燃、防爆特性。内部电阻丝选用康铜、锰铜、镍铬等合金材料，有较好的稳定性和过负载能力。电阻丝与焊脚引线之间采用压接方式，在负载短路的情况下，可迅速在压接处熔断，在电路中起限流保护的作用。

图 2-30 典型的熔断电阻器

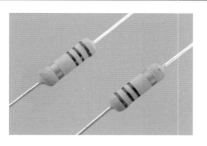

电路图形符号

图 2-31 典型的水泥电阻器

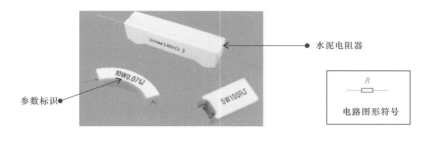

水泥电阻器

参数标识

电路图形符号

敏感电阻器是指器件特性对温度、电压、湿度、光照、气体、磁场、压力等作用敏感的电阻器。其功能主要是用来作传感器。常见的敏感电阻有热敏电阻器、光敏电阻器、湿敏电阻器和气敏电阻器等（也就是前面说到的传感器件）。图 2-32 为敏感电阻器的实物外形。

2.5.2 电容器

电容器也是电子设备中大量使用的电子元器件之一，广泛应用于隔直、耦合、旁路、滤波、调谐回路、能量转换、控制电路等方面。

电容器的构成非常简单，两个互相靠近的导体，中间夹一层不导电的绝缘介质，就构成了电容器。电容器是一种可存储电荷的元器件。电容器可以通过电路元件进行充电和放电，而且电容器的充、放电都需要有一个过程和时间。任何一种电子产品都少不了电容器。图 2-33 为几种常见电容器的实物外形。

电容器按其电容量是否可改变分为固定电容器和可变电容器两种。

1 固定电容器

固定电容器是指电容器制成后，其电容量不能再改变的电容器。它分为无极性电容器和有极性电容器两种。

其中，无极性电容器是指电容器的两个金属电极没有正、负极性之分，使用时电容器两极可以交换连接。无极性固定电容器的种类很多，按绝缘介质分为纸介电容器、瓷介电容器、云母电容器、涤纶电容器、聚苯乙烯电容器等。图 2-34 为常见的几种不同介质电容器的实物外形。

有极性电容器是指电容器的两极有正、负极性之分，使用时一定要正极性端连接电路的高电位，负极性端接电路的低电位，否则会引起电容器的损坏。

使用较多的电解电容器均为有极性电容器。按电极材料的不同可以分为铝电解电容器和钽电解电容器等，其实物外形和电路符号如图 2-35 所示。

📖 图 2-32　敏感类电阻器的实物外形

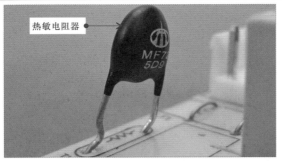

热敏电阻器

电路图形符号

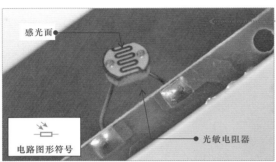

感光面

光敏电阻器

电路图形符号

光敏电阻器利用半导体的光导电特性，使电阻值随入射光线的强弱发生变化，即当入射光线增强时，阻值会明显减小；当入射光线减弱时，阻值会显著增大。

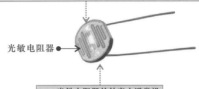

光敏电阻器

光敏电阻器的外壳上通常没有标识信息，但其感光面具有明显特征，很容易辨别。

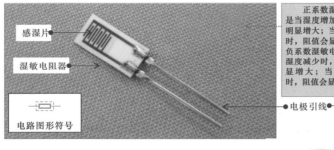

感湿片

湿敏电阻器

电路图形符号

正系数湿敏电阻器是当湿度增加时，阻值明显增大；当湿度减少时，阻值会急速减小。负系数湿敏电阻器是当湿度减少时，阻值会明显增大；当湿度增大时，阻值会显著减小。

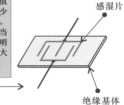

感湿片

电极引线

绝缘基体

压敏电阻器

ISND
HCY 222M

电路图形符号

压敏电阻器是利用半导体材料的非线性特性原理制成的电阻器，特点是当外加电压施加到某一临界值时，阻值会急剧变小，常作为过电压保护器件，在电视机行输出电路、消磁电路中多有应用。

气敏电阻器

气敏电阻器是利用金属氧化物半导体表面吸收某种气体分子时，会发生氧化反应或还原反应而使电阻值的特性发生改变而制成的电阻器。

电路图形符号

📖 图 2-33　常见的电容器

图 2-34　常见的几种不同介质电容器的实物外形

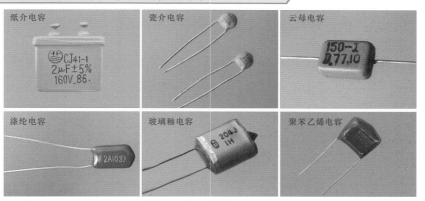

图 2-35　有极性电容器及电路符号

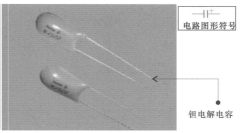

2　可变电容器

电容量可以调整的电容器被称为可变电容器。可变电容器按介质不同可分为空气介质和有机薄膜介质两种。按结构又可分为单联、双联，甚至三联、四联等。图 2-36 为可变电容器的实物外形及电路符号。

图 2-36　可变电容器的外形及电路符号

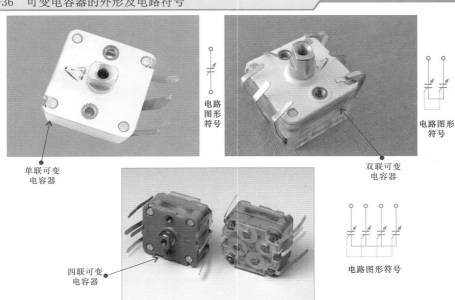

2.5.3 电感器

电感器是应用电磁感应原理制成的元器件。通常分为两类：一类是应用自感作用的电感线圈；另一类是应用互感作用的变压器。

电感线圈是用导线在绝缘骨架上单层绕制而成的一种电子元器件，电感线圈有固定电感、色环 / 色码电感、微调电感等。

1 固定电感线圈

固定电感线圈有收音机中的高频扼流圈、低频扼流圈等，也有较粗铜线或镀银铜线采用平绕或间绕方式制成的。图 2-37 为常见的固定电感线圈。

图 2-37 常见的固定电感线圈

空心线圈　　　　　　　　　　磁棒线圈　　　　　　　　　　磁环线圈

2 小型电感器（固定色环、色码电感器）

固定色环、色码电感器是一种小型的固定电感器，这种电感器是将线圈绕制在软磁铁氧体的基体（磁心）上，再用环氧树脂或塑料封装，并在其外壳上标以色环或直接用数字表明电感量的数值，常用的色环、色码电感器的实物外形如图 2-38 所示。

图 2-38 色环、色码电感器

色环电感器　　　　　　　　　　　　　　　色码电感器

3 微调电感器

微调电感器就是可以调整电感量大小的电感器，常见微调电感器的实物外形如图 2-39 所示。微调电感器一般设有屏蔽外壳，可插入的磁心和外露的调节旋钮，通过改变磁心在线圈中的位置来调节电感量的大小。

图 2-39　微调电感器

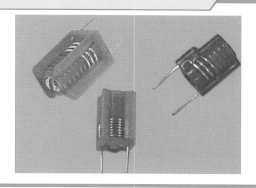

4　其他电感器

由于工作频率、工作电流、屏蔽要求各不相同，电感线圈的绕组匝数、骨架材料、外形尺寸区别很大，因此，可以在电子产品的电路板上看到各种各样的电感线圈，其外形结构如图 2-40 所示。

图 2-40　各种电感线圈

2.5.4　二极管

二极管在实际应用中，从其用途和功能上分为普通二极管和特殊二极管。

1　普通二极管

如图 2-41 所示，根据功能的不同，普通二极管主要有整流二极管、检波二极管和开关二极管等。观察普通二极管的电路符号，其中符号的竖线侧为二极管的负极。一般情况下，二极管的负极常用环带、凸出的片状物或其他方式表示。从封装外形观察，如果看到某个引脚和外壳直接相连，则该引脚就是负极。

🖼 图 2-41　常见的普通二极管

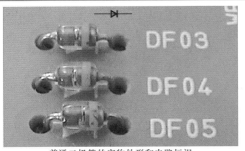

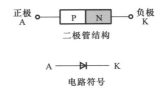

二极管结构

电路符号

普通二极管的实物外形和电路标识

普通整流二极管　　　　　螺栓型整流二极管　　　　　锗检波二极管　　　　　开关二极管

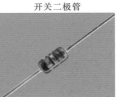

38

| **提示说明** |

　　整流二极管的作用是将交流电源整流成直流电流，主要用于整流电路中，即利用二极管的单向导电性，将交流电变为直流电。由于整流管的正向电流较大，所以整流二极管多为面接触型二极管，结面积大、结电容大，但工作频率低。

　　检波二极管是用于把叠加在高频载波上的低频信号检出来的器件，常用于收音机的检波电路中。它具有较高的检波效率和良好的频率特性。

　　开关二极管主要用在脉冲数字电路中，用于接通和关断电流。它的特点是反向恢复时间短，能满足高频和超高频应用的需要。开关二极管利用二极管的单向导电特性，PN 结加上正向偏压后，在导通状态下，电阻很小；加上反向偏压后截止，其电阻很大。利用开关二极管的这一特性，在电路中起到控制电流接通或关断的作用，成为一个理想的电子开关。

2　特殊二极管

　　如图 2-42 所示，常见的特殊二极管主要有稳压二极管、发光二极管、光敏二极管、变容二极管、双向触发二极管、快恢复二极管等。

🖼 图 2-42　特殊二极管实物外形及电路符号

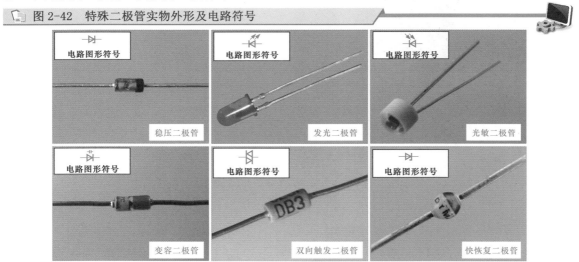

2.5.5 晶体管

晶体管突出特点是在一定条件下具有电流放大作用。此外，它还可用作电子开关、阻抗变换、驱动控制和振荡器件。如图 2-43 所示，常见的晶体管有 NPN 型和 PNP 型两类。

图 2-43 NPN 型晶体管和 PNP 型晶体管

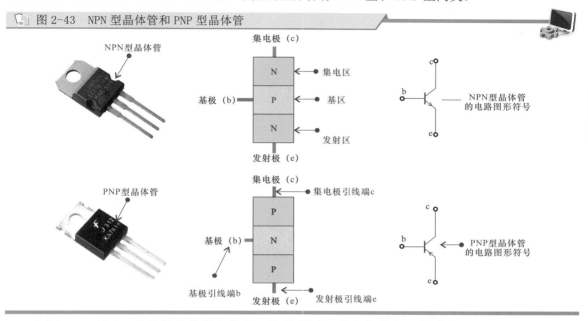

如图 2-44 所示，晶体管的种类也很多，按其型号可分为小功率、中功率、大功率晶体管；按其封装形式可分为塑料封装晶体管和金属封装晶体管；按其安装方式可分为直插式和贴片式。不同种类和型号的晶体管都有其特殊的功能和作用。

图 2-44 常见的晶体管

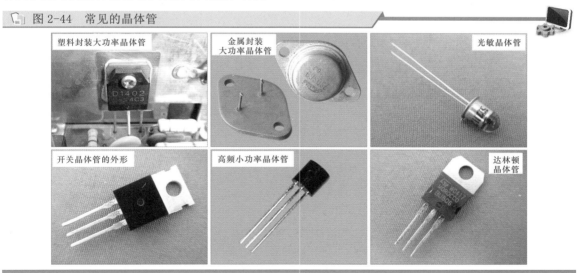

2.5.6 场效应晶体管

场效应晶体管是电压控制器件，具有输入阻抗高、噪声小、热稳定性好、便于集成等特点，但容易被静电击穿。

如图 2-45 所示，场效应晶体管有三只引脚，分别为漏极（D）、源极（S）、栅极（G）。根据结构的不同，场效应晶体管可分为结型场效应晶体管（JFET）和绝缘栅型场效应晶体管（MOSFET）。

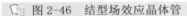

图 2-45　常见的场效应晶体管

结型场效应晶体管
（金属封装）

结型场效应晶体管
（塑料封装）

金属封装形式

绝缘栅型场效应晶体管
（塑料封装）

绝缘栅型场效应晶体管
（贴片式）

1　结型场效应晶体管

结型场效应晶体管（JFET）可分为 N 沟道和 P 沟道两种，如图 2-46 所示。一般被用于音频放大器的差分输入电路及调制、放大、阻抗变换、稳流、限流、自动保护等电路中。

图 2-46　结型场效应晶体管

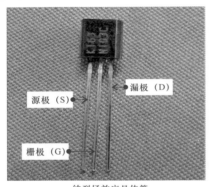

源极（S）

漏极（D）

栅极（G）

结型场效应晶体管

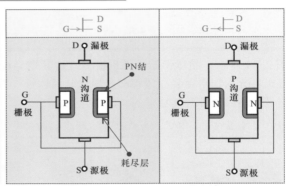

结型 N 沟道场效应晶体管　　结型 P 沟道场效应晶体管

2　绝缘栅型场效应晶体管

绝缘栅型场效应晶体管（MOSFET）简称 MOS 场效应晶体管，由金属、氧化物、半导体材料制成，因其栅极与其他电极完全绝缘而得名。绝缘栅型场效应晶体管除有 N 沟道和 P 沟道之分外，还可根据工作方式的不同分为增强型与耗尽型。

图 2-47 为绝缘栅型场效应晶体管的外形特点。

2.5.7　晶闸管

晶闸管是一种可控整流器件，旧称可控硅。如图 2-48 所示，这种器件常作为电动机驱动控制、电动机调速控制、电量通 / 断、调压、控温等的控制器件，广泛应用于电子电器产品、工业控制及自动化电路中。

1　单向晶闸管

如图 2-49 所示，单向晶闸管（SCR）是指触发后只允许一个方向的电流流过的半导体器件，被广泛应用于可控整流、交流调压、逆变器和开关电源电路中。

图 2-47 绝缘栅型场效应晶体管

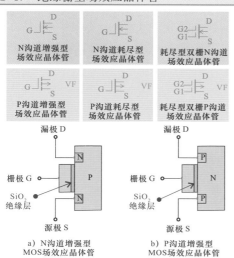

N沟道增强型
场效应晶体管

N沟道耗尽型
场效应晶体管

耗尽型双栅N沟道
场效应晶体管

P沟道增强型
场效应晶体管

P沟道耗尽型
场效应晶体管

耗尽型双栅P沟道
场效应晶体管

漏极 D
栅极 G
SiO_2 绝缘层
源极 S

a）N沟道增强型 MOS场效应晶体管

漏极 D
栅极 G
SiO_2 绝缘层
源极 S

b）P沟道增强型 MOS场效应晶体管

MOS场效应晶体管
源极（S）
栅极（G）
漏极（D）

增强型MOS场效应晶体管是以P型（N型）硅片作为衬底，在衬底上制作两个含有杂质的N型（P型）材料，其上覆盖很薄的二氧化硅（SiO_2）绝缘层，在两个N型（P型）材料上引出两个铝电极，分别称为漏极（D）和源极（S），在两极中间的二氧化硅绝缘层上制作一层铝质导电层，该导电层为栅极（G）。

图 2-48 常见的晶闸管

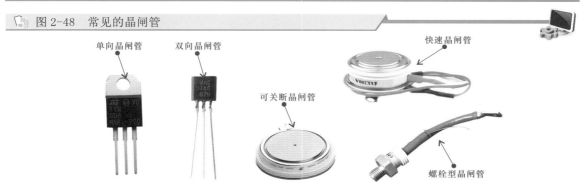

单向晶闸管 双向晶闸管 快速晶闸管 可关断晶闸管 螺栓型晶闸管

图 2-49 单向晶闸管

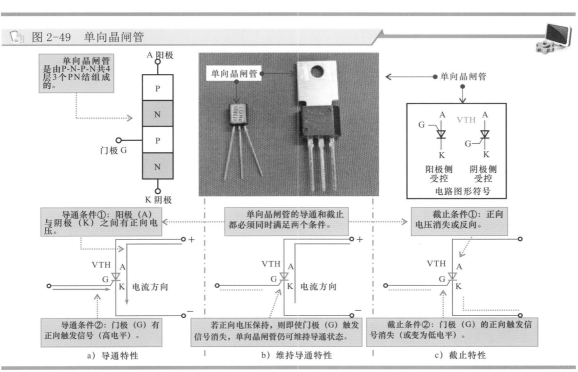

单向晶闸管是由P-N-P-N共4层3个PN结组成的。

A 阳极
P
N
P
N
门极 G
K 阴极

单向晶闸管

单向晶闸管

VTH
A   G   A   G
     K   K
阳极侧受控 阴极侧受控
电路图形符号

导通条件①：阳极（A）与阴极（K）之间有正向电压。

单向晶闸管的导通和截止都必须同时满足两个条件。

截止条件①：正向电压消失或反向。

VTH
A
G
K
电流方向

VTH
A
G
K
电流方向

VTH
A
G
K

导通条件②：门极（G）有正向触发信号（高电平）。

若正向电压保持，则即使门极（G）触发信号消失，单向晶闸管仍可维持导通状态。

截止条件②：门极（G）的正向触发信号消失（或变为低电平）。

a）导通特性

b）维持导通特性

c）截止特性

41

2 双向晶闸管

双向晶闸管又称双向可控硅，属于 N-P-N-P-N 共 5 层半导体器件，有第一电极（T1）、第二电极（T2）、门极（G）3 个电极，在结构上相当于两个单向晶闸管反极性并联，常用在交流电路中调节电压、电流，或用作交流无触点开关。双向晶闸管的外形特点如图 2-50 所示。

图 2-50 双向晶闸管

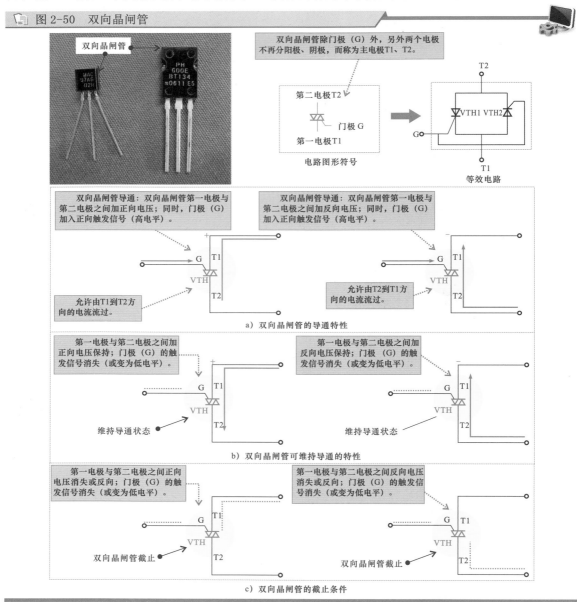

a）双向晶闸管的导通特性

b）双向晶闸管可维持导通的特性

c）双向晶闸管的截止条件

2.6 变压器

2.6.1 单相变压器

单相变压器是一种一次绕组为单相绕组的变压器，单相变压器的一次绕组和二次绕组均缠绕在铁心上，一次绕组为交流电压输入端，二次绕组为交流电压输出端。二次绕组的输出电压与线圈的匝数成正比。图 2-51 为单相变压器的结构外形。

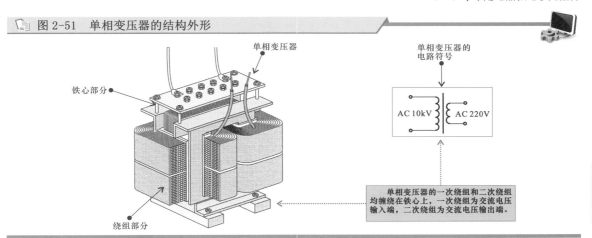

图 2-51　单相变压器的结构外形

　　单相变压器可将高压供电变成单相低压提供给各种设备使用，例如可将交流 6600V 高压经单相变压器变为交流 220V 低压，为照明灯或其他设备供电。

　　如图 2-52 所示，单相变压器有结构简单、体积小、损耗低等优点，适宜在负荷较小的低压配电线路（60 Hz 以下）中使用。

图 2-52　单相变压器的功能

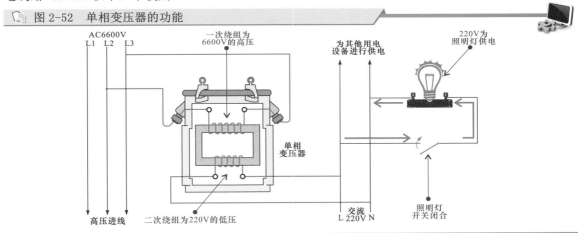

2.6.2　三相变压器

　　三相变压器是电力设备中应用比较多的一种变压器。三相变压器实际上是由 3 个相同容量的单相变压器组合而成的，一次绕组（高压线圈）为三相，二次绕组（低压线圈）也为三相，图 2-53 为三相变压器的结构外形。

图 2-53　三相变压器的结构外形

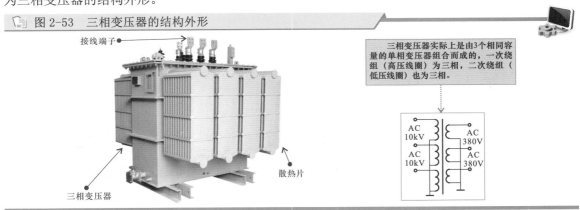

如图 2-54 所示，三相变压器主要用于三相供电系统中的升压或降压，比较常用的就是将几千伏的高压变为 380V 的低压，为用电设备提供动力电源。

图 2-54　三相变压器的功能

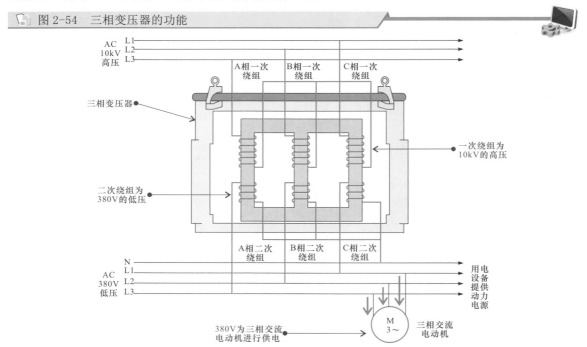

2.7　电动机

2.7.1　直流电动机

直流电动机的分类方式较多，按照定子磁场的不同，可以分为永磁式直流电动机和电磁式直流电动机；按照结构的不同，可以分为有刷直流电动机和无刷直流电动机；按功能和控制方式的不同，又可以分为步进电动机和伺服电动机。

1　永磁式直流电动机和电磁式直流电动机

永磁式直流电动机的定子磁极或转子磁极是由永磁体组成的，它是利用永磁体提供磁场，使转子在磁场的作用下旋转。电磁式直流电动机的定子磁极或转子磁极是由铁心和绕组组成的，在直流电流的作用下，形成驱动转矩，驱动转子旋转。图 2-55 为典型永磁式和电磁式直流电动机的结构外形。

图 2-55　永磁式直流电动机和电磁式直流电动机的结构外形

永磁式直流电动机的定子磁极是由永磁体制成的。

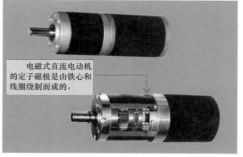

电磁式直流电动机的定子磁极是由铁心和线圈绕制而成的。

2 有刷直流电动机和无刷直流电动机

图 2-56 为典型有刷直流电动机和无刷直流电动机的结构外形。

图 2-56 有刷直流电动机和无刷直流电动机的结构外形

有刷电动机的定子是永磁体，绕组绕在转子铁心上。工作时，绕组和换向器旋转，直流电源通过电刷为转子上的绕组供电。

无刷电动机的转子是由永久磁钢（多磁极）制成的，设有多对磁极（N、S），不需要电刷供电。绕组设置在定子上，控制加给定子绕组的电流，从而形成旋转磁场，通过磁场的作用使转子旋转起来，属于电子换向方式，可有效消除电刷火花干扰。

3 步进电动机和伺服电动机

步进电动机是将电脉冲信号转换为角位移或线位移的开环控制器件。在负载正常的情况下，电动机的转速、停止的位置（或相位）只取决于驱动脉冲信号的频率和脉冲数，不受负载变化的影响。图 2-57 为典型步进电动机的实物外形和应用。

图 2-57 步进电动机的实物外形与应用

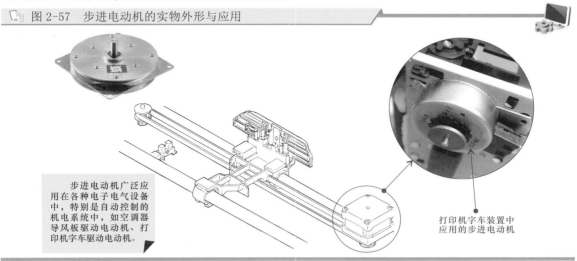

伺服电动机主要用于伺服系统中。图 2-58 为典型伺服电动机的实物外形和应用。

2.7.2 交流电动机

交流电动机是通过交流电源供给电能，并可将电能转换为机械能的一类电动机。交流电动机根据供电方式的不同，可分为单相交流电动机和三相交流电动机两大类。其中每一类电动机根据转动速率与电源频率关系的不同，可以分为同步和异步两种。

图 2-58　伺服电动机的实物外形与应用

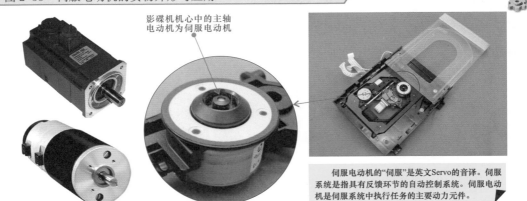

影碟机机心中的主轴电动机为伺服电动机

伺服电动机的"伺服"是英文Servo的音译。伺服系统是指具有反馈环节的自动控制系统。伺服电动机是伺服系统中执行任务的主要动力元件。

1　单相交流电动机

单相交流电动机是利用单相交流电源供电方式提供电能，多用于家用电子产品中。图 2-59 为典型单相交流电动机的实物外形和典型应用。

图 2-59　单相交流电动机的实物外形和典型应用

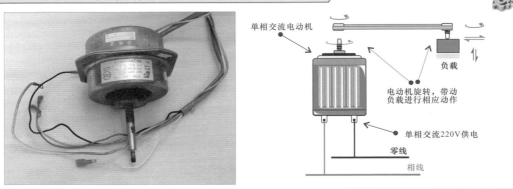

单相交流电动机

负载

电动机旋转，带动负载进行相应动作

单相交流220V供电

零线

相线

如图 2-60 所示，单相交流电动机根据转动速率和电源频率关系的不同，又可以细分为单相交流同步电动机和单相交流异步电动机两种。

单相交流同步电动机的转速与供电电源的频率保持同步，其速度不随负载的变化而变化；而单相交流异步电动机的转速与电源供电频率不同步，具有输出转矩大、成本低等特点。

图 2-60　单相交流同步电动机和单相交流异步电动机

单相交流同步电动机多用于对转速有一定要求的自动化仪器和生产设备中。

单相交流异步电动机多用于输出转矩大、转速精度要求不高的家用电子产品中。

单相交流同步电动机

单相交流异步电动机

2 三相交流电动机

三相交流电动机是通过三相交流电源提供电能，工业生产中的动力设备多采用三相交流电动机。图 2-61 为典型三相交流电动机的实物外形和典型应用。通常，三相交流电动机的额定供电电压为三相 380V。

图 2-61 三相交流电动机的实物外形和典型应用

如图 2-62 所示，三相交流电动机根据转动速率和电源频率关系的不同，又可以细分为三相交流同步电动机和三相交流异步电动机两种。

三相交流同步电动机的转速与电源供电频率同步，转速不随负载的变化而变化，功率因数可以调节；三相交流异步电动机的转速与电源供电频率不同步，结构简单，价格低廉，应用广泛，运行可靠。

图 2-62 三相交流同步电动机和三相交流异步电动机

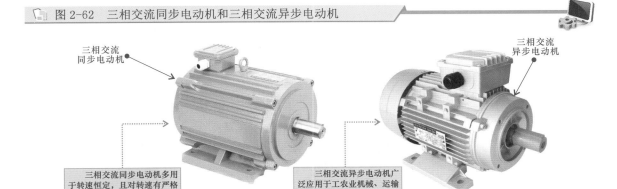

3.1 钳子的功能与使用

3.1.1 钳子的种类和功能特点

在电工操作中，根据功能的不同，钳子可以分为钢丝钳、斜口钳、尖嘴钳、剥线钳、压线钳以及网线钳等。

1 钢丝钳

钢丝钳又叫老虎钳，主要用于线缆的剪切、绝缘层的剥削、线芯的弯折、螺母的松动和紧固等。钢丝钳的钳头又可分为钳口、齿口、刀口和铡口，在钳柄处是由绝缘套保护，如图 3-1 所示。

图 3-1 钢丝钳的外形特点

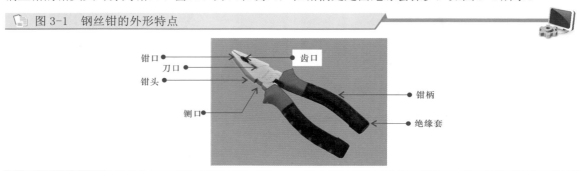

2 斜口钳

斜口钳又叫偏口钳，主要用于线缆绝缘皮的剥削或线缆的剪切。斜口钳的钳头部位为偏斜式的刀口，可以贴近导线或金属的根部进行切割，如图 3-2 所示。

图 3-2 斜口钳的种类特点

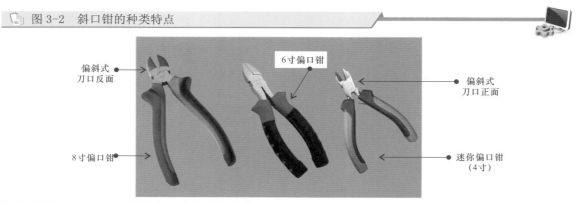

3 尖嘴钳

尖嘴钳的钳头部分较细，可以在较小的空间里进行操作。其可分为带有刀口的尖嘴钳和无刀口的尖嘴钳，如图 3-3 所示。

图 3-3 尖嘴钳的种类特点

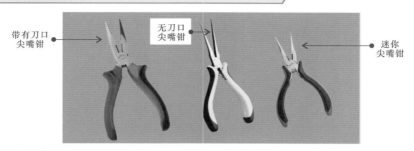

4 剥线钳

剥线钳主要是用来剥除线缆的绝缘层，在电工操作中常使用的剥线钳可以分为压接式剥线钳和自动剥线钳两种，如图 3-4 所示。

图 3-4 剥线钳的种类特点

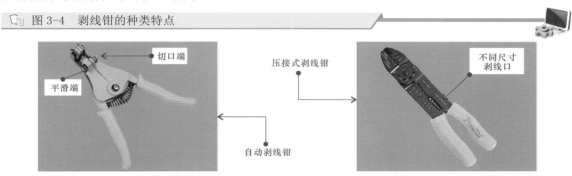

5 压线钳

压线钳在电工操作中主要是用于线缆与连接头的加工。压线钳根据压接连接件的大小不同，内置的压接孔也有所不同，如图 3-5 所示。

图 3-5 压线钳的外形特点

6 网线钳

网线钳专用于网线水晶头的加工与电话线水晶头的加工，在网线钳的钳头部分有水晶头加工口，可以根据水晶头的型号选择不同的网线钳，如图 3-6 所示。

3.1.2 钳子的使用规范

在电工操作中，不同的钳子有不同的应用。使用时应规范操作，以保证电工人员自身安全以及设备安全。

图 3-6　网线钳的种类特点

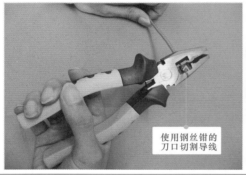

1　规范地使用钢丝钳

在使用钢丝钳时，一般多采用右手操作，使钢丝钳的钳口朝内，便于控制钳切的部位。可以使用钢丝钳钳口弯绞导线，齿口可以用于紧固或拧松螺母，刀口可以用于修剪导线以及拔取铁钉，铡口可以用于铡切较细的导线或金属丝，如图 3-7 所示。

图 3-7　规范地使用钢丝钳

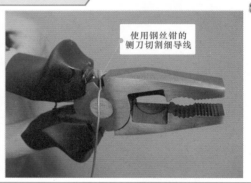

2　规范地使用斜口钳

在使用斜口钳时，应将偏斜式的刀口正面朝上，背面靠近需要切割导线的位置，这样可以准确切割到位，防止切割位置出现偏差，如图 3-8 所示。

图 3-8　斜口钳的使用方法

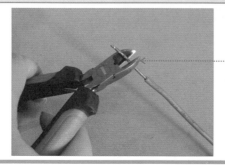

将偏斜式刀口的正面朝上，反面靠近需要切割导线的位置，用力握紧钳柄，对导线进行切割。

3　规范地使用尖嘴钳

使用尖嘴钳时，用右手握住钳柄，不可以将钳头对向自己。可以用钳头上的刀口修整导线，再使用钳口夹住导线的接线端子，并对其进行修整固定，如图 3-9 所示。

图 3-9　尖嘴钳的使用方法

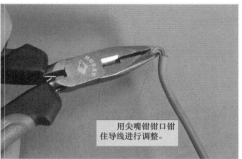

用尖嘴钳刀口修整导线。

用尖嘴钳钳口钳住导线进行调整。

4　规范地使用剥线钳

在使用剥线钳进行剥线时，一般会根据导线选择合适尺寸的切口，将导线放入该切口中，按下剥线钳的钳柄，即可将绝缘层割断，再次紧按手柄时，钳口分开加大，切口端将绝缘层与导线芯分离，如图 3-10 所示。

图 3-10　剥线钳的使用方法

1 将导线需要剥削处置于剥线钳合适的切口中。

2 用手握住剥线钳手柄，将导线的绝缘层剥下。

5　规范地使用压线钳

在使用压线钳时，一般使用右手握住压线钳手柄，将需要连接的线缆和连接头插接后，放入压线钳合适的卡口中，向下按压即可，如图 3-11 所示。

图 3-11　压线钳的使用方法

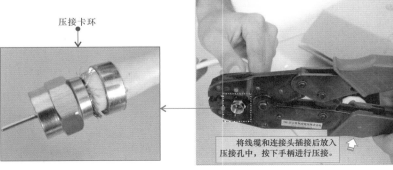

压接卡环

将线缆和连接头插接后放入压接孔中，按下手柄进行压接。

6　规范地使用网线钳

使用网线钳时，应先使用钳柄处的刀口剥落网线的绝缘层，将网线按顺序插入水晶头中，然后将其放置于网线钳对应的水晶头接口中，用力向下按压网线钳钳柄，此时钳头上的动片向上推动，即可将水晶头中的金属导体嵌入网线中，如图 3-12 所示。

图 3-12　网线钳的使用方法

将网络水晶头插入合适的孔中。　　将水晶头的金属触点压制到线芯中。

3.2　螺钉旋具的功能与使用

3.2.1　螺钉旋具的种类和功能特点

螺钉旋具又称为螺丝刀，俗称改锥，是用来紧固和拆卸螺钉的工具，主要由螺钉旋具头与手柄构成。常使用到的螺钉旋具有一字槽螺钉旋具、十字槽螺钉旋具等。

1　一字槽螺钉旋具

一字槽螺钉旋具是电工操作中使用比较广泛的工具。一字槽螺钉旋具由绝缘手柄和一字槽螺钉旋具头构成，其头部为薄楔形头，如图 3-13 所示。

图 3-13　一字槽螺钉旋具的种类特点

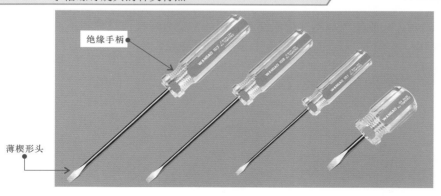

绝缘手柄

薄楔形头

2　十字槽螺钉旋具

十字槽螺钉旋具的刀头是由两个薄楔形片十字交叉构成，不同型号的十字槽螺钉旋具可以用其紧固或拆卸与其相对应型号的固定螺钉，如图 3-14 所示。

图 3-14　十字槽螺钉旋具的种类特点

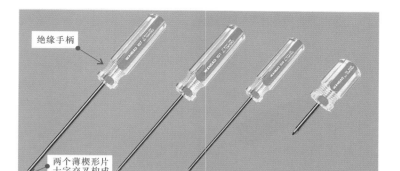

绝缘手柄

两个薄楔形片
十字交叉构成

3.2.2　螺钉旋具的使用规范

如图 3-15 所示，螺钉旋具主要用于拆卸或紧固固定螺钉，在使用时需根据不同规格和尺寸的固定螺钉选取相应的螺钉旋具，将刀头垂直插入对应的固定螺钉的卡槽中，然后转动绝缘手柄即可完成拆卸或紧固固定螺钉的操作。

为确保操作安全，在使用螺钉旋具时，要确保螺钉旋具的绝缘手柄性能良好，不可在操作过程中用手触碰螺钉旋具的金属部分。

图 3-15　螺钉旋具的使用方法

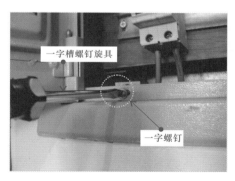

一字槽螺钉旋具

一字螺钉

十字槽螺钉旋具

3.3　电工刀的功能与使用

3.3.1　电工刀的结构和功能特点

在电工操作中，电工刀是用于剥削导线和切割物体的工具。电工刀由刀柄与刀片两部分组成。如图 3-16 所示，常见的电工刀主要有普通电工刀和多功能电工刀。

3.3.2　电工刀的使用规范

使用电工刀剥削线缆的绝缘层时，应一只手握住电工刀的刀柄，将刀口朝外，使刀刃与线缆绝缘层成 45°切入，切入绝缘层后，将刀刃略翘起一些（约 25°），用力向线端推削，一定注意不要切削到线芯。图 3-17 为电工刀的使用规范。

📖 图 3-16　电工刀的种类特点

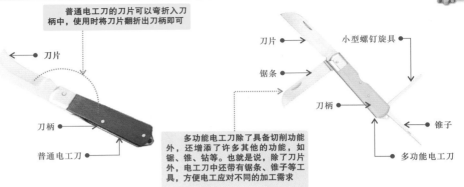

普通电工刀的刀片可以弯折入刀柄中，使用时将刀片翻折出刀柄即可

← 刀片

刀柄 ●

普通电工刀 ●

刀片 ←

锯条 ←

刀柄 ●

小型螺钉旋具

● 锥子

● 多功能电工刀

多功能电工刀除了具备切削功能外，还增添了许多其他的功能，如锯、锥、钻等。也就是说，除了刀片外，电工刀中还带有锯条、锥子等工具，方便电工应对不同的加工需求

📖 图 3-17　电工刀的使用规范

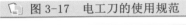

1 45°角切入

2

在剥削处用电工刀以45°倾斜角切入塑料绝缘层，注意刀口不能划伤导线。

将绝缘层剥离线芯后，用电工刀切下剩余的绝缘层。

3.4　扳手的功能与使用

3.4.1　扳手的种类和功能特点

在电工操作中，扳手常用于紧固和拆卸螺钉或螺母。在扳手的柄部一端或两端带有夹柄，用于施加外力。常用的扳手有活扳手、呆扳手及梅花扳手等。

1　活扳手

活扳手是由扳口、蜗轮和手柄等组成。推动蜗轮时，即可调整、改变扳口的大小。活扳手也有尺寸之分，尺寸较小的活扳手可以用于狭小的空间，尺寸较大的活扳手可以用于较大的螺钉和螺母的拆卸和紧固，如图 3-18 所示。

📖 图 3-18　活扳手的种类特点

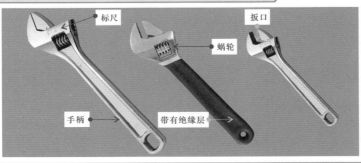

标尺

扳口

蜗轮

手柄

带有绝缘层

2 呆扳手

呆扳手的两端通常带有开口的夹柄，夹柄的大小与扳口的大小成正比。呆扳手上带有尺寸的标识，呆扳手的尺寸与螺母的尺寸是相对应的，如图 3-19 所示。

图 3-19 呆扳手的种类特点

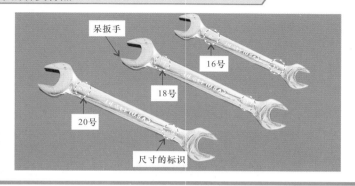

3 梅花扳手

梅花扳手的两端通常带有环形的六角孔或十二角孔的工作端，如图 3-20 所示。梅花扳手工作端不可以进行改变，所以在使用时需要配置整套的梅花扳手。

图 3-20 梅花扳手的种类特点

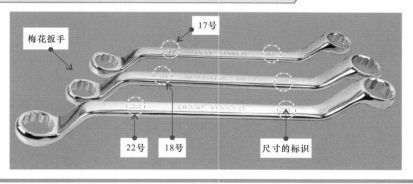

3.4.2 扳手的使用规范

在电工操作中，不同类型的扳手应用于不同的场合，使用时需根据具体情况选用相应规格的扳手。

1 规范的使用活扳手

在使用活扳手时，应当查看需要紧固和拆卸的螺母大小，将活扳手卡住螺母，然后使用大拇指调节蜗轮，调节使扳口的大小确定，当其确定后，即可以将手握住活扳手的手柄，进行转动，如图 3-21 所示。

2 规范的使用呆扳手

呆扳手只能用于与其卡口相对应的螺母，使用呆扳手夹柄夹住需要紧固或拆卸的螺母，然后握住手柄，与螺母成水平状态，转动呆扳手的手柄，如图 3-22 所示。

📄 图 3-21　呆扳手的使用规范

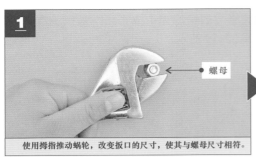
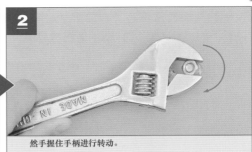

使用拇指推动蜗轮，改变扳口的尺寸，使其与螺母尺寸相符。

然手握住手柄进行转动。

📄 图 3-22　呆扳手的使用规范

确定呆扳手的夹柄与螺母相符。

用夹柄卡住螺母，扳动手柄旋转。

3　规范的使用梅花扳手

在使用梅花扳手时，应先查看螺母的尺寸，选择合适尺寸的梅花扳手。然后将梅花扳手的环孔套在螺母外，转动梅花扳手的手柄即可，如图 3-23 所示。

📄 图 3-23　梅花扳手的使用规范

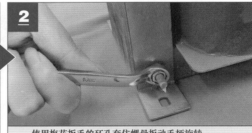

确定梅花扳手的环圈与螺母相符。

使用梅花扳手的环孔套住螺母扳动手柄旋转。

3.5　验电器的功能与使用

3.5.1　验电器的种类和功能特点

验电器是电工工作中常使用的检测仪表之一，是用于检测导线和电气设备是否带电的检测工具。在电工操作中，验电器分为高压验电器和低压验电器两种。

1　高压验电器

图 3-24 为高压验电器。高压验电器多用于检测 500V 以上的高压。可以分为接触式高压验电

器和非接触式高压验电器。接触式高压验电器由手柄、金属感应探头、指示灯等构成；非接触式高压验电器由手柄、感应测试端、开关按钮、指示灯或扬声器等构成。

图 3-24　高压验电器的种类特点

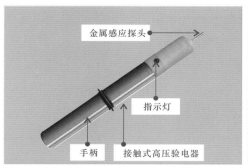
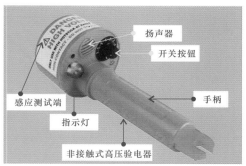

2 低压验电器

低压验电器多用于检测 12 ～ 500V 的低压。如图 3-25 所示，低压验电器可分为低压氖管验电器与低压电子验电器。低压氖管验电器由金属探头、电阻、氖管、尾部金属部分以及弹簧等构成；低压电子验电器由金属探头、指示灯、显示屏、按钮等构成。

图 3-25　低压验电器的种类特点

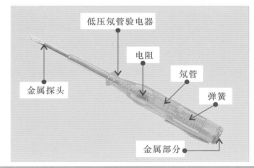
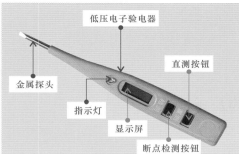

扫一扫看视频

3.5.2　验电器的使用规范

验电器在使用时要严格遵守操作规范，否则极易引起触电事故。

1 高压验电器的使用规范

如图 3-26 所示，高压验电器的手柄长度不够时，可以使用绝缘物体延长手柄，应当用佩戴绝缘手套的手去握住高压验电器的手柄，不能将手越过护环，再将高压验电器的金属探头接触待测高压线缆，或使用感应部位靠近高压线缆。高压验电器上的蜂鸣器发出报警声，证明该高压线缆正常。

2 低压验电器的使用规范

使用低压氖管验电器时，用一只手握住验电器，食指按住尾部的金属部分，将其插入 220V 电源插座的相线孔中，若电源插座带电，低压氖管验电器中的氖管发光。

使用低压电子验电器时，按住"直测按钮"，将验电器插入相线孔时，低压电子验电器的显示屏上即会显示出测量的电压，指示灯亮。当插入零线孔时，低压电子验电器的显示屏上无电压显示，指示灯不亮。 图 3-27 为低压验电器的使用规范。

图 3-26　高压验电器的使用规范

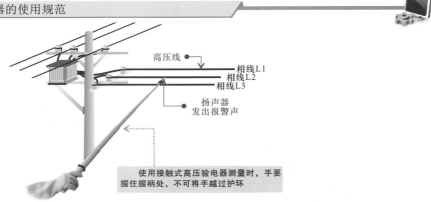

高压线
相线L1
相线L2
相线L3
扬声器
发出报警声

使用接触式高压验电器测量时，手要
握住握柄处，不可将手越过护环

图 3-27　低压验电器的使用规范

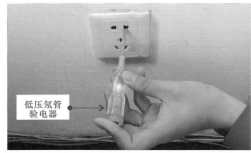

低压氖管
验电器

低压电子
验电器

3.6　万用表的功能与使用

3.6.1　万用表的种类和功能特点

万用表可分为指针式万用表和数字式万用表，是电工工作中常用的多功能、多量程的便携式检测工具，主要用于电气设备、供配电设备以及电动机的检测工作。

1　指针式万用表

指针式万用表是由指针刻度盘、功能旋钮、表头校正钮、零欧姆调整钮、表笔连接端、表笔等构成。图 3-28 为指针式万用表的实物外形。

图 3-28　指针式万用表的实物外形

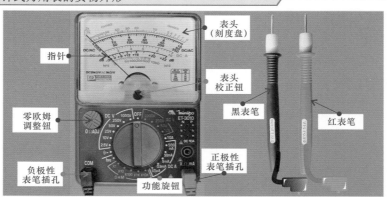

表头
（刻度盘）

指针

表头
校正钮

零欧姆
调整钮

黑表笔

红表笔

负极性
表笔插孔

正极性
表笔插孔

功能旋钮

2 数字式万用表

数字式万用表读数方便，测量精度高，如图 3-29 所示。它是由液晶显示屏、量程旋钮、表笔连接端、电源按键、峰值保持按键、背光灯按键、交/直流切换键等构成。

📄 **图 3-29 数字式万用表的实物外形**

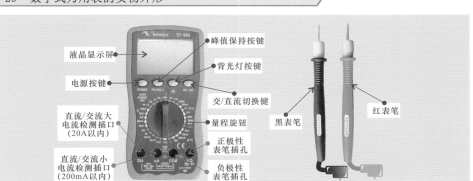

3.6.2 万用表的使用规范

指针式万用表和数字式万用表在使用上有所不同，需按规范操作。

1 指针式万用表的使用规范

使用指针式万用表时，需要先连接好表笔，然后根据需要测量的类型调整功能旋钮和量程，检测电阻值时，还需要欧姆调整操作，最后搭接表笔，读取测量值。图 3-30 为指针式万用表的使用规范。

📄 **图 3-30 指针式万用表的使用规范**

1 将红、黑表笔分别插到万用表的正极性"+"和负极性"—"插孔中。

2 使用螺钉旋具将调表头校正钮，使指针指向左侧"0"刻度位。

3 根据测量目的确定功能和量程旋钮的位置。

4 选择好档位及量程后，将万用表的红、黑两表笔短接，同时调整零欧姆调整钮，直至使指针式万用表的指针指在0Ω的刻度位置。

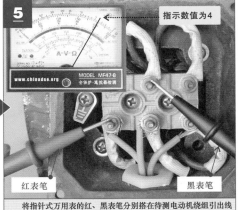

5 将指针式万用表的红、黑表笔分别搭在待测电动机绕组引出线两端，根据万用表指针在表盘上的指示位置识读出当前的测量结果。

| 提示说明 |

　　根据指针指示识读测量结果：测量参数值为电阻值，应选择电阻刻度读数，即选择最上一行的刻度线，从右向左开始读数，数值为"4"，结合万用表量程旋钮位置，实测结果为 $4 \times 1\Omega = 4\Omega$。在使用指针万用表检测时，所测参数为电阻值，除了读取表盘数值外，还要结合量程旋钮位置。若量程旋钮置于"R×10"电阻档，实测时指针指示数值为"5.6"，则实际结果为 $5.6 \times 10\Omega = 56\Omega$；若量程旋钮置于"R×100"电阻档，则实际结果为 $5.6 \times 100\Omega = 560\Omega$，依此类推。

2 数字式万用表的使用规范

　　使用数字式万用表时，应先连接好表笔，然后打开电源，根据需要测量的类型调整功能旋钮和量程，最后搭接表笔，读取测量值。图 3-31 为数字式万用表的使用规范。

图 3-31 　数字式万用表的使用规范

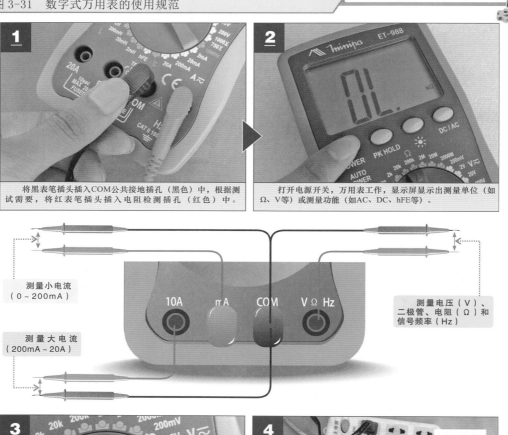

1 将黑表笔插头插入COM公共接地插孔（黑色）中，根据测试需要，将红表笔插头插入电阻检测插孔（红色）中。

2 打开电源开关，万用表工作，显示屏显示出测量单位（如Ω、V等）或测量功能（如AC、DC、hFE等）。

测量小电流
（0～200mA）

测量大电流
（200mA～20A）

10A　　mA　　COM　　V Ω Hz

测量电压（V）、二极管、电阻（Ω）和信号频率（Hz）

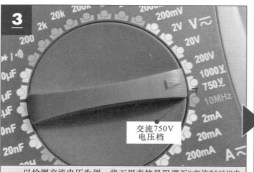

3 以检测交流电压为例，将万用表的量程调至"交流750V"电压档，将红、黑表笔分别插入市电插座中，观测万用表显示屏读数，实测数值为221V。

交流750V
电压档

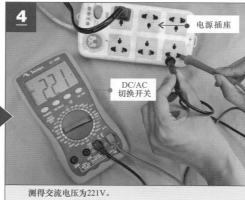

4 测得交流电压为221V。

电源插座

DC/AC
切换开关

3.7 钳形表的功能与使用

3.7.1 钳形表的结构和功能特点

钳形表可用于检测电气设备或线缆工作时的电压与电流，如图 3-32 所示，它主要由钳头、钳头扳机、保持按钮、功能旋钮、液晶显示屏、表笔插孔和红、黑表笔等构成。

图 3-32 钳形表的实物外形

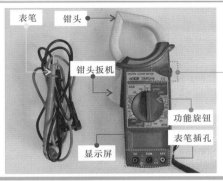
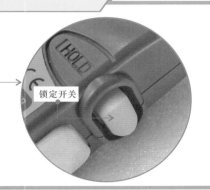

61

扫一扫看视频

3.7.2 钳形表的使用规范

使用钳形表检测时，应先通过功能旋钮调整测量类型及量程，然后打开钳头，并将所测的线路套进钳口中，最后读取显示屏上所测数值。图 3-33 为钳形表的使用规范。

图 3-33 钳形表的使用规范

根据测量目的确定功能旋钮的位置，这里选择"200"交流电流档

功能旋钮

钳头扳机

按下钳形表的钳头扳机，打开钳形表钳头，为检测电流做好准备

将钳头套在所测线路中的一根供电线上，如测配电箱中经断路器的电流

待检测数值稳定后按下锁定开关，读取配电箱中经断路器的供电电流数值为7.1A

3.8 绝缘电阻表的功能与使用

3.8.1 绝缘电阻表的结构和功能特点

绝缘电阻表（旧称兆欧表）是专门用来对电气设备、家用电器或电气线路等对地及相线之间的绝缘阻值进行检测的仪表。电工操作中常用的绝缘电阻表有手摇式绝缘电阻表和数字式绝缘电

阻表。手摇式绝缘电阻表由刻度盘、指针、接线端子（E 接地接线端子、L 相线接线端子）、铭牌、手动摇杆、使用说明、红色测试线以及黑色测试线等组件构成。数字式绝缘电阻表由数字显示屏、测试线连接插孔、背光灯开关、时间设置按钮、测量旋钮、量程调节开关等构成。图 3-34 为绝缘电阻表的实物外形。

图 3-34　绝缘电阻表的实物外形

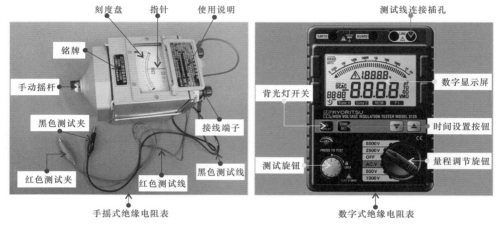

3.8.2　绝缘电阻表的使用规范

使用绝缘电阻表检测室内供电电路的绝缘电阻值时，首先将 L 线路接线端子拧松，然后将红色测试线的 U 形接口接入连接端子（L）上，再拧紧 L 线路接线端子；再将 E 接地端子拧松，并将黑色测试线的 U 形接口接入连接端子，拧紧 E 接地端子，如图 3-35 所示。

图 3-35　绝缘电阻表检测端子的连接

在使用绝缘电阻表进行测量前，应对绝缘电阻表进行开路与短路测试，检查其是否正常。将红、黑色测试夹分开，顺时针摇动摇杆，绝缘电阻表指针应当指示"无穷大"；再将红、黑色测试夹短接，顺时针摇动摇杆，绝缘电阻表指针应当指示"零"，说明该绝缘电阻表正常，注意摇速不要过快，如图 3-36 所示。

在进行绝缘电阻值的检测时，将绝缘电阻表的黑色测试线与待测设备的外壳连接，红色测试线与待测部位连接，顺时针摇动手动摇杆，如图 3-37 所示，即可通过表盘读数判断出待测设备的绝缘性能是否良好。

图 3-36　绝缘电阻表开路与短路的测试

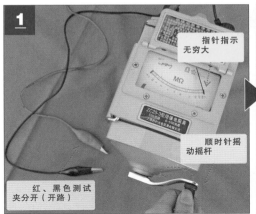

指针指示
无穷大

顺时针摇
动摇杆

红、黑色测试
夹分开（开路）

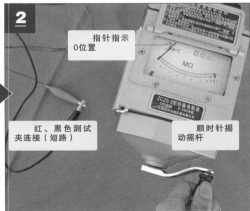

指针指示
0位置

红、黑色测试
夹连接（短路）

顺时针摇
动摇杆

图 3-37　绝缘电阻表的检测操作

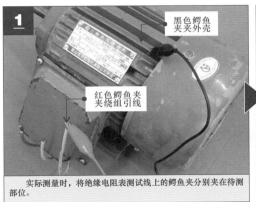

黑色鳄鱼
夹夹外壳

红色鳄鱼夹
夹绕组引线

实际测量时，将绝缘电阻表测试线上的鳄鱼夹分别夹在待测部位。

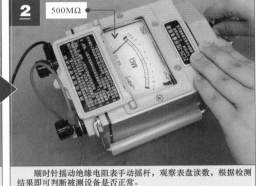

500MΩ

顺时针摇动绝缘电阻表手动摇杆，观察表盘读数，根据检测结果即可判断被测设备是否正常。

| 提示说明 |

　　使用绝缘电阻表测量时，要保持绝缘电阻表的稳定，避免绝缘电阻表在摇动摇杆时晃动，摇动摇杆手柄时应由慢至快。若发现指针指向零时，应立刻停止摇动摇杆手柄，以免损坏绝缘电阻表。另外，在测量过程中，严禁用手触碰测试端，以免发生触电危险。

第 4 章 电工识图

4.1 电工电路中的文字符号标识

4.1.1 电工电路中的基本文字符号

文字符号是电工电路中常用的一种字符代码，一般标注在电气设备、装置和元器件的近旁，以标识其种类和名称。图 4-1 为电工电路中的基本文字符号。

图 4-1 电工电路中的基本文字符号

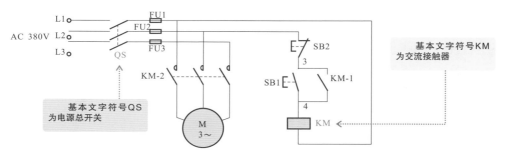

| 提示说明 |

通常，基本文字符号一般分为单字母符号和双字母符号。其中，单字母符号是按英文字母将各种电气设备、装置、元器件划分为 23 大类，每大类用一个大写字母表示，如 "R" 表示电阻器类，"S" 表示开关选择器类。在电工电路中，优先选用单字母。

双字母符号由一个表示种类的单字母符号与另一个字母组成，通常为单字母符号在前，另一个字母在后的组合形式。例如，"F" 表示保护器件类，"FU" 表示熔断器；"G" 表示电源类，"GB" 表示蓄电池（"B" 为蓄电池英文名称 Battery 的首字母）；"T" 表示变压器类，"TA" 表示电流互感器（"A" 为电流表英文名称 Ammeter 的首字母）。

电工电路中常见的基本文字符号主要有组件部件、变换器、电容器、半导体器件等。图 4-2 为电气电路中的基本文字符号。

图 4-2 电气电路中的基本文字符号

种类	组件部件										
文字符号	A/AB	A/AD	A/AF	A/AG	A/AJ	A/AM	A/AV	A/AP	A/AT	A/ATR	A/AR
中文名称	电桥	晶体管放大器	频率调节器	给定积分器	集成电路放大器	磁放大器	电子管放大器	印制电路板、脉冲放大器	抽屉柜触发器	转矩调节器	支架盘

图 4-2 电气电路中的基本文字符号（续1）

种类	组件部件		变换器（从非电量到电量或从电量到非电量）							
文字符号	A		B						B/BC	B/BO
中文名称	分立元件放大器	激光器	调节器	热电传感器、热电池、光电池	测功计、晶体转换器、送话器	拾音器扬声器耳机	自整角机、旋转变压器	印制电路板、脉冲放大器	模拟和多级数字	变换器或传感器	电流变换器	光耦合器

种类	变换器（从非电量到电量或从电量到非电量）									电容器		
文字符号	B/BP	B/BPF	B/BQ	B/BR	B/BT	B/BU	B/BUF	B/BV	C	C/CD	C/CH	D
中文名称	压力变换器	触发器	位置变换器	旋转变换器	温度变换器	电压变换器	电压-频率变换器	速度变换器	电容器	电流微分环节	斩波器	数字集成电路和器件

种类	二进制单元、延迟器件、存储器件								杂项		
文字符号	D			D/DA	D/D(A)N	D/DN	D/DO	D/DPS	E	E/EH	
中文名称	延迟线、双稳态元件	单稳态元件、磁芯存储器	寄存器、磁带记录机	盘式记录机	光器件、热器件	与门	与非门	非门	或门	数字信号处理器	本表其他地方未提及的元件	发热器件

种类	杂项		保护器件							发电机、电源	
文字符号	E/EL	E/EV	F	F/FA	F/FB	F/FF	F/FR	F/FS	F/FU	F/FV	G	G/GS
中文名称	照明灯	空气调节器	过电压放电器件、避雷器	具有瞬时动作的限流保护器件	反馈环节	快速熔断器	具有延时动作的限流保护器件	具有延时和瞬时的限流保护器件	熔断器	限压保护器件	旋转发电机、振荡器	发生器、同步发电机

种类	发电机、电源					信号器件				继电器、接触器	
文字符号	G/GA	G/GB	G/GF	G/GD	G/G-M	G/GT	H	H/HA	H/HL	H/HR	K	K/KA
中文名称	异步发电机	蓄电池	旋转式或固定式变频机、函数发生器	驱动器	发电机－电动机组	触发器（装置）	信号器件	声响指示器	光指示器、指示灯	热脱扣器	继电器	瞬时接触继电器、瞬时有或无继电器

种类	继电器、接触器										
文字符号	K/KA	K/KC	K/KG	K/KL	K/KM	K/KFM	K/KFR	K/KP	K/KT	K/KTP	K/KR	K/KVC
中文名称	交流接触器、电流继电器	控制继电器	气体继电器	闭锁接触继电器、双稳态继电器	接触器、中间继电器	正向接触器	反向接触器	极化继电器、簧片继电器、功率继电器	延时有或无继电器、时间继电器	温度继电器、跳闸继电器	逆流继电器	欠电流继电器

种类	电感器、电抗器				电动机						
文字符号	KVV	L	L	L/LA	L/LB	M	M/MC	M/MD	M/MS	M/MG	M/MT	M/MW(R)
中文名称	欠电压继电器	感应线圈、线路陷波器	电抗器（并联和串联）	桥臂电抗器	平衡电抗器	电动机	笼型电动机	直流电动机	同步电动机	可作为发电机或电动机用的电动机	力矩电动机	绕线转子电动机

种类	模拟集成电路	测量设备、试验设备									
文字符号	N	P	P	P/PA	P/PC	P/PJ	P/PLC	P/PRC	P/PS	P/PT	P/PV	P/PWM
中文名称	运算放大器、模拟/数字混合器件	指示器件、记录器件	计算测量器件、信号发生器	电流表	(脉冲)计数器	电能表(电度表)	可编程序控制器	环形计数器	记录仪器件、信号发生器	时钟、操作时间表	电压表	脉冲调制器

种类	端子、插头、插座						电气操作的机械装置				
文字符号	X	X	X/XB	X/XJ	X/XP	X/XS	X/XT	Y	Y/YA	Y/YB	Y/YC	Y/YH
中文名称	连接插头和插座、接线柱	电缆封端和接头、焊接端子板	连接片	测试塞孔	插头	插座	端子板	气阀	电磁铁	电磁制动器	电磁离合器	电磁吸盘

种类	电力电路开关					电阻器					
文字符号	Q/QF	Q/QK	Q/QL	Q/QM	Q/QS	R	R/RP	R/RS	R/RT	R/RV	S
中文名称	断路器	刀开关	负荷开关	电动机保护开关	隔离开关	电阻器	变阻器	电位器	测量分路表	热敏电阻器	压敏电阻器	拨号接触器、连接极

65

图 4-2 电气电路中的基本文字符号（续 2）

种类	控制电路开关选择器									变压器		
文字符号	S	S/SA	S/SB	S/SL	S/SM	S/SP	S/SQ	S/SR	S/ST	T/TA	T/TAN	T/TC
中文名称	机电式有或无传感器	控制开关、选择开关、电子模拟开关	按钮开关、停止按钮	液体标高传感器	主令开关、伺服电动机	压力传感器	位置传感器	转数传感器	温度传感器	电流互感器	零序电流互感器	控制电路电源用变压器

种类	变压器							调制器变换器				
文字符号	T/TI	T/TM	T/TP	T/TR	T/TS	T/TU	T/TV	U	U/UR	U/UI	U/UPW	U/UD
中文名称	逆变变压器	电力变压器	脉冲变压器	整流变压器	磁稳压器	自耦变压器	电压互感器	鉴频器、编码器、交流器、电报译码器	变流器、整流器	逆变器	脉冲调制器	解调器

种类		电真空器件、半导体器件							传输通道、波导、天线			
文字符号	U/UF	V	V/VC	V/VD	V/VE	V/VZ	V/VT	V/VS	W	W	W/WB	W/WF
中文名称	变频器	气体放电管、二极管、晶体管、晶闸管	控制电路用电源的整流器	二极管	电子管	稳压二极管	晶体管、场效应晶体管	晶闸管	导线、电缆、波导、波导定向耦合器	偶极天线、抛物面天线	母线	闪光信号小母线

种类	电气操作的机械装置		终端设备、混合变压器、滤波器、均衡器、限幅器			
文字符号	Y/YM	Y/YV	Z	Z	Z	Z
中文名称	电动阀	电磁阀	电缆平衡网络	晶体滤波器	压缩扩张器	网络

4.1.2 电工电路中的辅助文字符号

根据前文可知，电气设备、装置和元器件的种类和名称可用基本文字符号表示，而它们的功能、状态和特征则用辅助文字符号表示，如图 4-3 所示。

图 4-3 电工电路中的辅助文字符号

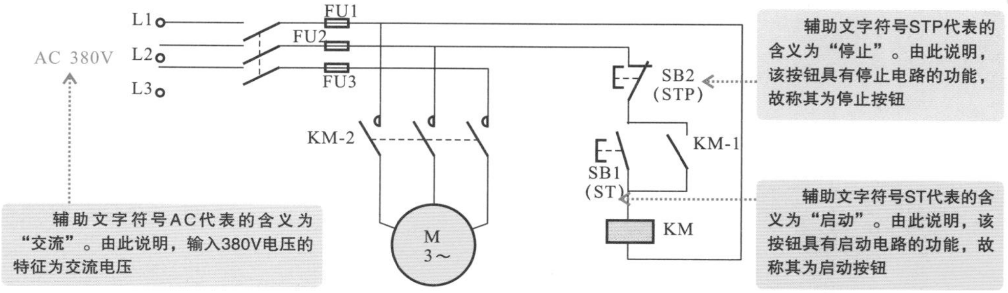
L1
L2
L3
AC 380V
FU1
FU2
FU3
KM-2
M
3～
SB2
(STP)
KM-1
SB1
(ST)
KM
辅助文字符号STP代表的含义为“停止”。由此说明，该按钮具有停止电路的功能，故称其为停止按钮
辅助文字符号ST代表的含义为“启动”。由此说明，该按钮具有启动电路的功能，故称其为启动按钮
辅助文字符号AC代表的含义为“交流”。由此说明，输入380V电压的特征为交流电压

辅助文字符号通常由表示功能、状态和特征的英文单词的前一两位字母构成，也可由常用缩略语或约定俗成的习惯用法构成，一般不能超过三位字母。例如，“IN”表示输入，“ON”表示闭合，“STE”表示步进；采用“START”的前两位字母“ST”表示启动；表示“停止（STOP）”的辅助文字符号必须再加一个字母，为“STP”。辅助文字符号也可放在表示种类的单字母符号后边组合成双字母符号，此时辅助文字符号一般采用表示功能、状态和特征的英文单词的第一个字母，如“ST”表示启动、“YB”表示电磁制动器等。

某些辅助文字符号本身具有独立的、确切的意义，也可以单独使用。例如，“N”表示交流电源的中性线，“DC”表示直流电，“AC”表示交流电，“PE”表示保护接地等。电气电路中常用的辅助文字符号如图 4-4 所示。

图 4-4　电气电路中常用的辅助文字符号

辅助文字符号	A	A	AC	A, AUT	ACC	ADD	ADJ	AUX	ASY	B, BRK	BK
中文名称	电流	模拟	交流	自动	加速	附加	可调	辅助	异步	制动	黑
辅助文字符号	BL	BW	C	CW	CCW	D	D	D	D	DC	DEC
中文名称	蓝	向后	控制	顺时针	逆时针	延时(延迟)	差动	数字	降	直流	减
辅助文字符号	E	EM	F	FB	FW	GN	H	IN	IND	INC	N
中文名称	接地	紧急	快速	反馈	正、向前	绿	高	输入	感应	增	中性线
辅助文字符号	L	L	L	LA	M	M	M	M, MAN	ON	OFF	RD
中文名称	左	限制	低	闭锁	主	中	中间线	手动	闭合	断开	红
辅助文字符号	OUT	P	P	PE	PEN	PU	R	R	R	RES	R,RST
中文名称	输出	压力	保护	保护接地	保护接地与中性线共用	不接地保护	记录	右	反	备用	复位
辅助文字符号	V	RUN	S	SAT	ST	S,SET	STE	STP	SYN	T	T
中文名称	真空	运转	信号	饱和	启动	位置定位	步进	停止	同步	温度	时间
辅助文字符号	TE	V	V	YE	WH						
中文名称	无噪声(防干扰)接地	电压	速度	黄	白						

4.1.3　电工电路中的组合文字符号

　　组合文字符号通常由"字母＋数字"代码构成，是目前最常采用的一种文字符号。其中，字母表示各种电气设备、装置和元器件的种类或名称（为基本文字符号），数字表示其对应的编号（序号）。

　　图 4-5 为典型电工电路中组合文字符号的标识。将数字代码与字母符号组合起来使用可说明同一类电气设备、元器件的不同编号。例如，电工电路中有三个相同类型的继电器，文字符号分别为KA1、KA2、KA3。反过来说，在电工电路中，相同文字符号的元器件为同一类元器件，文字符号后面的数字最大值表示该元器件的总个数。

| 提示说明 |

　　图 4-5 中，以字母 FU 作为文字符号的器件有 3 个，即 FU1、FU2、FU3，分别表示该电路中的第 1 个熔断器、第 2 个熔断器、第 3 个熔断器，说明该线路中有 3 个熔断器；KM-1、KM-2 中的基本文字符号均为 KM，说明这两个器件与 KM 属于同一个器件，是 KM 中所包含的两个部分，即接触器 KM 中的两个触头。

4.1.4　电工电路中的专用文字符号

　　在电工电路中，有些时候为了清楚地表示接线端子和特定导线的类型、颜色或用途，通常用专用文字符号来表示。

图 4-5 典型电工电路中组合文字符号的标识

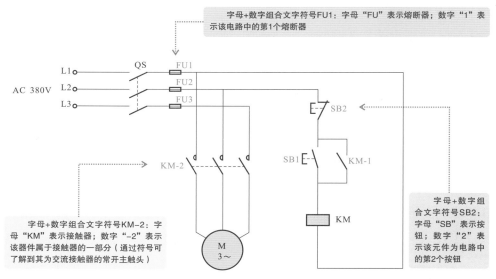

字母+数字组合文字符号FU1：字母"FU"表示熔断器；数字"1"表示该电路中的第1个熔断器

字母+数字组合文字符号SB2：字母"SB"表示按钮；数字"2"表示元件为电路中的第2个按钮

字母+数字组合文字符号KM-2：字母"KM"表示接触器；数字"-2"表示该器件属于接触器的一部分（通过符号可了解到其为交流接触器的常开主触头）

1 表示接线端子和特定导线的专用文字符号

图 4-6 所示为特殊用途的专用文字符号。

图 4-6 特殊用途的专用文字符号

文字符号	L1	L2	L3	N	U	V	W	L+	L−	M	E	PE
中文名称	交流系统中电源第一相	交流系统中电源第二相	交流系统中电源第三相	中性线	交流系统中设备第一相	交流系统中设备第二相	交流系统中设备第三相	直流系统电源正极	直流系统电源负极	直流系统电源中间线	接地	保护接地
文字符号	PU	PEN	TE	MM	CC	AC	DC					
中文名称	不接地保护	保护接地线和中间线共用	无噪声接地	机壳或机架	等电位	交流电	直流电					

2 表示颜色的文字符号

由于大多数电工电路图等技术资料为黑白印刷，导致很多导线的颜色无法正确区分，因此在电工电路图上通常用字母表示导线的颜色，用于区分导线的功能。图 4-7 为常见表示颜色的文字符号。

图 4-7 常见表示颜色的文字符号

文字符号	RD	YE	GN	BU	VT	WH	GY	BK	BN	OG	GNYE	SR
颜色	红	黄	绿	蓝	紫、紫红	白	灰、蓝灰	黑	棕	橙	绿黄	银白
文字符号	TQ	GD	PK									
颜色	青绿	金黄	粉红									

│提示说明│

除了上述几种基本的文字符号外，为了与国际接轨，近几年生产的大多数电气仪表中也采用大量的英文语句或单词，甚至用缩写文字符号表示仪表的类型、功能、量程和性能等。

通常，一些文字符号直接用于标识仪表的类型及名称，有些文字符号则表示仪表上的相关量程、用途等，如图4-8所示。

文字符号	A	mA	μA	kA	Ah	V	mV	kV	W	kW	var	Wh
中文名称	电流表	毫安表	微安表	千安表	安培小时表	电压表	毫伏表	千伏表	功率表	千瓦表	乏表（无功功率表）	电能表（瓦时表）
文字符号	varh	Hz	λ	cosφ	φ	Ω	MΩ	n	h	θ (t°)	±	ΣA
中文名称	乏时表	频率表	波长表	功率因数表	相位表	电阻表	绝缘电阻表	转速表	小时表	温度表（计）	极性表	测量仪表（如电量测量表）
文字符号	DCV	DCA	ACV	OHM (OHMS)	BATT	OFF	MDOEL	HEF	COM	ON/OFF	HOLD	MADE IN CHINA
中文名称	直流电压	直流电流	交流电压	欧姆	电池	关、关机	型号	晶体管直流电流放大倍数测量插孔与档位	模拟地公共插口	开/关	数据保持	中国制造
文字符号	直流电压测量	直流电流测量	交流电压测量	欧姆阻值的测量								
备注	用V或V-表示	用A或A-表示	用V或V~表示	用Ω或R表示								

图4-8 其他常见的专用文字符号

4.2 电工电路中的图形符号标识

4.2.1 电工电路中常用电子元器件的电路图形符号

电子元器件是构成电工电路的基本。常用的电子元器件有很多种，且每种都用电路图形符号标识。

图4-9为典型的光控照明电工实用电路。识读图中电子元器件的电路图形符号含义，可建立与实物电子元器件的对应关系。这是学习识图过程的第一步。

在电工电路中，常用的电子元器件主要有电阻器、电容器、电感器、二极管、晶体管、场效应晶体管和晶闸管等。图4-10所示为常用电子元器件的电路图形符号。

4.2.2 电工电路中常用低压电器部件的电路图形符号

低压电器部件是指用于低压供配电线路中的部件，在电工电路中应用十分广泛。低压电器部件的种类和功能不同，可根据相应的电路图形符号识别，如图4-11所示。

电工电路中，常用的低压电器部件主要包括交－直流接触器、继电器、低压开关等。图4-12为常用低压电器部件的电路图形符号。

图 4-9　典型的光控照明电工实用电路

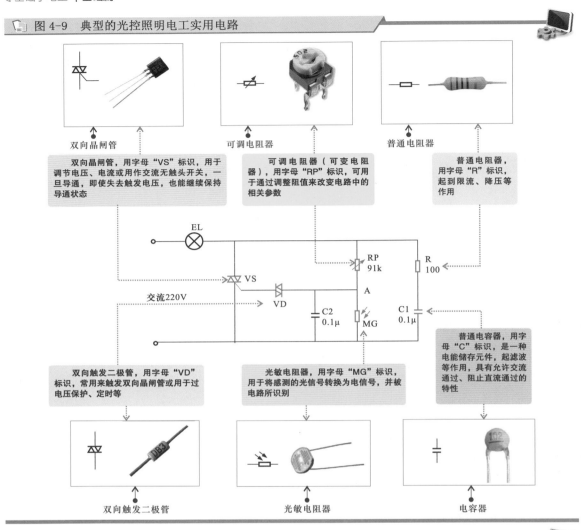

双向晶闸管

可调电阻器

普通电阻器

双向晶闸管，用字母"VS"标识，用于调节电压、电流或用作交流无触头开关，一旦导通，即使失去触发电压，也能继续保持导通状态

可调电阻器（可变电阻器），用字母"RP"标识，可用于通过调整阻值来改变电路中的相关参数

普通电阻器，用字母"R"标识，起到限流、降压等作用

双向触发二极管，用字母"VD"标识，常用来触发双向晶闸管或用于过电压保护、定时等

光敏电阻器，用字母"MG"标识，用于将感测的光信号转换为电信号，并被电路所识别

普通电容器，用字母"C"标识，是一种电能储存元件，起滤波等作用，具有允许交流通过、阻止直流通过的特性

双向触发二极管

光敏电阻器

电容器

图 4-10　常用电子元器件的电路图形符号

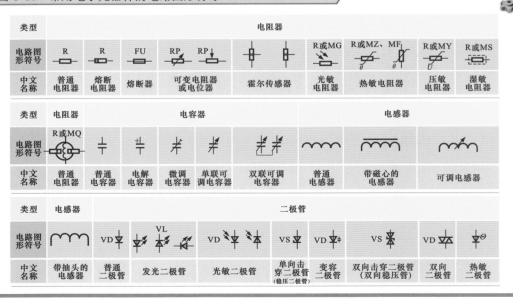

类型	电阻器									
电路图形符号	R	R	FU	RP	RP			R或MG	R或MZ、MF	R或MY	R或MS
中文名称	普通电阻器	熔断电阻器	熔断器	可变电阻器或电位器		霍尔传感器		光敏电阻器	热敏电阻器	压敏电阻器	湿敏电阻器

类型	电阻器	电容器					电感器		
电路图形符号	R或MQ								
中文名称	普通电阻器	普通电容器	电解电容器	微调电容器	单联可调电容器	双联可调电容器	普通电感器	带磁心的电感器	可调电感器

类型	电感器	二极管							
电路图形符号		VD	VL	VD	VS	VD	VS	VD	
中文名称	带抽头的电感器	普通二极管	发光二极管	光敏二极管	单向击穿二极管（稳压二极管）	变容二极管	双向击穿二极管（双向稳压管）	双向二极管	热敏二极管

图 4-10 常用电子元器件的电路图形符号（续）

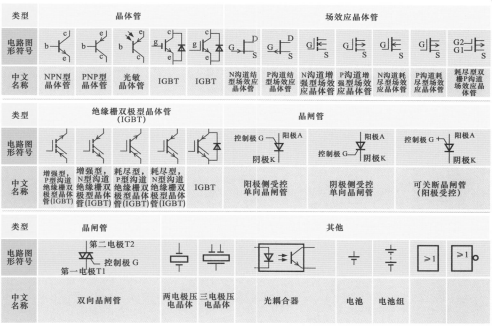

类型	晶体管					场效应晶体管						
电路图形符号												
中文名称	NPN型晶体管	PNP型晶体管	光敏晶体管	IGBT	IGBT	N沟道结型场效应晶体管	P沟道结型场效应晶体管	N沟道增强型场效应晶体管	P沟道增强型场效应晶体管	N沟道耗尽型场效应晶体管	P沟道耗尽型场效应晶体管	耗尽型双栅P沟道场效应晶体管

类型	绝缘栅双极型晶体管（IGBT）				晶闸管		
电路图形符号							
中文名称	增强型，P型沟道绝缘栅双极型晶体管(IGBT)	增强型，N型沟道绝缘栅双极型晶体管(IGBT)	耗尽型，P型沟道绝缘栅双极型晶体管(IGBT)	耗尽型，N型沟道绝缘栅双极型晶体管(IGBT)	IGBT	阳极侧受控单向晶闸管	阴极侧受控单向晶闸管	可关断晶闸管（阳极受控）

类型	晶闸管	其他					
电路图形符号							
中文名称	双向晶闸管	两电极压电晶体	三电极压电晶体	光耦合器	电池	电池组	

图 4-11 电工电路中常用低压电器部件的电路图形符号

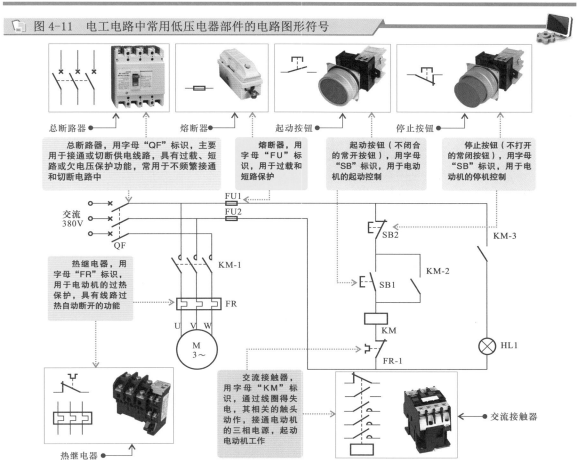

总断路器

熔断器

起动按钮

停止按钮

总断路器，用字母"QF"标识，主要用于接通或切断供电线路，具有过载、短路或欠电压保护功能，常用于不频繁接通和切断电路中

熔断器，用字母"FU"标识，用于过载和短路保护

起动按钮（不闭合的常开按钮），用字母"SB"标识，用于电动机的起动控制

停止按钮（不打开的常闭按钮），用字母"SB"标识，用于电动机的停机控制

热继电器，用字母"FR"标识，用于电动机的过热保护，具有线路过热自动断开的功能

交流380V

QF

FU1
FU2

KM-1

FR

U V W

M 3～

SB2

KM-3

KM-2

SB1

KM

FR-1

HL1

交流接触器，用字母"KM"标识，通过线圈得失电，其相关的触头动作，接通电动机的三相电源，起动电动机工作

交流接触器

热继电器

图 4-12　常用低压电器部件的电路图形符号

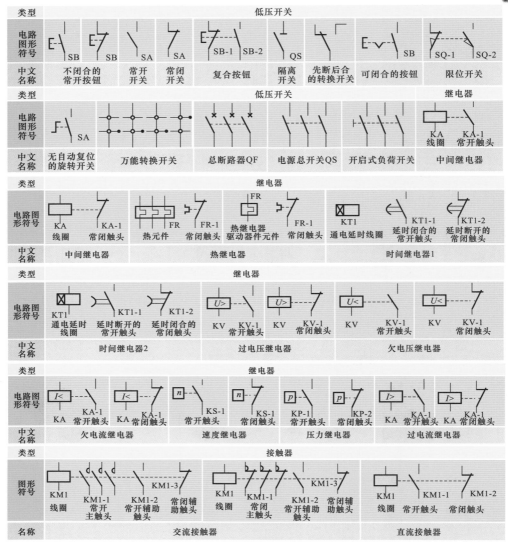

4.2.3　电工电路中常用高压电器部件的电路图形符号

高压电器部件是指用于高压供配电线路中的部件。在电工电路中，高压电器部件都用于电力供配电线路中，通常在电路图中也是由相应电路图形符号标识的。图 4-13 所示为典型的高压配电线路图。

在电工电路中，常用的高压电器部件主要包括避雷器、高压熔断器（跌落式熔断器）、高压断路器、电力变压器、电流互感器、电压互感器等，对应的电路图形符号如图 4-14 所示。

识读电工电路的过程中常会遇到各种各样功能部件的电路图形符号，如各种电声器件、灯控或电控开关、信号器件、电动机、普通变压器等。首先需要认识这些功能部件的电路图形符号，否则将无法理解电路。除此之外，认识具有专门含义的电路图形符号对于快速和准确理解电路也是十分必要的。

图 4-15 所示为电工电路中常用功能部件和其他常用的电路图形符号。

📖 图4-13　典型的高压配电线路图

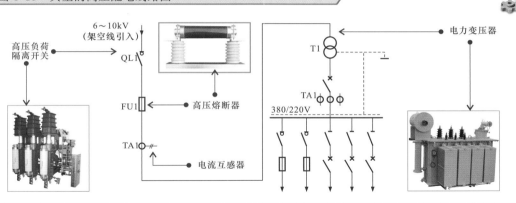

📖 图4-14　电工电路中常用高压电器部件和发电站、变电所的电路图形符号

类型	高压电气部件											
电路图形符号	QL	QF	QS	F	FU	FU			TA		TV	
中文名称	高压负荷隔离开关	高压断路器	高压隔离开关	避雷器	普通高压熔断器	熔断器式开关（跌落式熔断器）	熔断器式隔离开关	高压熔断器式负荷开关	电流互感器		电压互感器	

类型	高压电气部件	发电站和变电所								
电路图形符号	T	L	□	▨	○	◑	◩	◪	▭	▤
中文名称	电力变压器	电抗器	规划的	运行的	规划的	运行的	规划的	运行的	规划的	运行的

📖 图4-15　电工电路中常用功能部件和其他常用的电路图形符号

类型	电声器件									灯控或电控开关		
电路图形符号	⊗	⊗	⊗	◁	◠	◡	◠	◰	◫	人	◦	⊗
中文名称	闪光灯	照明灯	指示灯	电喇叭	电铃	蜂鸣器	报警器HA	电动汽笛	扬声器B	电源插座	开关	带指示灯的开关

类型	灯控或电控开关				电动机							
电路图形符号	◦	◦	◷	传声器（声控开关中用）或受话器（话筒）BM	◑	◯*	M	M	M	M	M 3~	MS 1~
中文名称	双极开关	单极拉线开关	定时开关	触摸金属片（触摸开关用）	电动机的一般符号	直流电动机的一般符号	步进电动机的一般符号	直流并励电动机	直流串励电动机	三相笼型异步电动机	单相同步电动机	

类型	普通变压器					
电路图形符号	⟿	◷	⟿	⟿	⟿	⟿
中文名称	变压器的一般符号	双绕组变压器	三绕组变压器		自耦变压器	

73

4.3 电工电路的基本识图方法

学习电工电路的识图是进入电工领域最基本的环节。识图前，需要首先了解电工电路识图的一些基本要求和原则，在此基础上掌握好识图的基本方法和步骤，可有效提高识图的技能水平和准确性。

4.3.1 电工电路的识图要领

学习识图，首先需要掌握一定的方式方法，学习和参照一些别人的经验，并在此基础上找到一些规律，这是快速掌握识图技能的捷径。下面介绍几种基本的快速识读电气电路图的方法和技巧。

1 结合电气文字符号、电路图形符号识图

电工电路主要是利用各种电路图形符号来表示结构和工作原理的。因此，结合电路图形符号识图可以快速了解和确定电工电路的结构和功能。

图 4-16 所示为某车间的供配电线路图。

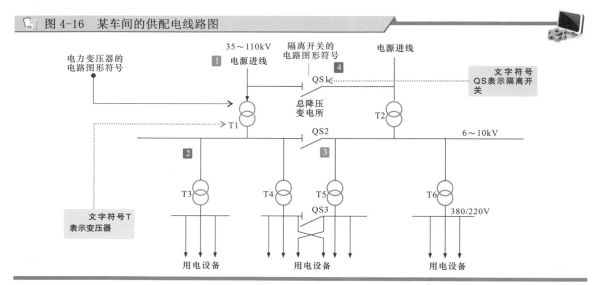

图 4-16 某车间的供配电线路图

该图看起来除了线、圆圈外就只有简单的文字标识，而当了解了"⊖"表示变压器、" ⌐／ "表示隔离开关后，识图就容易多了。

> 结合电路图形符号和文字标识可知：
>
> **1** 电源进线为 35 ～ 110kV，经总降压变电所输出 6 ～ 10kV 高压。
>
> **2** 6 ～ 10kV 高压再由车间变电所降压为 380/220V 后为各用电设备供电。
>
> **3** 隔离开关 QS1、QS2、QS3 分别起到接通电路的作用。
>
> **4** 若电源进线左侧电路故障，则 QS1 闭合后，可由右侧的电源进线为后级的电力变压器 T1 等线路供电，保证线路安全运行。

2 结合电工电子技术的基础知识识图

在电工领域中，如输变配电、照明、电子电路、仪器仪表和家电产品等电路都是建立在电工电子技术基础上的，所以要想看懂电路图，必须具备一定电工电子技术方面的基础知识。

3 注意总结和掌握各种电工电路，并在此基础上灵活扩展

电工电路是电气图中最基本也是最常见的电路，既可以单独应用，也可以应用在其他电路中

作为关键点扩展后使用。许多电气图都是由很多基础电路组成的。

电动机的起动/制动、正/反转、过载保护电路，以及供配电系统电气主接线常用的单母线主接线等均为基础电路，识图过程中，应抓准基础电路，注意总结并完全掌握基础电路的原理。

4 结合电气或电子元器件的结构和工作原理识图

各种电工电路图都是由不同的电气元器件或电子元器件和配线等组成的，只有了解了各种元器件的结构、工作原理、性能及相互之间的控制关系，才能帮助电工技术人员尽快读懂电路图。

5 对照学习识图

初学者很难直接识读一张没有任何文字解说的电路图，因此可以先参照一些技术资料或书刊、杂志等，找到一些与所要识读的电路图相近或相似的图样，根据这些带有详细解说的图样，理解电路的含义和原理，找到不同点和相同点，把相同点弄清楚，再有针对性地突破不同点，或参照其他与该不同点相似的图样，把所有的问题一一解决之后，便可完成电路图的识读。

4.3.2 电工电路的识图步骤

简单来说，识图可分为 7 个步骤，即区分电路类型→明确用途→建立对应关系、划分电路→寻找工作条件→寻找控制部件→确立控制关系→理清信号流程，最终掌握控制机理和电路功能。

1 区分电路类型

电工电路的类型有很多种，根据所表达内容、包含信息及组成元素的不同，一般可分为电工接线图和电工原理图。不同类型电路图的识读原则和重点不相同，识图时，首先要区分是属于哪种电路。图 4-17 为简单的电工接线图。

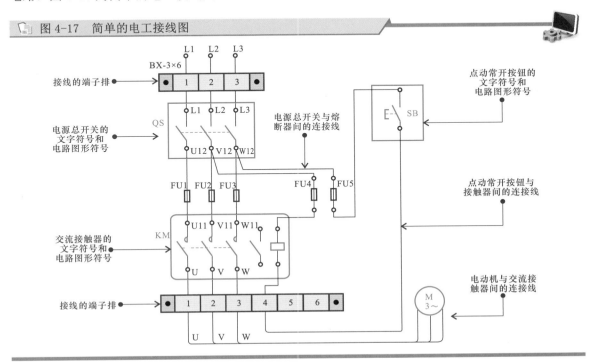

图 4-17 简单的电工接线图

该电路图用文字符号和电路图形符号标识出了所使用的基本物理部件，用连接线和连接端子标识出了物理部件之间的实际连接关系和接线位置。这属于接线图。

接线图的特点是体现各物理部件的实际位置关系，并通过导线连接体现安装和接线关系，可用于安装接线、线路检查、线路维修和故障处理等场合。图4-18为简单的电工原理图。

图 4-18　简单的电工接线图

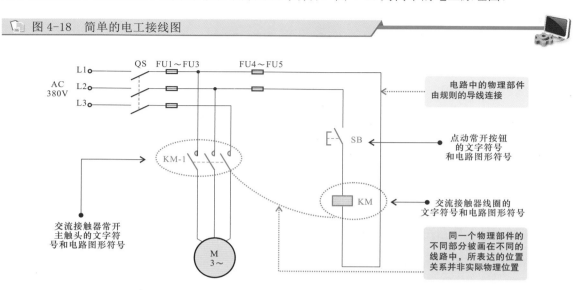

该电路图也用文字符号和电路图形符号标识出了所使用的基本物理部件，并用规则的导线连接，除了标准的符号标识和连接线外，没有画出其他不必要的部件，属于电工原理图。其特点是完整体现电路特性和电气作用原理。

由此可知，通过识别图样所示电路元素的信息可以准确区分电路的类型。当区分出电路类型后，便可根据所对应类型电路的特点进行识读，一般识读电工接线图的重点应放在各种物理部件的位置和接线关系上；识读电工原理图的重点应放在各物理部件之间的电气关系上，如控制关系等。

2　明确用途

明确电路用途是指导识图的总纲领，即先从整体上把握电路的用途，明确电路最终实现的结果，以此作为指导识图的总体思路。例如，根据电路中的元素信息可以看到该图是一种电动机的点动控制电路，以此抓住其中的"点动""控制""电动机"等关键信息作为识图时的重要信息。

3　建立对应关系、划分电路

将电路中的文字符号和电路图形符号标识与实际物理部件建立一一对应关系，进一步明确电路所表达的含义，对识读电路关系十分重要。图4-19为建立电工电路中符号与实物的对应关系。

通常，在建立对应关系并了解各符号所代表物理部件的含义后，还可以根据物理部件的自身特点和功能对电路进行模块划分，如图4-20所示，特别是对于一些较复杂的电工电路，通过对电路进行模块划分，可以十分明确地了解电路的结构。

4　寻找工作条件

当建立好电路中各种符号与实物的对应关系后，可通过所了解部件的功能寻找电路中的工作条件。当工作条件具备时，电路中的物理部件才可进入工作状态。

图 4-19 建立电工电路中符号与实物的对应关系

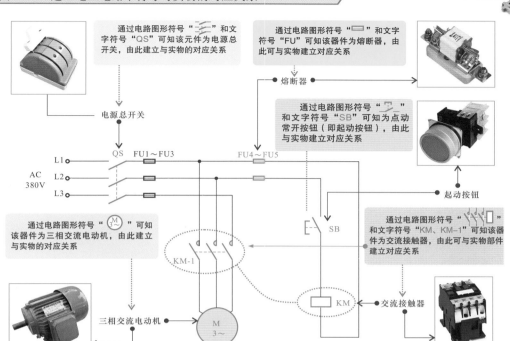

电源总开关：用字母"QS"标识，在电路中用于接通三相电源。

熔断器：用字母"FU"标识，在电路中用于过载、短路保护。

交流接触器：用字母"KM"标识，通过线圈得电，触头动作，接通电动机的三相电源，起动电动机。

起动按钮（点动常开按钮）：用字母"SB"标识，用于电动机的起动控制。

三相交流电动机：简称电动机，用字母"M"标识，在电路中通过控制部件控制，接通电源起动运转，为不同的机械设备提供动力。

图 4-20 对电工电路根据电路功能进行模块划分

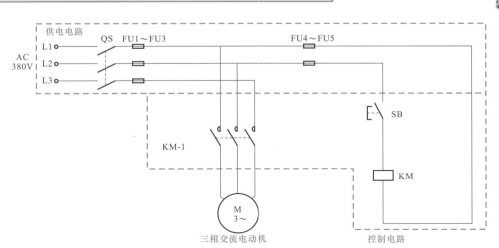

5 寻找控制部件

控制部件通常也称为操作部件。电工电路就是通过操作部件对电路进行控制的，是电路中的关键部件，也是是否将工作条件接入电路或控制电路中的被控部件是否执行所需要动作的核心部件。

6 确立控制关系

找到控制部件后，根据线路连接情况，确立控制部件与被控制部件之间的控制关系，并将控制关系作为理清信号流程的主线，如图4-21所示。

图 4-21 确立电工电路中的控制关系

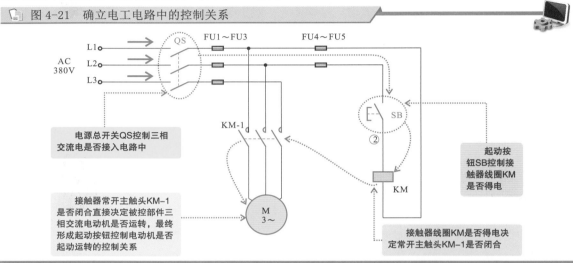

7 理清信号流程，最终掌握控制机理和电路功能

确立控制关系后，可操作控制部件实现控制功能，同时弄清每操作一个控制部件后，被控制部件所执行的动作或结果，理清整个电路的信号流程，最终掌握控制机理和电路功能，如图4-22所示。

图 4-22 理清电工电路的信号流程

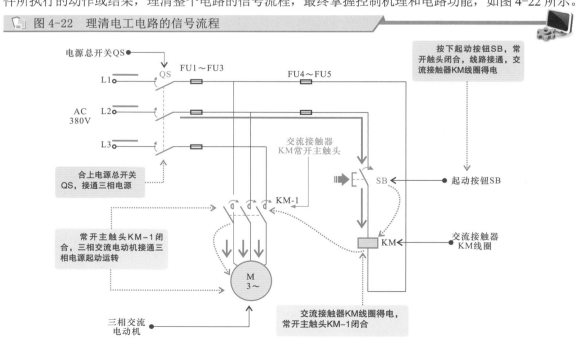

第 **5** 章 电气部件与电子元器件的检测

5.1 电器开关的检测

5.1.1 开启式负荷开关的检测

开启式负荷开关又称刀开关，通常用在带负荷状态下接通或切断低压较小功率的电源电路。

开启式负荷开关主要用于断开电路、隔离电源。正常时，拉下开启式负荷开关，电源供电应切断；合上开关，电路应接通。若操作开启式负荷开关时功能失常，则需要断开电路，进一步打开开启式负荷开关的外壳，对内部进行检查。

如图 5-1 所示，开启式负荷开关可采用直接观察法进行检测。打开开启式负荷开关后，观察其熔丝是否连接完好，若有断开，则该开启式负荷开关不能正常工作。

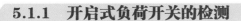

图 5-1　开启式负荷开关的检测

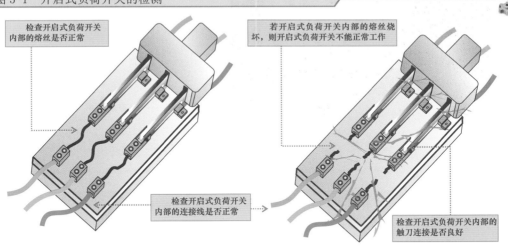

检查开启式负荷开关内部的熔丝是否正常

若开启式负荷开关内部的熔丝烧坏，则开启式负荷开关不能正常工作

检查开启式负荷开关内部的连接线是否正常

检查开启式负荷开关内部的触刀连接是否良好

5.1.2 封闭式负荷开关的检测

封闭式负荷开关是在开启式负荷开关的基础上改进的一种手动开关，其操作性能和安全防护性能都优于开启式负荷开关。封闭式负荷开关通常用于额定电压小于 500V，额定电流小于 200 A 的电气设备中。

如图 5-2 所示，检测封闭式负荷开关的方法与检测开启式负荷开关相同。当打开封闭式负荷开关后，观察其内部结构，若熔断器损坏或触头有明显的损坏，则都会引起封闭式负荷开关不能正常工作。

一般来说，封闭式负荷开关的故障现象以操作手柄带电和夹座（静触头）过热或烧坏两种情况最为常见。

图 5-2 封闭式负荷开关的检测

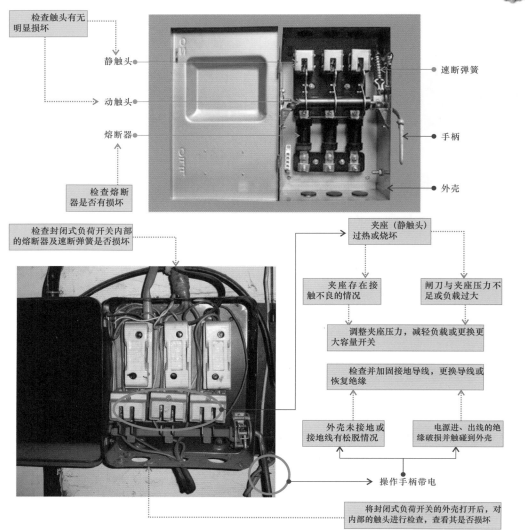

检查触头有无明显损坏

静触头

动触头

熔断器

检查熔断器是否有损坏

速断弹簧

手柄

外壳

检查封闭式负荷开关内部的熔断器及速断弹簧是否损坏

夹座（静触头）过热或烧坏

夹座存在接触不良的情况

闸刀与夹座压力不足或负载过大

调整夹座压力，减轻负载或更换更大容量开关

检查并加固接地导线，更换导线或恢复绝缘

外壳未接地或接地线有松脱情况

电源进、出线的绝缘破损并触碰到外壳

操作手柄带电

将封闭式负荷开关的外壳打开后，对内部的触头进行检查，查看其是否损坏

| 提示说明 |

　　接线时，应将电源进线接在静夹座一边的接线端子上，负载引线接在熔断器一边的接线端子上，且进出线都必须穿过开关的进出线孔。分合闸操作时，要站在开关的手柄侧，不准面对开关，以免因意外故障电流使开关爆炸，铁壳飞出伤人。

5.2 保护器件的检测

5.2.1 低压断路器的检测

　　低压断路器是一种既可以手动控制，又可以自动控制的开关，主要用于接通或切断供电电路。该类开关具有过载及短路保护功能，有些品种还具有欠电压保护功能，常用于不频繁接通和切断电源的电路中。

对低压断路器进行检测时，首先将低压断路器置于断开状态，然后将万用表的红、黑表笔分别搭在低压断路器的①脚和②脚处，测得低压断路器断开时的阻值应为无穷大；然后，万用表表笔保持不动，拨动低压断路器的操作手柄，使其处于闭合状态。此时万用表的指针应立即摆动到电阻0Ω的位置，如图5-3所示。接着使用同样的方法检测另外两组开关。

图 5-3　低压断路器的检测方法

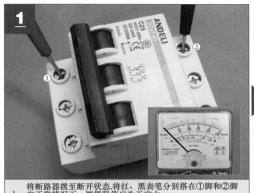

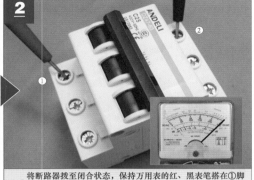

扫一扫看视频

将断路器拨至断开状态，将红、黑表笔分别搭在①脚和②脚上，在正常情况下，测得阻值应为无穷大。

将断路器拨至闭合状态，保持万用表的红、黑表笔搭在①脚和②脚上，在正常情况下，测得阻值应为0Ω。

| 提示说明 |

判断低压断路器的好坏：

◇ 若测得3组开关在断开状态下的电阻值均为无穷大，在闭合状态下均为0Ω，则表明该断路器正常。

◇ 若测得断路器的开关在断开状态下的电阻值为0Ω，则表明断路器内部触头粘连损坏。

◇ 若测得断路器的开关在闭合状态下的电阻值为无穷大，则表明断路器内部触头断路损坏。

◇ 若测得断路器内部的3组开关中有任一组损坏，则说明该断路器损坏。

在通过检测无法判断其是否正常的情况下，还可以将断路器拆开观察其内部的触头操作手柄等是否良好。

5.2.2　漏电保护器的检测

漏电保护器实际上是一种具有漏电保护功能的开关，具有漏电、触电、过载、短路保护功能，对防止触电伤亡事故的发生，避免因漏电而引起的火灾事故等具有明显的效果。

结合漏电保护器的功能特点，主要在漏电保护器的初始状态和保护状态下，检测漏电保护器的动作情况，以此判断漏电保护器的性能状态。

图5-4所示为漏电保护器的检测方法。

图 5-4　漏电保护器的检测方法

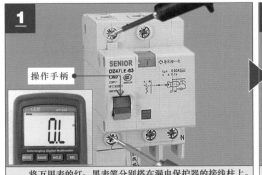

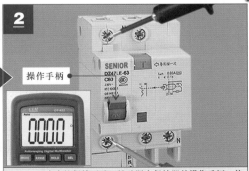

将万用表的红、黑表笔分别搭在漏电保护器的接线柱上。当漏电保护器开关断开时，测得的电阻值为正无穷大。

万用表表笔保持不动，拨动漏电保护器的操作手柄，使其处于闭合状态，两接线端间的阻值应趋于零。

| 提示说明 |

判断漏电保护器的好坏：

◇ 若测得漏电保护器的各组开关在断开状态下，其阻值均为无穷大，在闭合状态下均为零，则表明该漏电保护器正常。

◇ 若测得漏电保护器的开关在断开状态下，其阻值为零，则表明漏电保护器内部触头粘连损坏。

◇ 若测得漏电保护器的开关在闭合状态下，其阻值为无穷大，则表明漏电保护器内部触头断路损坏。

◇ 若测得漏电保护器内部的各组开关有任何一组损坏，均说明该漏电保护器损坏。

5.2.3 熔断器的检测

熔断器是在电路中用作短路及过载保护的一种电气部件。当电路出现过载或短路故障时，熔断器内部的熔丝会熔断，从而断开电路，起到保护作用。

一般来说，通过直接观察即可判别熔断器的性能。如图 5-5 所示，若发现低压熔断器表面有明显的烧焦痕迹或内部熔断丝已断裂，则均说明低压熔断器已损坏。

图 5-5 通过观察法判别低压熔断器性能

表面损坏的熔断器

表面良好的熔断器

除直接观察外，还可借助万用表检测熔断器阻值来判断其好坏，如图 5-6 所示。

图 5-6 熔断器的检测方法

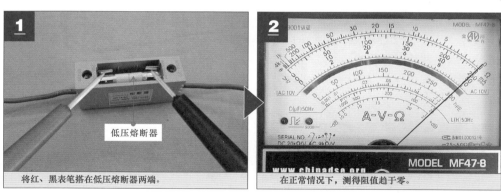

低压熔断器

将红、黑表笔搭在低压熔断器两端。

在正常情况下，测得阻值趋于零。

| 提示说明 |

若测得低压熔断器的阻值很小或趋于零，则表明该低压熔断器正常；若测得低压熔断器的阻值为无穷大，则表明该低压熔断器已熔断。另外，注意带电状态下不能测量熔断器电阻值。

5.3 继电器和接触器的检测

5.3.1 继电器的检测

继电器是一种根据外界输入量（电、磁、声、光、热）来控制电路"接通"或"断开"的电动控制器件。对继电器的检测可以通过万用表实现。

如图5-7所示，以电磁继电器为例，判断电磁继电器是否正常时，主要是对各触头间的电阻值和线圈的电阻值进行检测。

图5-7 继电器的检测方法

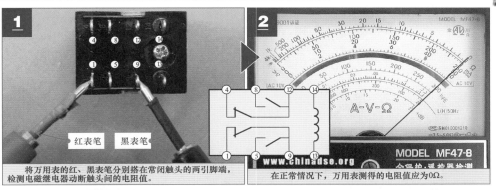

将万用表的红、黑表笔分别搭在常闭触头的两引脚端，检测电磁继电器断触头间的电阻值。

在正常情况下，万用表测得的电阻值应为0Ω。

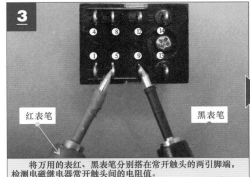

将万用的表红、黑表笔分别搭在常开触头的两引脚端，检测电磁继电器常开触头间的电阻值。

在正常情况下，万用表测得的电阻值为无穷大。

在正常情况下，万用表应测得有一定的电阻值。

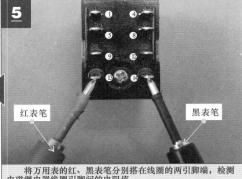

将万用表的红、黑表笔分别搭在线圈的两引脚端，检测电磁继电器线圈引脚间的电阻值。

| 提示说明 |

判断电磁继电器是否正常时，主要是对各触头间的电阻值和线圈的电阻值进行检测。正常情况下常闭触头间的电阻值为0Ω，常开触头间的电阻值为无穷大，线圈应有一定的电阻值。

5.3.2　接触器的检测

接触器也称电磁开关，它通过电磁机构驱动开关动作，是一种可频繁接通和断开主电路的远距离操纵装置。

以交流接触器为例，可使用万用表对其线圈的电阻值进行检测，然后再对相应触头间的电阻值进行检测，从而判断当前交流接触器的性能。如图 5-8 所示，在检测之前先根据接触器外壳上的标识，识别接触器的接线端子。

| 提示说明 |

根据标识可知，接线端子 1、2 为相线 L1 的接线端，接线端子 3、4 为相线 L2 的接线端，接线端子 5、6 为相线 L3 的接线端，接线端子 13、14 为辅助触头的接线端，A1、A2 为线圈的接线端。

图 5-8　识别接触器的接线端子

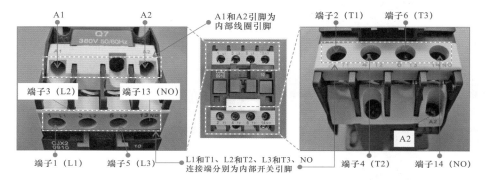

可借助万用表检测接触器各引脚间（包括线圈间、常开触头间、常闭触点间）阻值；或在在路状态下，通过检测线圈未得电或得电后，触头所控制电路的通断状态来判断其性能好坏。

如图 5-9 所示，以典型交流接触器为例介绍接触器的检测方法。

图 5-9　接触器的检测方法

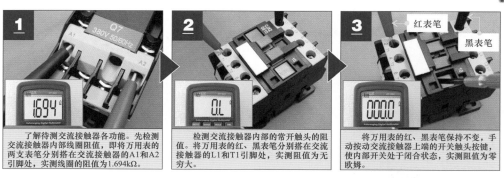

1 了解待测交流接触器各功能。先检测交流接触器内部线圈阻值，即将万用表的两支表笔分别搭在交流接触器的A1和A2引脚处，实测线圈的阻值为1.694kΩ。

2 检测交流接触器内部的常开触头的阻值。将万用表的红、黑表笔分别搭在交流接触器的L1和T1引脚处，实测阻值为无穷大。

3 将万用表的红、黑表笔保持不变，手动按动交流接触器上端的开关触头按键，使内部开关处于闭合状态，实测阻值为零欧姆。

| 提示说明 |

当交流接触器内部线圈通电时，会使内部开关触头吸合；当内部线圈断电时，会使内部触头断开。因此，对该交流接触器进行检测时，需依次对其内部线圈阻值及内部开关在开启与闭合状态下的阻值进行检测。由于是断电检测交流接触器，因此，需要按动交流接触器上端的开关触头按键，强制将触头闭合进行检测。

判断交流接触器好坏的方法如下：

◇ 若测得接触器内部线圈有一定的阻值，内部开关在闭合状态下，其阻值为0，在断开状态下，其阻值为无穷大，则可判断该接触器正常。

◇ 若测得接触器内部线圈阻值为无穷大或零，则均表明该接触器内部线圈已损坏。

◇ 若测得接触器的开关在断开状态下，阻值为零，则表明接触器内部触头粘连损坏。

◇ 若测得接触器的开关在闭合状态下，阻值为无穷大，则表明低压断路器内部触头损坏。

◇ 若测得接触器内部的4组开关有任一组损坏，则均说明该接触器损坏。

5.4 传感器的检测

5.4.1 温度传感器的检测

检测温度传感器时，可以使用万用表检测不同温度下温度传感器的阻值，根据检测结果来判断温度传感器是否正常。以热敏电阻器为例，检测方法如图5-10所示。

图 5-10 温度传感器的检测方法

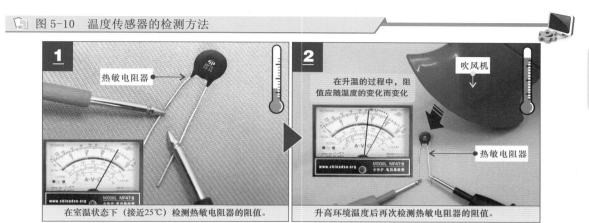

① 热敏电阻器

在室温状态下（接近25℃）检测热敏电阻器的阻值。

② 在升温的过程中，阻值应随温度的变化而变化

吹风机

热敏电阻器

升高环境温度后再次检测热敏电阻器的阻值。

| 提示说明 |

实测常温下热敏电阻器的阻值若为350Ω，接近标称值或与标称值相同，则表明该热敏电阻在常温下正常。使用吹风机升高环境温度时，万用表的指针随温度的变化而摆动，表明热敏电阻器基本正常；若温度变化时阻值不变，则说明该热敏电阻器性能不良。

若热敏电阻器的阻值随温度的升高而增大，则为正温度系数热敏电阻器（PTC）；

若热敏电阻器的阻值随温度的升高而减小，则为负温度系数热敏电阻器（NTC）。

5.4.2 湿度传感器的检测

检测湿度传感器时，可通过改变湿度条件，用万用表检测湿度传感器的阻值变化来判别其好坏。以湿敏电阻器为例，检测方法如图5-11所示。

| 提示说明 |

在正常情况下，湿敏电阻器的电阻值应随湿度的变化而变化；若湿度发生变化，湿敏电阻器的阻值无变化或变化不明显，多为湿敏电阻器感应湿度变化的灵敏度降低或性能异常；若湿敏电阻器的阻值趋近于零或无穷大，则该湿敏电阻器已经损坏。

若湿敏电阻器的阻值随湿度的升高而增大，则为正湿度系数湿敏电阻器；

若湿敏电阻器的阻值随湿度的升高而减小，则为负湿度系数湿敏电阻器。

图 5-11　湿度传感器的检测方法

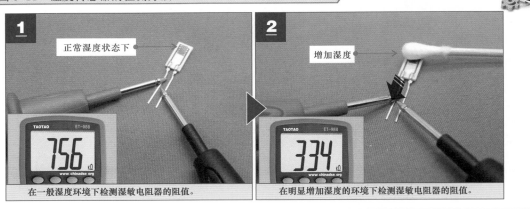

1 正常湿度状态下

在一般湿度环境下检测湿敏电阻器的阻值。

2 增加湿度

在明显增加湿度的环境下检测湿敏电阻器的阻值。

5.4.3　光电传感器的检测

检测光电传感器（以光敏电阻器为例）时，可使用万用表通过测量待测光敏电阻器在不同光线下的阻值来判断光电传感器是否损坏。以光敏电阻器为例，检测方法如图 5-12 所示。

图 5-12　光电传感器的检测方法

扫一扫看视频

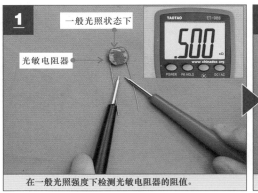

1 一般光照状态下

光敏电阻器

在一般光照强度下检测光敏电阻器的阻值。

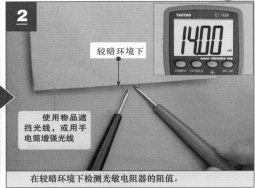

2 较暗环境下

使用物品遮挡光线，或用手电筒增强光线

在较暗环境下检测光敏电阻器的阻值。

| 提示说明 |

使用万用表的电阻档，分别在明亮条件下和昏暗条件下检测光敏电阻器阻值的变化。若光敏电阻器的电阻值随着光照强度的变化而变化，则表明待测光敏电阻器性能正常。

若光照强度变化时，光敏电阻器的电阻值无变化或变化不明显，则多为光敏电阻器感应光线变化的灵敏度降低或本身性能不良。

5.4.4　气敏传感器的检测

不同类型气敏传感器可检测的气体类别不同。检测时，应根据气敏传感器的具体功能改变其周围可测气体的浓度，同时用万用表检测气敏传感器本身或所在电路，根据数据变化的情况来判断好坏。

以常见气敏电阻器为例。气敏电阻器正常工作时需要一定的工作环境，判断气敏电阻器的好坏需要将其置于电路环境中，满足其对气体检测的条件，再进行检测。例如，分别在普通环境下和丁烷气体浓度较大环境下检测气敏电阻器的阻值，如图 5-13 所示。

📖 图 5-13　气敏传感器的检测方法

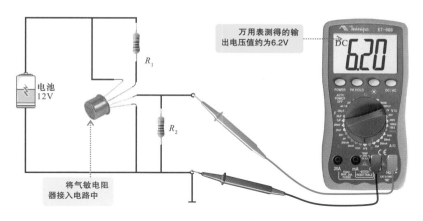

万用表测得的输出电压值约为6.2V

将气敏电阻器接入电路中

5.5　变压器的检测

检测变压器时，可先检查待测变压器的外观，看是否损坏，确保无烧焦、引脚无断裂等，如有上述情况，则说明变压器已经损坏。接着根据实测变压器的功能特点，确定检测的参数类型，如检测变压器的绝缘电阻、检测绕组间的电阻、检测输入和输出电压等。

5.5.1　变压器绝缘电阻的检测

使用绝缘电阻表测量变压器的绝缘电阻是检测设备绝缘状态的最基本方法。通过这种测量手段能有效发现设备受潮、部件局部脏污、绝缘击穿、瓷件破裂、引线接外壳及老化等问题。

以三相变压器为例。三相变压器绝缘电阻的测量主要分为低压绕组对外壳绝缘电阻的测量、高压绕组对外壳绝缘电阻的测量和高压绕组对低压绕组绝缘电阻的测量。

以低压绕组对外壳绝缘电阻的测量为例，如图 5-14 所示将低压侧的绕组桩头用短接线连接，接好绝缘电阻表，按 120r/min 的速度顺时针摇动绝缘电阻表的摇杆，读取 15s 和 1min 时的绝缘电阻值。将实测数据与标准值比对，即可完成测量。

高压绕组对外壳绝缘电阻的测量是将"线路"端子接电力变压器高压侧绕组桩头，"接地"端子与电力变压器接地连接即可。

若检测高压绕组对低压绕组的绝缘电阻，则将"线路"端子接电力变压器高压侧绕组桩头，"接地"端子接低压侧绕组桩头，并将"屏蔽"端子接电力变压器外壳。

📖 图 5-14　三相变压器低压绕组对外壳绝缘电阻的测量

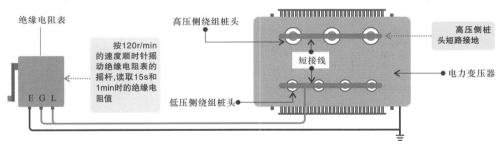

绝缘电阻表

高压侧绕组桩头

高压侧桩头短路接地

按120r/min的速度顺时针摇动绝缘电阻表的摇杆，读取15s和1min时的绝缘电阻值

短接线

电力变压器

E G L

低压侧绕组桩头

| 提示说明 |

　　使用绝缘电阻表测量电力变压器绝缘电阻前，要断开电源，并拆除或断开设备外接的连接线缆，使用绝缘棒等工具对电力变压器充分放电（约5min为宜）。

　　接线测量时，要确保测试线的接线必须准确无误，且测试连接要使用单股线分开独立连接，不得使用双股绝缘线或绞线。

　　在测量完毕断开绝缘电阻表时，要先将"电路"端测试引线与测试桩头分开，再降低绝缘电阻表摇速，否则会烧坏绝缘电阻表。测量完毕，在对电力变压器测试桩头充分放电后，方可允许拆线。

　　使用绝缘电阻表检测电力变压器的绝缘电阻时，要根据电气设备及回路的电压等级选择相应规格的绝缘电阻表，见表5-1。

表5-1　不同电气设备及回路的电压等级应选择绝缘电阻表的规格

电器设备及回路的电压	100V 以下	100~500V	500~3000V	3000~10000V	10000V 及以上
绝缘电阻表	250V，50MΩ 及以上绝缘电阻表	500V，100MΩ及以上绝缘电阻表	1000V，2000MΩ及以上绝缘电阻表	2500V，10000MΩ及以上的绝缘电阻表	5000V，10000MΩ及以上绝缘电阻表

5.5.2　变压器绕组阻值的检测

　　变压器绕组阻值的测量主要是用来检查变压器绕组接头的焊接质量是否良好、绕组层匝间有无短路、分接开关各个位置接触是否良好及绕组或引出线有无折断等情况。通常，检测中、小型三相变压器多采用直流电桥法。

　　以典型小型三相变压器为例，借助直流电桥可精确测量变压器绕组的阻值，如图5-15所示。

图 5-15　变压器绕组阻值的检测方法

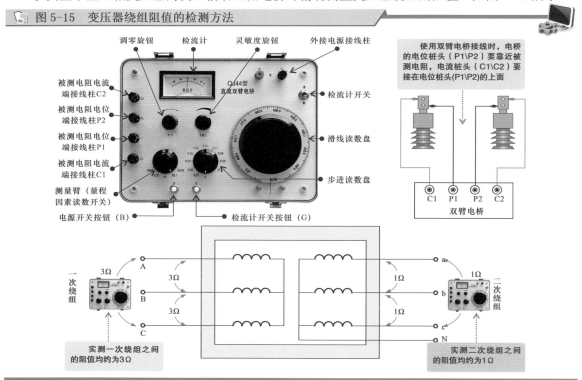

　　在测量前，将待测直流变压器的绕组与接地装置连接进行放电操作。放电完成后，拆除一切连接线，连接好直流电桥，检测变压器各相绕组（线圈）的阻值。

　　估计被测变压器绕组的阻值，将直流电桥倍率旋钮置于适当位置，检流计灵敏度旋钮调至最低位置，将非被测绕组短路接地。先打开电源开关按钮（B）充电，充足电后，按下检流计开关按钮（G），迅速调节测量臂，使检流计指针向检流计刻度中间的零位线方向移动，增大灵敏度微调，待指针平稳停在零位上时，记录被测绕组的阻值（被测绕组电阻值＝倍率数 × 测量臂电阻值）。

测量完毕，为防止在测量具有电感的阻值时损坏检流计，应先按检流计开关按钮（G），再放开电源开关按钮（B）。

│ 提示说明 │

由于测量精度及接线方式的误差，测出的三相阻值也不相同，可使用误差公式判别，即

$$\Delta R\% = [R_{max} - R_{min}/R_p] \times 100\%$$

$$R_p = (R_{ab} + R_{bc} + R_c)/3$$

式中，$\Delta R\%$ 为误差百分数；R_{max} 为实测中的最大值（Ω）；R_{min} 为实测中的最小值（Ω）；R_p 为三相中实测的平均值（Ω）。

在比对分析当次测量值与前次测量值时，一定要在相同的温度下，如果温度不同，则要按下式换算至20℃时的阻值，即

$$R_{20℃} = R_t K, \quad K = (T+20)/(T+t)$$

式中，$R_{20℃}$ 为 20℃时的直流电阻值（Ω）；R_t 为 t℃时的直流阻值（Ω）；T 为常数（铜导线为 234.5，铝导线为 225）；t 为测量时的温度。

5.5.3 变压器输入、输出电压的检测

变压器输入、输出电压的检测主要是指在通电情况下，检测输入电压值和输出电压值，在正常情况下，输出端应有变换后的电压输出。

以电源变压器为例。检测前，应先了解电源变压器输入电压和输出电压的具体参数值，将实际检测结果与参数标识对照判断其好坏，如图 5-16 所示。

图 5-16 电源变压器输入、输出电压值及检测方法

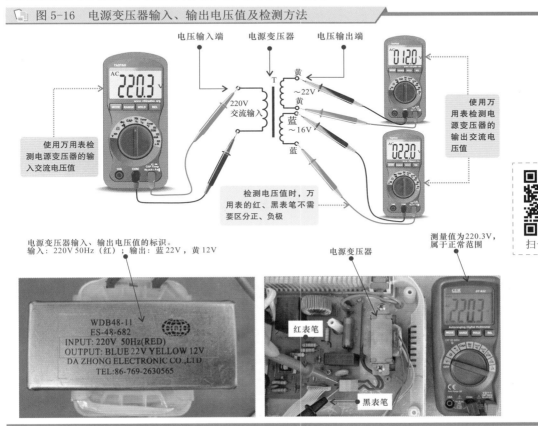

5.6 电动机的检测

检测电动机性能是否正常时，可借助万用表、万用电桥、绝缘电阻表等仪表检测电动机的绕组阻值、绝缘电阻、转速等参数值。

5.6.1 电动机绕组阻值的检测

绕组是电动机的主要组成部件。检测时，一般可用万用表的电阻档粗略检测，也可以使用万用电桥精确检测，进而判断绕组有无短路或断路故障。

图 5-17 所示为用万用表检测直流电动机绕组的阻值，根据检测结果可大致判断电动机绕组有无短路或断路故障。

图 5-17 用万用表检测直流电动机绕组的阻值

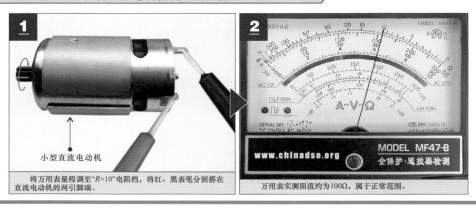

将万用表量程调至"R×10"电阻档，将红、黑表笔分别搭在直流电动机的两引脚端。

万用表实测阻值约为100Ω，属于正常范围。

图 5-18 所示为用万用表检测单相交流电动机绕组的阻值，根据检测结果可大致判断内部绕组有无短路或断路情况。

图 5-18 用万用表检测单相交流电动机绕组的阻值

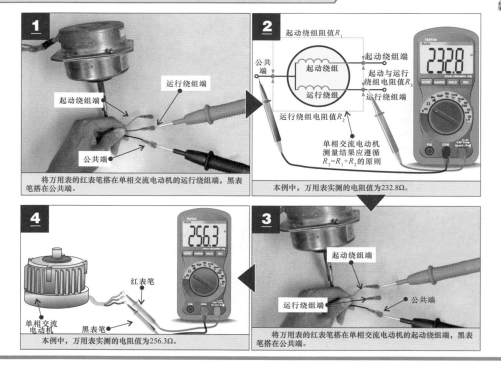

将万用表的红表笔搭在单相交流电动机的运行绕组端，黑表笔搭在公共端。

本例中，万用表实测的电阻值为232.8Ω。

将万用表的红表笔搭在单相交流电动机的起动绕组端，黑表笔搭在公共端。

本例中，万用表实测的电阻值为256.3Ω。

图 5-18　用万用表检测单相交流电动机绕组的阻值（续）

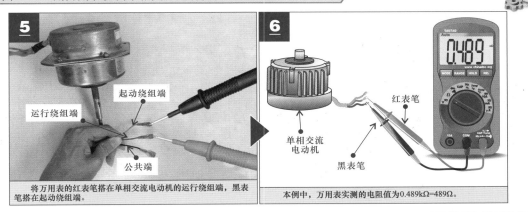

5

将万用表的红表笔搭在单相交流电动机的运行绕组端，黑表笔搭在起动绕组端。

6

本例中，万用表实测的电阻值为0.489kΩ=489Ω。

| 提示说明 |

如图 5-19 所示，若所测电动机为单相电动机，则检测两两引线之间得到的 3 个数值 R_1、R_2、R_3 应满足其中 2 个数值之和等于第 3 个值（$R_1+R_2=R_3$）。若 R_1、R_2、R_3 任意一阻值为无穷大，则说明绕组内部存在断路故障。

若所测电动机为三相电动机，则检测两两引线之间得到的 3 个数值 R_1、R_2、R_3 应满足 3 个数值相等（$R_1=R_2=R_3$）。若 R_1、R_2、R_3 任意一阻值为无穷大，则说明绕组内部存在断路故障。

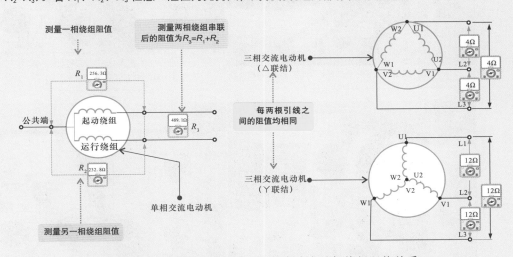

图 5-19　单相交流电动机和三相交流电动机绕组阻值关系

除使用万用表粗略测量电动机绕组阻值外，还可借助万用电桥精确测量电动机绕组阻值，即使微小偏差也能够被发现，这是判断电动机的制造工艺和性能是否良好的有效测试方法。

图 5-20 所示为用万用电桥精确测量三相交流电动机绕组阻值的方法。

5.6.2　电动机绝缘电阻的检测

电动机绝缘电阻的检测是指检测电动机绕组与外壳之间、绕组与绕组之间的绝缘电阻，以此来判断电动机是否存在漏电（对外壳短路）、绕组间短路的现象。测量绝缘电阻一般使用绝缘电阻表。

如图 5-21 所示，将绝缘电阻表分别与待测电动机绕组接线端子和接地端连接，转动绝缘电阻表手柄，检测电动机绕组与外壳之间的绝缘电阻。

图 5-20 用万用电桥精确测量三相交流电动机绕组阻值的方法

1

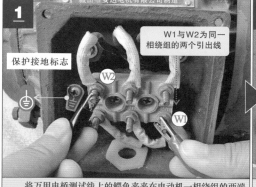

保护接地标志

W1与W2为同一相绕组的两个引出线

将万用电桥测试线上的鳄鱼夹夹在电动机一相绕组的两端引出线上。

2

量程为10Ω

调整各读数旋钮，使表针指向零位

万用电桥实测数值为0.433×10Ω=4.33Ω，属于正常范围。

3

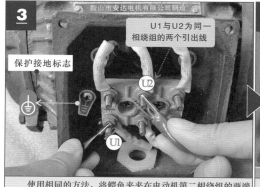

保护接地标志

U1与U2为同一相绕组的两个引出线

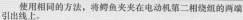

使用相同的方法，将鳄鱼夹夹在电动机第二相绕组的两端引出线上。

4

万用电桥实测数值为0.433×10Ω=4.33Ω，属于正常范围。

5

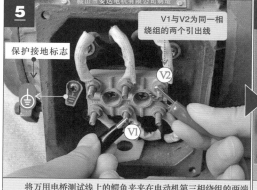

保护接地标志

V1与V2为同一相绕组的两个引出线

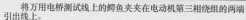

将万用电桥测试线上的鳄鱼夹夹在电动机第三相绕组的两端引出线上。

6

万用电桥实测数值为0.433×10Ω=4.33Ω，属于正常范围。

| 提示说明 |

　　使用绝缘电阻表检测交流电动机绕组与外壳间的绝缘电阻时，应匀速转动绝缘电阻表的手柄，并观察指针的摆动情况。本例中，实测绝缘电阻均大于1MΩ。

　　为确保测量值的准确度，需要待绝缘电阻表的指针慢慢回到初始位置后，再顺时针摇动绝缘电阻表的手柄以检测其他绕组与外壳的绝缘电阻，若检测结果远小于1MΩ，则说明电动机绝缘性能不良或内部导电部分与外壳之间有漏电情况。

| 将绝缘电阻表的黑色测试线接在交流电动机的接地端上，红色测试线接在其中一相绕组的出线端子上。 | 顺时针匀速转动绝缘电阻表的手柄，观察绝缘电阻表指针的摆动情况，绝缘电阻表实测绝缘阻值大于1MΩ，正常。 |

图中标注：黑色测试线　红色测试线

可采用同样的方法检测电动机绕组与绕组之间的绝缘电阻。

检测绕组间绝缘电阻时，需要打开电动机接线盒，取下接线片，确保电动机绕组之间没有任何连接关系。

若测得电动机绕组与绕组之间的绝缘电阻为零或阻值较小，则说明电动机绕组与绕组之间存在短路现象。

5.6.3　电动机空载电流的检测

检测电动机的空载电流就是在电动机未带任何负载的情况下检测绕组中的运行电流，多用于单相交流电动机和三相交流电动机的检测。

图 5-22 为借助钳形表检测典型三相交流电动机（额定电流为 3.5A）的空载电流。

| 提示说明 |

若测得的空载电流过大或三相空载电流不均衡，则说明电动机存在异常。在一般情况下，空载电流过大的原因主要是电动机内部铁心不良、电动机转子与定子之间的间隙过大、电动机线圈的匝数过少、电动机绕组连接错误。

另外，图 5-22 中，所测电动机为 2 极、1.5kW 容量的电动机，根据电功率计算其额定电流为 $I=P/U=1500/380 \approx 3.9A$。正常情况下，其空载电流一般为额定电流的 40% ～ 55%。

5.6.4　电动机转速的检测

电动机的转速是指电动机运行时每分钟旋转的转数。测试电动机的实际转速，并与铭牌上的额定转速比较，可检查电动机是否存在超速或堵转现象。

如图 5-23 所示，检测电动机的转速一般使用专用的电动机转速表。

图 5-22 借助钳形表检测典型三相交流电动机的空载电流

1 将钳形表的表头钳住三相交流电动机三根引线中的一根

钳形表

表头

使用钳形表检测三相交流电动机中一根引线的空载电流值。

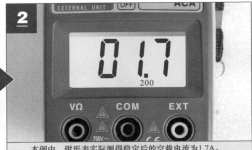

2

本例中，钳形表实际测得稳定后的空载电流为1.7A。

3 将钳形表的表头钳住三相交流电动机三根引线中的另外一根

表头

钳形表

本例中，钳形表实际测得稳定后的空载电流为1.7A。

4

使用钳形表检测三相交流电动机另外一根引线的空载电流值。

5 将钳形表的表头钳住三相交流电动机三根引线中的最后一根

表头

钳形表

使用钳形表检测三相交流电动机最后一根引线的空载电流值。

6

本例中，钳形表实际测得稳定后的空载电流为1.7A。

图 5-23 借助转速表检测电动机的转速

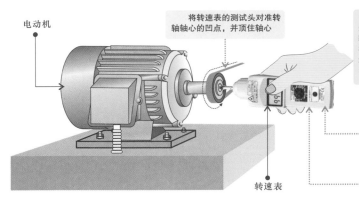

电动机

将转速表的测试头对准转轴轴心的凹点，并顶住轴心

转速表

在正常情况下，电动机的实际转速应与额定转速相同或接近。若实际转速远远大于额定转速，则说明电动机处于超速运转状态；若实际转速远远小于额定转速，则表明电动机处于负载过重或堵转状态

将测试的实际转速数值与电动机铭牌上的额定转速值相比较，判断电动机的工作状态

当电动机运行1min后停止检测，此时转速表显示的读数为电动机每秒钟的实际转速

| 提示说明 |

　　如图5-24所示，在检测没有铭牌电动机的转速时，应先确定额定转速，通常可用指针万用表简单判断。

　　首先将电动机各绕组之间的连接金属片取下，使各绕组之间保持绝缘，再将万用表的量程调至0.05mA档，将红、黑表笔分别接在某一绕组的两端，匀速转动电动机主轴一周，观测一周内万用表指针左右摆动的次数。若万用表指针摆动一次，则表明电流正、负变化一个周期，为2极电动机；若万用表指针摆动2次，则为4极电动机；依此类推，3次则为6极电动机。

类型 \ 极数	2极	4极	6极
同步电动机	3000r/min	1500r/min	1000r/min
异步电动机	>2800r/min	>1400r/min	>900r/min

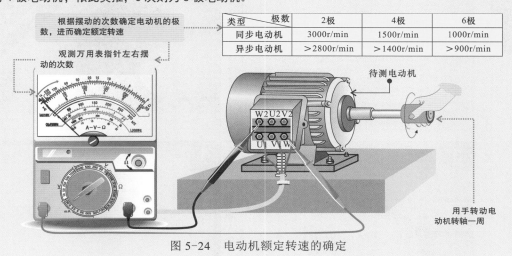

根据摆动的次数确定电动机的极数，进而确定额定转速

观测万用表指针左右摆动的次数

待测电动机

用手转动电动机转轴一周

图5-24　电动机额定转速的确定

5.7　常用电子元器件的检测

5.7.1　电阻器的检测

　　电阻器的检测方法比较简单，一般借助万用表检测阻值即可。图5-25所示为普通电阻器的检测方法。

5.7.2　电容器的检测

　　检测电容器时，通常可以使用数字式万用表粗略测量电容器的电容量，然后将实测结果与电容器的标称电容量相比较，即可判断待测电容器的性能状态。以常见的电解电容器为例。

　　检测前，首先识别待测电解电容器的引脚极性，然后用电阻器对电解电容器进行放电操作，如图5-26所示。

　　放电操作完成后，使用数字式万用表检测电解电容器的电容量，即可判别待测电解电容器性能的好坏，如图5-27所示。

| 提示说明 |

　　电解电容器的放电操作主要是针对大容量电解电容器，由于大容量电解电容器在工作中可能会有很多电荷，如短路会产生很强的电流，为防止损坏万用表或引发电击事故，故应先用电阻放电后再进行检测。

　　对大容量电解电容器放电可选用阻值较小的电阻，将电阻的引脚与电解电容器的引脚相连即可。

　　在通常情况下，电解电容器的工作电压在200V以上，即使电容量比较小也需要放电，如60μF/200V的电容器，工作电压较低，但电容量高于300μF，也属于大容量电解电容器。在实际应用中，常见的1000μF/50V、60μF/400V、300μF/50V、60μF/200V等均为大容量电解电容器。

图 5-25　普通电阻器的检测方法

扫一扫看视频

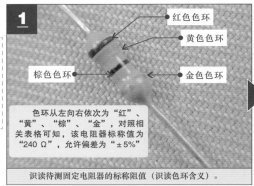

1

红色色环
黄色色环
棕色色环
金色色环

色环从左向右依次为"红"、"黄"、"棕"、"金"，对照相关表格可知，该电阻器标称值为"240 Ω"，允许偏差为"±5%"

识读待测固定电阻器的标称阻值（识读色环含义）。

2

选择万用表的量程（与识读数值相近），并进行欧姆调零。

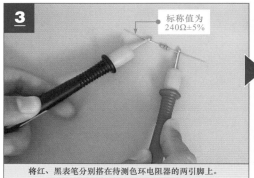

3

标称值为240Ω±5%

将红、黑表笔分别搭在待测色环电阻器的两引脚上。

4

识读当前测量值为24×10Ω＝240Ω，正常。

图 5-26　电解电容器的放电操作

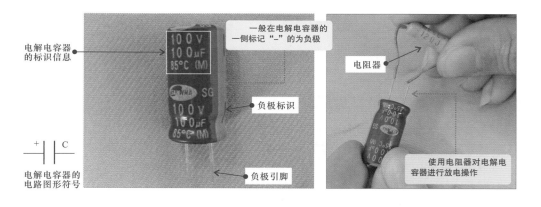

电解电容器的标识信息

一般在电解电容器的一侧标记"–"的为负极

电阻器

负极标识

100 V
100 µF
85℃ (M)

100 V
100 µF
85℃ (M)

电解电容器的电路图形符号

负极引脚

使用电阻器对电解电容器进行放电操作

图 5-27　电解电容器的检测方法

电解电容器的负极标识

附加测试器

待测电解电容器

正极

负极

电容器检测的专用插孔

将待测电解电容器的两引脚按极性对应插入附加测试器的插孔中

电解电容器

扫一扫看视频

TAOTAO　ET-988

μF

电容量的测量单位

实际测得的电容量为100.9μF

5.7.3　电感器的检测

在实际应用中，电感器通常以电感量等性能参数体现其电路功能，因此，检测电感器，一般使用万用表粗略测量其电感量即可。图 5-28 为电感器的检测方法。

图 5-28　电感器的检测方法

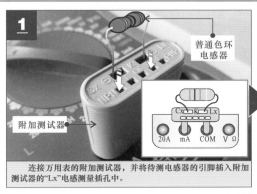

1

普通色环电感器

附加测试器

连接万用表的附加测试器，并将待测电感器的引脚插入附加测试器的"Lx"电感测量插孔中。

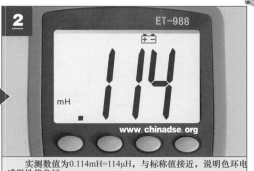

2　ET-988

mH

www.chinadse.org

实测数值为0.114mH=114μH，与标称值接近，说明色环电感器性能良好。

| 提示说明 |

在正常情况下，检测色环电感的电感量为"0.114mH"，根据单位换算公式 $1\mu H=10^{-3}mH$，即 $0.114mH\times10^{3}=114\mu H$，与该色环电感的标称容量值基本相符。若测得的电感量与电感器的标称电感量相差较大，则说明电感器性能不良，可能已损坏。

5.7.4　整流二极管的检测

整流二极管主要利用二极管的单向导电特性来实现整流功能，判断整流二极管好坏可利用这一特性，用万用表检测整流二极管正、反向导通电压，如图 5-29 所示。

图 5-29 整流二极管的检测方法

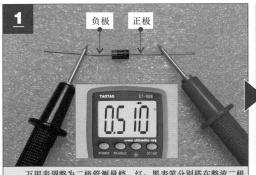
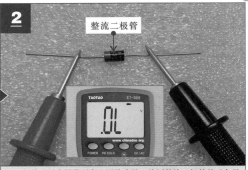

1 负极 正极

万用表调整为二极管测量档，红、黑表笔分别搭在整流二极管的正、负极，检测其正向导通电压。

2 整流二极管

保持万用表档位不变，调换表笔，检测整流二极管的反向导通电压。

| 提示说明 |

在正常情况下，整流二极管有一定的正向导通电压，但没有反向导通电压。若实测整流二极管的正向导通电压在 0.2～0.3V 内，则说明该整流二极管为锗材料制作；若实测在 0.6～0.7V 范围内，则说明该整流二极管为硅材料；若测得电压不正常，则说明该整流二极管不良。

5.7.5 发光二极管的检测

检测发光二极管的性能，可借助万用表电阻档粗略测量其正、反向阻值来判断性能好坏，如图 5-30 所示。

图 5-30 发光二极管的检测方法

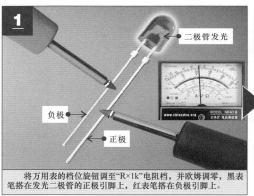
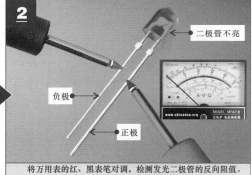

1 二极管发光

负极

正极

将万用表的档位旋钮调至"R×1k"电阻档，并欧姆调零，黑表笔搭在发光二极管的正极引脚上，红表笔搭在负极引脚上。

2 二极管不亮

负极

正极

将万用表的红、黑表笔对调，检测发光二极管的反向阻值。

| 提示说明 |

由于万用表内压作用，检测正向阻值时，发光二极管发光，且测得正向阻值为 20kΩ；检测反向阻值时，二极管不发光，测得反向阻值为无穷大，发光二极管良好。

若正向阻值和反向电阻都趋于无穷大，则发光二极管存在断路故障。

若正向阻值和反向电阻都趋于 0，则发光二极管存在击穿短路。

若正向电阻和反向电阻数值都很小，则可以断定该发光二极管已被击穿。

5.7.6 晶体管的检测

晶体管的放大能力是其最基本的性能之一。一般可使用数字式万用表上的晶体管放大倍数来检测插孔粗略测量晶体管的放大倍数。

图 5-31 所示为晶体管放大倍数的检测方法。

图 5-31　晶体管放大倍数的检测方法

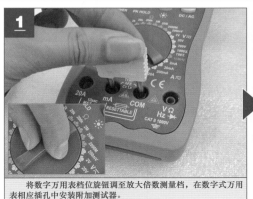

将数字万用表档位旋钮调至放大倍数测量档，在数字式万用表相应插孔中安装附加测试器。

将待测NPN型晶体管，按附加测试器NPN一侧标识的引脚插孔对应插入，实测该晶体管放大倍数h_{EF}为80，正常。

5.7.7　场效应晶体管的检测

场效应晶体管的放大能力是其最基本的性能之一，一般可使用指针式万用表粗略测量场效应晶体管是否具有放大能力。

以结型场效应晶体管为例，图 5-32 为其放大能力的检测方法。

图 5-32　场效应晶体管放大能力的检测方法

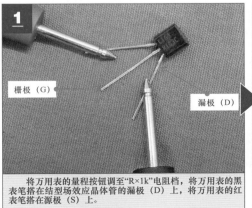

将万用表的量程按钮调至"R×1k"电阻档，将万用表的黑表笔搭在结型场效应晶体管的漏极（D）上，将万用表的红表笔搭在源极（S）上。

观察万用表的指针位置可知，当前测量值为5kΩ。

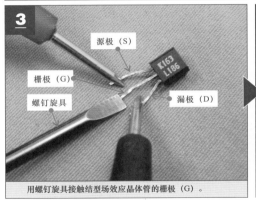

用螺钉旋具接触结型场效应晶体管的栅极（G）。

可看到指针产生一个较大的摆动（向左或向右）。

┃ 提示说明 ┃

在正常情况下，万用表指针摆动的幅度越大，表明结型场效应晶体管的放大能力越好；反之，则表明放大能力越差。若螺钉旋具接触栅极（G）时指针不摆动，则表明结型场效应晶体管已失去放大能力。测量一次后再次测量，表针可能不动，这也正常，可能是因为在第一次测量时 G、S 之间结电容积累了电荷。为能够使万用表指针再次摆动，可在测量后短接一下 G、S 极。

绝缘栅型场效应晶体管放大能力的检测方法与结型场效应晶体管放大能力的检测方法相同。需要注意的是，为避免人体感应电压过高或人体静电使绝缘栅型场效应晶体管击穿，检测时尽量不要用手碰触绝缘栅型场效应晶体管的引脚，应借助螺钉旋具碰触栅极引脚完成检测。

5.7.8 晶闸管的检测

晶闸管作为一种可控整流器件，采用阻值检测方法无法判断内部开路状态。因此一般不直接用万用表检测阻值判断，但可借助万用表检测其触发能力。

图 5-33 为单向晶闸管触发能力的具体检测方法。

📷 图 5-33 单向晶闸管触发能力的检测方法

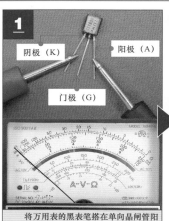
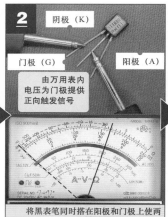
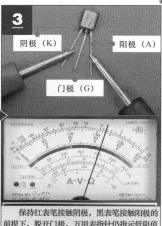

将万用表的黑表笔搭在单向晶闸管阳极，红表笔搭在阴极上，测得阳极与阴极之间的阻值为无穷大。

将黑表笔同时搭在阳极和门极上使两引脚短路，万用表指针向右侧大范围摆动，说明单向晶闸管已被正向触发导通。

保持红表笔接触阴极，黑表笔接触阳极的前提下，脱开门极，万用表指针仍指示低阻值状态，说明单向晶闸管维持导通状态。

┃ 提示说明 ┃

双向晶闸管触发能力的检测方法与单向晶闸管触发能力的检测方法基本相同。在正常情况下，用万用表检测【选择"$R\times1$"电阻档（输出电流大）】双向晶闸管的触发能力应满足以下规律。

◇ 万用表的红表笔搭在双向晶闸管的第一电极（T1）上，黑表笔搭在第二电极（T2）上，测得阻值应为无穷大。

◇ 将黑表笔同时搭在 T2 和 G 上，使两引脚短路，即加上触发信号，这时万用表指针会向右侧大范围摆动，说明双向晶闸管已导通（导通方向为 T2 → T1）。

◇ 若将表笔对换后进行检测，发现万用表指针向右侧大范围摆动，则说明双向晶闸管另一方向也导通（导通方向为 T1 → T2）。

◇ 若黑表笔脱开 G 极，只接触第一电极（T1），万用表指针仍指示低阻值状态，则说明双向晶闸管维持通态，即被测双向晶闸管具有触发能力。

6.1　线缆的剥线加工

在电工涉及的各个领域中，线缆的加工是必不可少的。线缆绝缘层的剥削是线缆加工的第一步。剥削绝缘层的方法要正确，如果方法不当或操作失误，很容易在操作过程中损伤芯线。

线缆的材料不同，线缆加工的方法也有所不同。下面以塑料硬导线、塑料软导线、塑料护套线等为例介绍具体的操作方法。

6.1.1　塑料硬导线的剥线加工

塑料硬导线的剥线加工通常使用钢丝钳、剥线钳、斜口钳或电工刀进行操作，不同的操作工具，具体的剥线方法也有所不同。

1　使用钢丝钳剥削导线

使用钢丝钳剥削塑料硬导线的绝缘层是电工操作中常使用的方法，应使用左手捏住线缆，在需要剥离绝缘层处，用钢丝钳的刀口钳住绝缘层轻轻旋转一周，然后用钢丝钳钳头钳住要去掉的绝缘层即可，如图6-1所示。

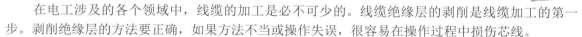

图6-1　使用钢丝钳剥削塑料硬导线的方法

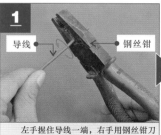
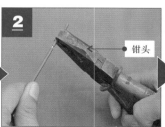
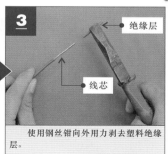

左手握住导线一端，右手用钢丝钳刀口绕导线旋转一周轻轻切破绝缘层。

右手握住钢丝钳，用钳头钳住要去掉的绝缘层。

使用钢丝钳向外用力剥去塑料绝缘层。

| 提示说明 |

在剥去绝缘层时，不可在钢丝钳刀口处加剪切力，否则会切伤线芯。剥削出的线芯应保持完整无损，如有损伤，应重新剥削，如图6-2所示。

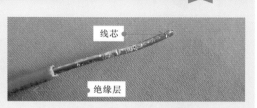

图6-2　剥削出的线芯应保持完整无损

2　使用剥线钳剥削导线

线径大于2.25mm（横截面积在4mm^{2}以上）的塑料硬导线可借助剥线钳剥除绝缘层，如图6-3所示。

图 6-3　使用剥线钳剥削线径大于 2.25mm 硬导线的绝缘层

1

剥线钳 ← → 硬导线

在使用剥线钳剥削导线绝缘层时，应选择与剥削导线适合的刀口

硬导线

刀口

握住导线，将导线需剥削处置于剥线钳合适的刀口中。

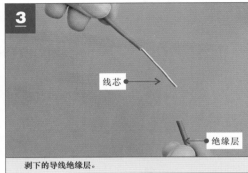

2

绝缘层

剥线钳

握住剥线钳手柄，轻轻用力切断导线需剥削处的绝缘层。

3

线芯

绝缘层

剥下的导线绝缘层。

3　使用电工刀剥削导线

线径大于 2.25mm 的塑料硬导线还可借助电工刀剥除绝缘层，如图 6-4 所示。

图 6-4　使用电工刀剥削线径大于 2.25mm 硬导线的绝缘层

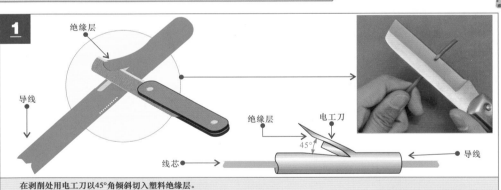

1

绝缘层

导线

线芯

绝缘层　电工刀

45°

导线

在剥削处用电工刀以45°角倾斜切入塑料绝缘层。

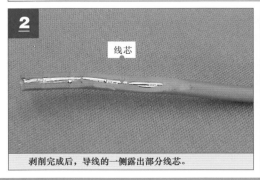
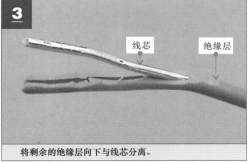

2

线芯

剥削完成后，导线的一侧露出部分线芯。

3

线芯　绝缘层

将剩余的绝缘层向下与线芯分离。

图 6-4 使用电工刀剥削线径大于 2.25mm 硬导线的绝缘层（续）

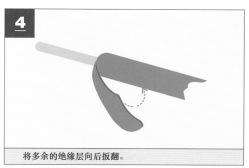

4 将多余的绝缘层向后扳翻。

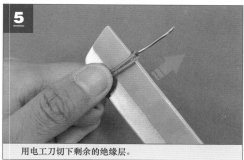

5 用电工刀切下剩余的绝缘层。

| 提示说明 |

通过以上学习可知，横截面积为 4mm² 及以下塑料硬导线的绝缘层一般用剥线钳、钢丝钳或斜口钳剥削；横截面积为 4mm² 及以上的塑料硬导线通常用电工刀或剥线钳剥削。在剥削绝缘层时，一定不能损伤线芯，并且根据实际应用决定剥削线头的长度，如图 6-5 所示。

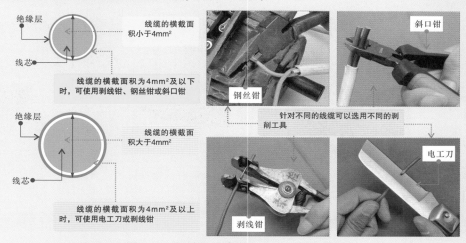

图 6-5 塑料硬导线剥削方法及注意事项

6.1.2 塑料软导线的剥线加工

塑料软导线的线芯多是由多股铜（铝）丝组成的，不适宜用电工刀剥削绝缘层，在实际操作中，多使用剥线钳和斜口钳剥削，具体操作方法如图 6-6 所示。

图 6-6 塑料软导线的剥削方法

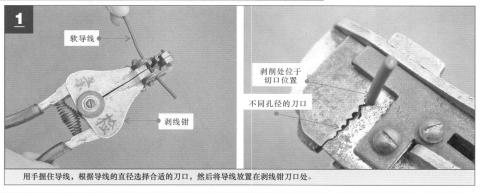

1 用手握住导线，根据导线的直径选择合适的刀口，然后将导线放置在剥线钳刀口处。

图 6-6　塑料软导线的剥削方法（续）

握住剥线钳手柄，轻轻用力切断导线需剥削处的绝缘层。

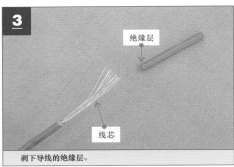

绝缘层

线芯

剥下导线的绝缘层。

| 提示说明 |

在使用剥线钳剥离软导线绝缘层时，切不可选择小于剥离线缆的刀口，否则会导致软导线多根线芯与绝缘层一同被剥落，如图 6-7 所示。

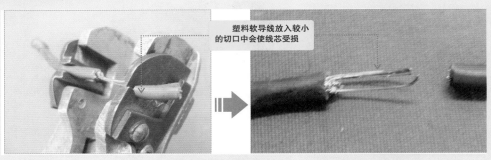

塑料软导线放入较小的切口中会使线芯受损

图 6-7　塑料软导线剥除绝缘层时的错误操作

6.1.3　塑料护套线的剥线加工

塑料护套线是将两根带有绝缘层的导线用护套层包裹在一起。剥削时，要先剥削护套层，再分别剥削里面两根导线的绝缘层，具体操作方法如图 6-8 所示。

图 6-8　塑料护套线的剥削方法

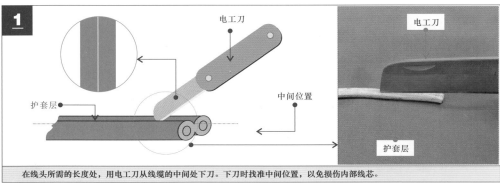

电工刀

电工刀

护套层

中间位置

护套层

在线头所需的长度处，用电工刀从线缆的中间处下刀。下刀时找准中间位置，以免损伤内部线芯。

图 6-8　塑料护套线的剥削方法（续）

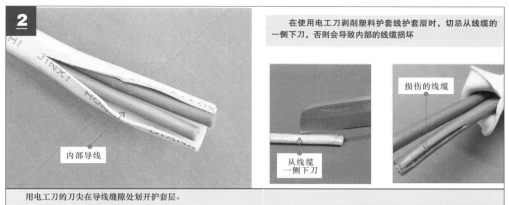

在使用电工刀剥削塑料护套线护套层时，切忌从线缆的一侧下刀，否则会导致内部的线缆损坏

内部导线

损伤的线缆

从线缆一侧下刀

用电工刀的刀尖在导线缝隙处划开护套层。

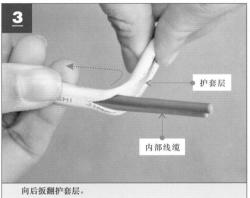

护套层

内部线缆

向后扳翻护套层。

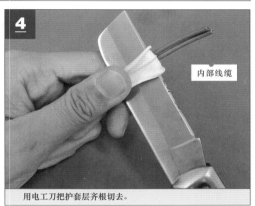

内部线缆

用电工刀把护套层齐根切去。

6.2　线缆的连接

6.2.1　单股导线的缠绕式对接

当连接两根较粗的单股塑料硬导线时，可以采用缠绕式对接方法，即另外借助一根较细的同类型导线将对接的两根粗导线缠绕对接，并确保连接牢固可靠，具体操作如图 6-9 所示。

图 6-9　单股导线的缠绕式对接

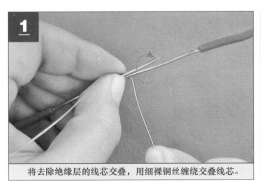

将去除绝缘层的线芯交叠，用细裸铜丝缠绕交叠线芯。

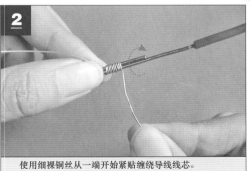

使用细裸铜丝从一端开始紧贴缠绕导线线芯。

图 6-9　单股导线的缠绕式对接（续）

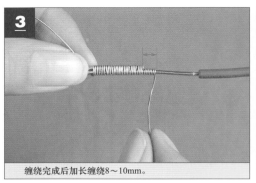

缠绕完成后加长缠绕8～10mm。

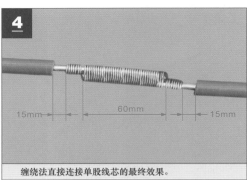

15mm　　60mm　　15mm

缠绕法直接连接单股线芯的最终效果。

| 提示说明 |

　　值得注意的是，若连接导线的直径为 5mm，则缠绕长度应为 60mm；若导线直径大于 5mm，则缠绕长度应为 90mm。将导线缠绕好后，还要在两端的导线上各自再缠绕 8 ～ 10mm（5 圈）的长度。

6.2.2　单股导线的缠绕式 T 形连接

　　将单股塑料硬导线作为支路与单股主路塑料硬导线连接时，通常采用 T 形连接方法，如图6-10所示。

图 6-10　单股导线的缠绕式 T 形连接

扫一扫看视频

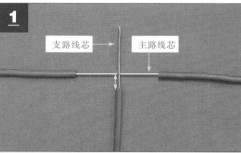

支路线芯　　主路线芯

将去除绝缘层的支路线芯与主路线芯中心十字相交。

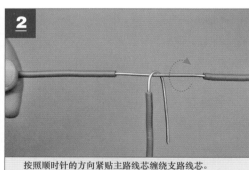

按照顺时针的方向紧贴主路线芯缠绕支路线芯。

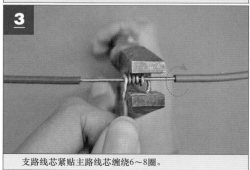

支路线芯紧贴主路线芯缠绕6～8圈。

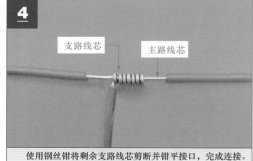

支路线芯　　主路线芯

使用钢丝钳将剩余支路线芯剪断并钳平接口，完成连接。

| 提示说明 |

对于横截面积较小的单股塑料硬导线，可以将支路线芯在主路线芯上环绕扣结，然后沿干线线芯顺时针贴绕，如图6-11所示。

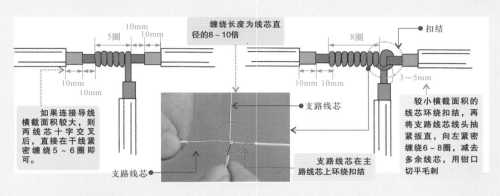

图 6-11 横截面积较小单股塑料硬导线的 T 形连接

6.2.3 两根多股导线的缠绕式对接

当连接两根多股塑料软导线时，一般采用缠绕式对接的方法，即将剥除绝缘层的导线线芯按照一定规律和要求互相缠绕连接，具体操作如图6-12所示。

图 6-12 两根多股导线的缠绕式对接

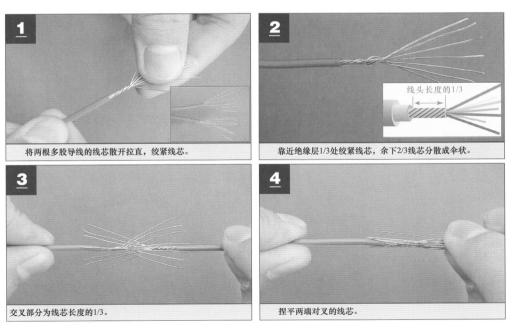

图 6-12　两根多股导线的缠绕式对接（续）

5

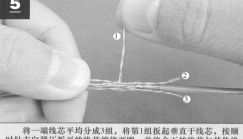

　　将一端线芯平均分成3组，将第1组扳起垂直于线芯，按顺时针方向紧压扳平的线芯缠绕两圈，并将余下的线芯与其他线芯沿平行方向扳平。

6

　　同样，将第2、3组线芯依次扳成与线芯垂直，然后按顺时针方向紧压扳平的线芯缠绕3圈。

7

　　多余的线芯从线芯的根部切除，钳平线端。

8

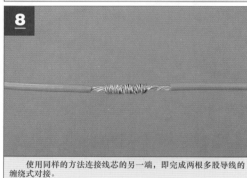

　　使用同样的方法连接线芯的另一端，即完成两根多股导线的缠绕式对接。

6.2.4　两根多股导线的缠绕式 T 形连接

　　当连接一根支路软导线（多股线芯）与一根主路软导线（多股线芯）时，通常采用缠绕式 T 形连接方法，如图 6-13 所示。

图 6-13　两根多股导线的缠绕式 T 形连接

1

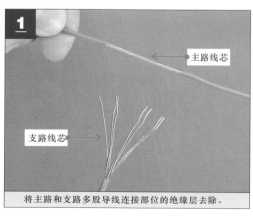

主路线芯

支路线芯

　　将主路和支路多股导线连接部位的绝缘层去除。

2

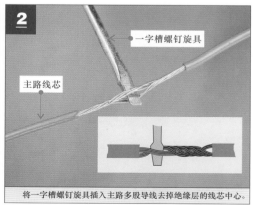

一字槽螺钉旋具

主路线芯

　　将一字槽螺钉旋具插入主路多股导线去掉绝缘层的线芯中心。

图 6-13 两根多股导线的缠绕式 T 形连接（续）

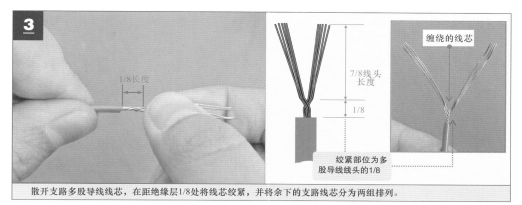

散开支路多股导线线芯，在距绝缘层1/8处将线芯绞紧，并将余下的支路线芯分为两组排列。

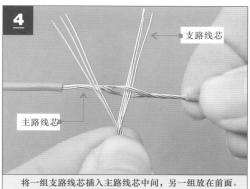

将一组支路线芯插入主路线芯中间，另一组放在前面。

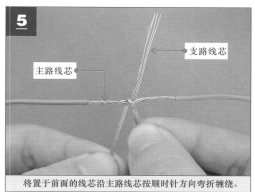

将置于前面的线芯沿主路线芯按顺时针方向弯折缠绕。

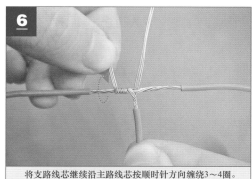

将支路线芯继续沿主路线芯按顺时针方向缠绕3～4圈。

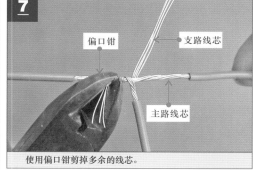

使用偏口钳剪掉多余的线芯。

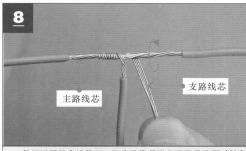

使用同样的方法将另一组支路线芯沿主路线芯按顺时针方向弯折缠绕。

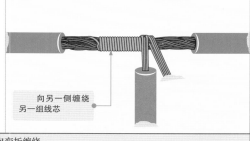

图 6-13　两根多股导线的缠绕式 T 形连接（续）

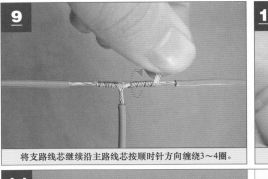

将支路线芯继续沿主路线芯按顺时针方向缠绕3～4圈。

使用偏口钳剪掉多余的线芯。

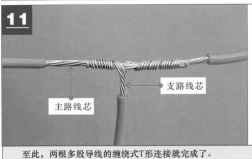

主路线芯

支路线芯

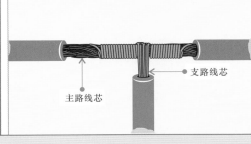

主路线芯

支路线芯

至此，两根多股导线的缠绕式T形连接就完成了。

6.2.5　线缆的绞接（X 形）连接

连接两根横截面积较小的单股铜芯硬导线可采用绞接（X 形）连接方法，如图 6-14 所示。

图 6-14　线缆的绞接（X 形）连接

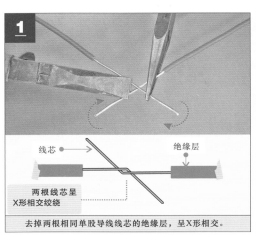

线芯

绝缘层

两根线芯呈
X形相交绞绕

去掉两根相同单股导线线芯的绝缘层，呈X形相交。

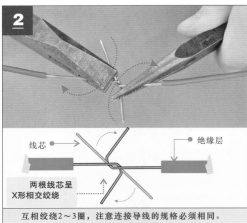

线芯

绝缘层

两根线芯呈
X形相交绞绕

互相绞绕2～3圈，注意连接导线的规格必须相同。

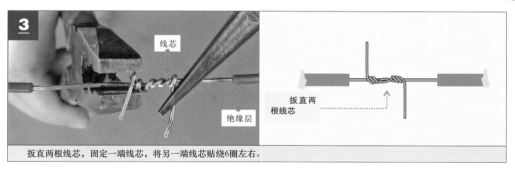

扳直两根线芯，固定一端线芯，将另一端线芯贴绕6圈左右。

使用同样的方法将另一端的线芯贴绕6圈左右。

剪掉多余的线芯，即可完成单股导线的X形绞接连接。

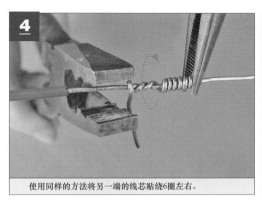

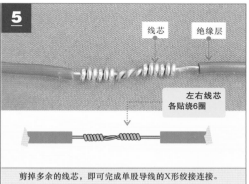

6.2.6 两根塑料硬导线的并头连接

在电工操作中，线缆的连接大都要求采用并头连接的方法，如常见照明控制开关中零线的连接、电源插座内同相导线的连接等。

并头连接是指将需要连接的导线线芯部分并排摆放，然后用其中一根导线线芯绕接在其余线芯上的一种连接方法。

两根塑料硬导线（单股铜芯硬导线）并头连接时，先将两根导线线芯并排合拢，然后在距离绝缘层 15mm 处，将两根线芯扭绞 3 圈后，留适当长度，剪掉多余线芯，并将余线折回压紧，如图 6-15 所示。

📖 图 6-15 两根塑料硬导线的并头连接

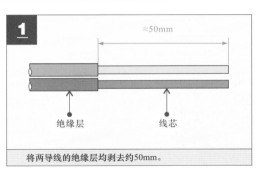

将两导线的绝缘层均剥去约50mm。

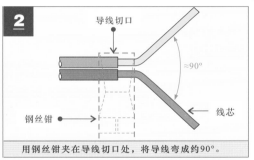

用钢丝钳夹在导线切口处，将导线弯成约90°。

图 6-15 两根塑料硬导线的并头连接（续）

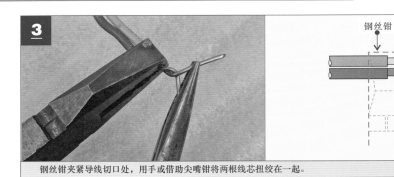

3

钢丝钳夹紧导线切口处，用手或借助尖嘴钳将两根线芯扭绞在一起。

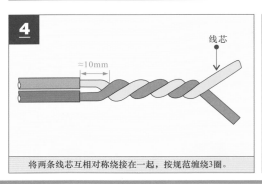

4

将两条线芯互相对称绕接在一起，按规范缠绕3圈。

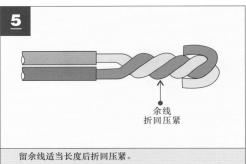

5

留余线适当长度后折回压紧。

6.2.7 三根及以上塑料硬导线的并头连接

三根及以上导线并头连接时，将连接导线绝缘层并齐合拢，在距离绝缘层约 15mm 处，将其中的一根线芯（绕线线芯剥除绝缘层长度是被缠绕线芯的 3 倍以上）缠绕其他线芯至少 5 圈后剪断，把其他线芯的余头并齐折回压紧的缠绕线上。

图 6-16 为三根塑料硬导线的并头连接方法。

图 6-16 三根塑料硬导线的并头连接

扫一扫看视频

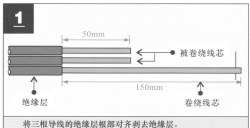

1

将三根导线的绝缘层根部对齐剥去绝缘层。

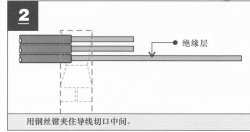

2

用钢丝钳夹住导线切口中间。

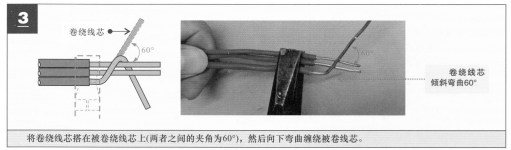

3

将卷绕线芯搭在被卷绕线芯上(两者之间的夹角为60°)，然后向下弯曲缠绕被卷线芯。

图 6-16 三根塑料硬导线的并头连接（续）

4

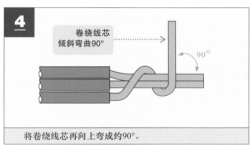

卷绕线芯
倾斜弯曲90°

90°

将卷绕线芯再向上弯成约90°。

5

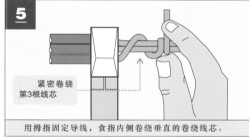

紧密卷绕
第3根线芯

用拇指固定导线，食指内侧卷绕垂直的卷绕线芯。

6

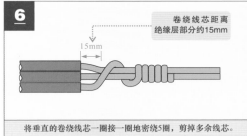

卷绕线芯距离
绝缘层部分约15mm

15mm

将垂直的卷绕线芯一圈接一圈地密绕5圈，剪掉多余线芯。

7

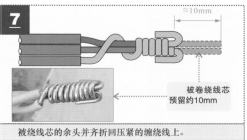

≈10mm

被卷绕线芯
预留约10mm

被绕线芯的余头并齐折回压紧的缠绕线上。

| **提示说明** |

　　《建筑电气工程施工质量验收规范》（GB 50303—2015）中规定，导线连接时，铜与铜连接，在室外、高温且潮湿的室内连接时，搭接面要搪锡，在干燥的室内可不搪锡，所有接头相互缠绕必须在 5 圈以上，保证连接紧密，连接后，接头处需要进行绝缘处理，如图 6-17 所示。

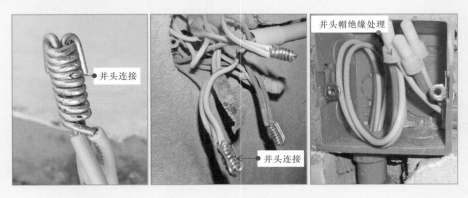

并头帽绝缘处理

并头连接

并头连接

图 6-17　三根导线并头连接的实际效果

6.2.8　塑料硬导线的线夹连接

　　在电工线缆的连接中，常用线夹连接硬导线，操作简单，安装牢固可靠，操作方法如图 6-18 所示。

图 6-18 塑料硬导线的线夹连接

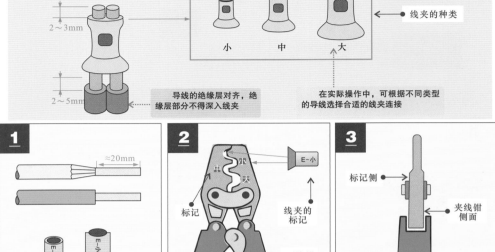

2～3mm

2～5mm

导线的绝缘层对齐，绝缘层部分不得深入线夹

线夹的种类

小　中　大

在实际操作中，可根据不同类型的导线选择合适的线夹连接

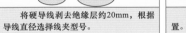

1

≈20mm

E-小

E-小/中

将硬导线剥去绝缘层约20mm，根据导线直径选择线夹型号。

2

标记

E-小

线夹的标记

压线钳

根据硬导线线径选择压线钳压接的位置。

3

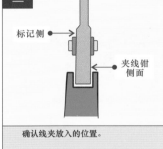

标记侧

夹线钳侧面

确认线夹放入的位置。

4

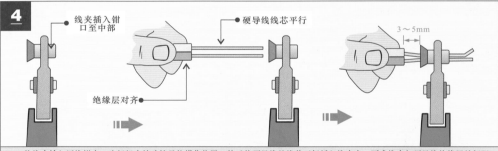

线夹插入钳口至中部

硬导线线芯平行

3～5mm

绝缘层对齐

将线夹放入压线钳中，先轻轻持夹确认具体操作位置，然后将硬导线的线芯平行插入线夹中，要求线夹与硬导线绝缘层的间距为3～5mm，然后用力夹紧，使线夹牢固压接在硬导线线芯上。

5

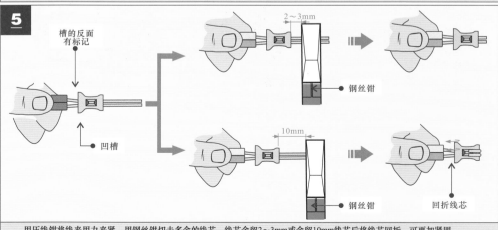

槽的反面有标记

凹槽

2～3mm

钢丝钳

10mm

钢丝钳

回折线芯

用压线钳将线夹用力夹紧，用钢丝钳切去多余的线芯，线芯余留2～3mm或余留10mm线芯后将线芯回折，可更加紧固。

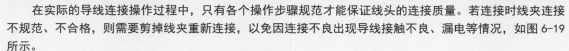

| 提示说明 |

在实际的导线连接操作过程中，只有各个操作步骤规范才能保证线头的连接质量。若连接时线夹连接不规范、不合格，则需要剪掉线夹重新连接，以免因连接不良出现导线接触不良、漏电等情况，如图 6-19 所示。

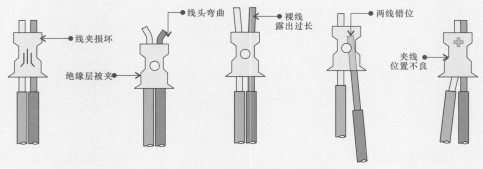

图 6-19　不合格线夹的连接情况

6.3　线缆连接头的加工

115

在线缆的加工连接中，加工处理线缆连接头也是电工操作中十分重要的一项技能。线缆连接头的加工根据线缆类型分为塑料硬导线连接头和塑料软导线连接头的加工。

6.3.1　塑料硬导线连接头的加工

塑料硬导线一般可以直接连接，需要平接时，就需要提前加工连接头，即需要将塑料硬导线的线芯加工为大小合适的连接环，具体加工方法如图 6-20 所示。

📄 图 6-20　塑料硬导线连接头的加工方法

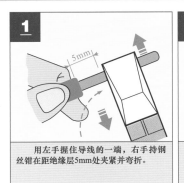

1

用左手握住导线的一端，右手持钢丝钳在距绝缘层5mm处夹紧并弯折。

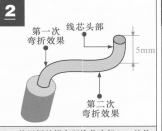

2

第一次弯折效果　线芯头部　5mm
第二次弯折效果

使用钢丝钳在距线芯头部5mm处将线芯头部弯折成直角，弯折方向与之前弯折方向相反。

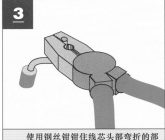

3

使用钢丝钳钳住线芯头部弯折的部分朝最初弯折的方向扭动，使线芯弯折成圆形。

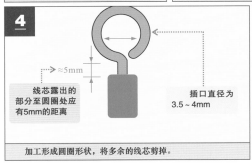

4

≈5mm

线芯露出的部分至圆圈处应有5mm的距离

插口直径为3.5～4mm

加工形成圆圈形状，将多余的线芯剪掉。

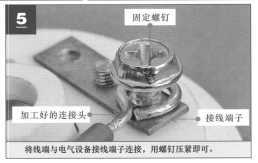

5

固定螺钉

加工好的连接头　接线端子

将线端与电气设备接线端子连接，用螺钉压紧即可。

| 提示说明 |

加工操作塑料硬导线连接头时应当注意，若尺寸不规范或弯折不规范，都会影响接线质量。在实际操作过程中，若出现不合规范的连接头时，需要剪掉，重新加工，如图 6-21 所示。

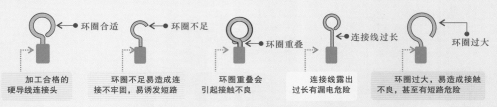

图 6-21　塑料硬导线连接头合格与不合格的情况

6.3.2　塑料软导线连接头的加工

塑料软导线在连接使用时，应用环境不同，加工的具体方法也不同，常见的有绞绕式连接头的加工、缠绕式连接头的加工及环形连接头的加工三种形式。

1　绞绕式连接头的加工

绞绕式连接头的加工是用一只手握住线缆绝缘层处，另一只手捻住线芯，向一个方向旋转，使线芯紧固整齐即可完成连接头的加工，如图 6-22 所示。

图 6-22　绞绕式连接头的加工

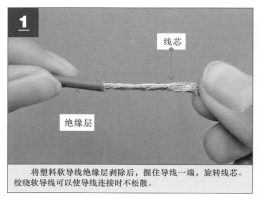
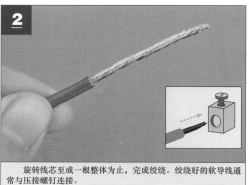

将塑料软导线绝缘层剥除后，握住导线一端，旋转线芯。绞绕软导线可以使导线连接时不松散。

旋转线芯至成一根整体为止，完成绞绕。绞绕好的软导线通常与压接螺钉连接。

2　缠绕式连接头的加工

当塑料软导线插入连接孔时，由于多股软导线的线芯过细，无法插入，因此需要在绞绕的基础上，将其中一根线芯沿一个方向由绝缘层处开始向上缠绕，直至缠绕到顶端，完成缠绕式加工，如图 6-23 所示。

图 6-23　缠绕式连接头的加工

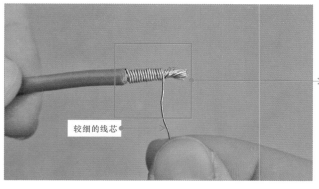

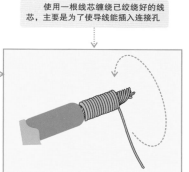

使用一根线芯缠绕已绞绕好的线芯，主要是为了使导线能插入连接孔

较细的线芯

3　环形连接头的加工

要将塑料软导线的线芯加工为环形，首先将离绝缘层根部 1/2 处的线芯绞绕紧，然后弯折，并将弯折的线芯与线缆并紧，将弯折线芯的 1/3 拉起，环绕其余的线芯与线缆，如图 6-24 所示。

图 6-24　环形连接头的加工

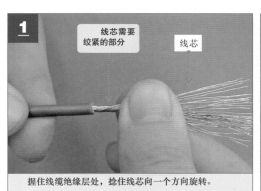

1 线芯需要绞紧的部分　线芯

握住线缆绝缘层处，捻住线芯向一个方向旋转。

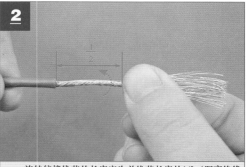

2

旋转绞接线芯的长度应为总线芯长度的1/2（距离绝缘层根部1/2处），绞接应紧固整齐。

扫一扫看视频

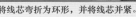

3

将线芯弯折为环形，并将线芯并紧。

4

在1/3处向外折角后弯曲成圆弧。

图 6-24　环形连接头的加工（续）

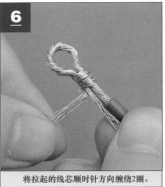

将弯折线芯的1/3拉起。

将拉起的线芯顺时针方向缠绕2圈。

剪掉多余线芯，完成连接头的加工。

6.4　线缆焊接与绝缘层恢复

6.4.1　线缆的焊接

　　电气线路的焊接是指将两段及以上待连接的线缆通过焊接的方式连接在一起。焊接时，需要对线缆的连接处上锡，再用电烙铁加热把线芯焊接在一起，完成线缆的焊接，具体操作方法如图6-25所示。

图 6-25　线缆的焊接

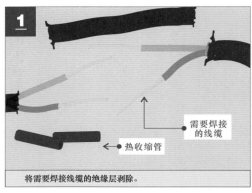

将需要焊接线缆的绝缘层剥除。

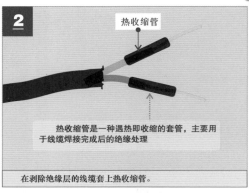

热收缩管是一种遇热即收缩的套管，主要用于线缆焊接完成后的绝缘处理

在剥除绝缘层的线缆套上热收缩管。

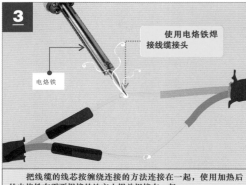

把线缆的线芯按缠绕连接的方法连接在一起，使用加热后的电烙铁在需要焊接的地方上锡并焊接在一起。

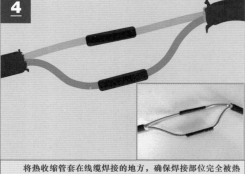

将热收缩管套在线缆焊接的地方，确保焊接部位完全被热收缩管套住，完成线缆的焊接。

| 提示说明 |

　　线缆的焊接除了使用绕焊外，还有钩焊、搭焊。其中，钩焊是将导线弯成钩形钩在接线端子上，用钳子夹紧后再焊接，这种方法的强度低于绕焊，操作简便；搭焊是用焊锡把导线搭到接线端子上直接焊接，仅用在临时连接或不便于缠、钩的地方及某些接插件上，这种连接最方便，但强度及可靠性最差。

6.4.2　线缆绝缘层的恢复

　　线缆连接或绝缘层遭到破坏后，必须恢复绝缘性能才可以正常使用，并且恢复后，强度应不低于原有绝缘层。

　　常用的绝缘层恢复方法有两种：一种是使用热收缩管恢复绝缘层；另一种是使用绝缘材料包缠法恢复绝缘层。

1　使用热收缩管恢复线缆的绝缘层

　　使用热收缩管恢复线缆的绝缘层是一种简便、高效的操作方法，可以有效地保护连接处，避免受潮、污垢和腐蚀，具体操作方法如图 6-26 所示。

图 6-26　使用热收缩管恢复线缆的绝缘层

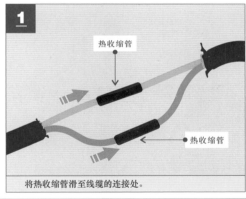 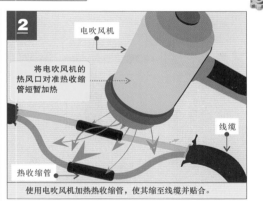

2　使用绝缘材料包缠法恢复线缆的绝缘层

　　包缠法是指使用绝缘材料（黄蜡带、涤纶膜带、胶带）缠绕线缆线芯，起到绝缘作用，恢复绝缘功能。以常见的胶带恢复导线绝缘层为例，如图 6-27 所示。

图 6-27　使用绝缘材料包缠法恢复线缆的绝缘层

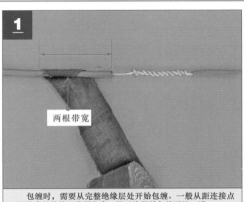 

在一般情况下，220V 线路恢复导线绝缘时，应先包缠一层黄蜡带（或涤纶薄膜带），再包缠一层绝缘胶带；380V 线路恢复绝缘时，先包缠两三层黄蜡带（或涤纶薄膜带），再包缠两层绝缘胶带，同时，应严格按照规范缠绕，如图 6-28 所示。

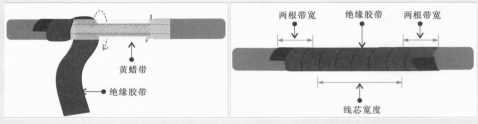

图 6-28　220V 和 380V 线路绝缘层的恢复

导线绝缘层的恢复是较为普通和常见的，在实际操作中还会遇到分支导线连接点绝缘层的恢复，需要用胶带从距分支连接点两根带宽的位置开始包缠，具体操作方法如图 6-29 所示。

图 6-29　分支线缆连接点绝缘层的恢复

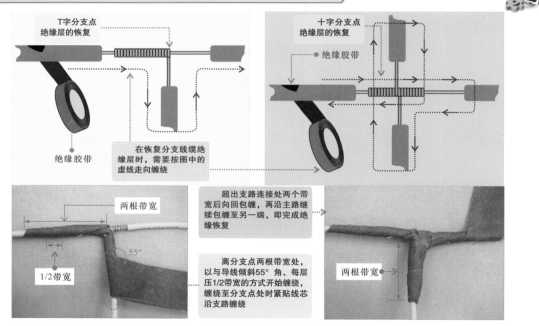

| 提示说明 |

在包裹线缆时，间距应为 1/2 带宽，当胶带包至分支点处时，应紧贴线芯沿支路包裹，超出连接处两个带宽后向回包缠，再沿主路继续包缠至另一端。

第 **7** 章 照明控制线路的安装与维护

7.1 照明线路的特点与控制关系

灯控照明线路是指在自然光线不足的情况下，通过控制部件实现对照明灯具的点亮和熄灭控制。

7.1.1 室内照明控制线路的特点与控制关系

室内照明控制线路是指应用在室内场合，在室内自然光线不足的情况下通过控制开关实现对照明灯具的控制。

图 7-1 为典型室内照明控制线路的构成。

图 7-1 典型室内照明控制线路的构成

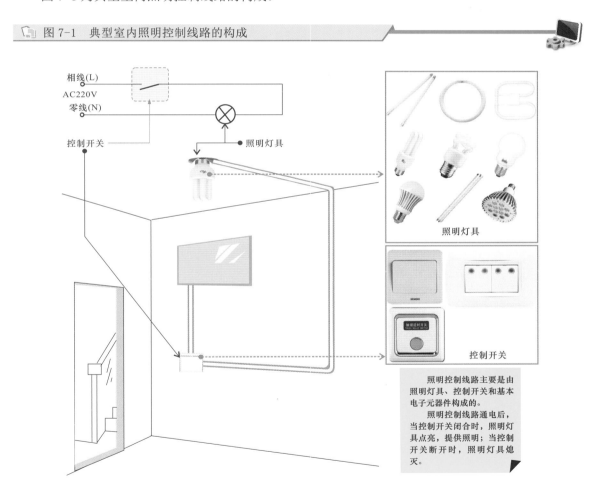

照明控制线路主要是由照明灯具、控制开关和基本电子器件构成的。

照明控制线路通电后，当控制开关闭合时，照明灯具点亮，提供照明；当控制开关断开时，照明灯具熄灭。

室内照明控制线路根据所选用控制部件的不同及线路连接方式的不同，线路的功能多种多样，图 7-2 为异地联控照明控制线路的特点与控制关系。

图 7-2 异地联控照明控制线路的特点与控制关系

扫一扫看视频

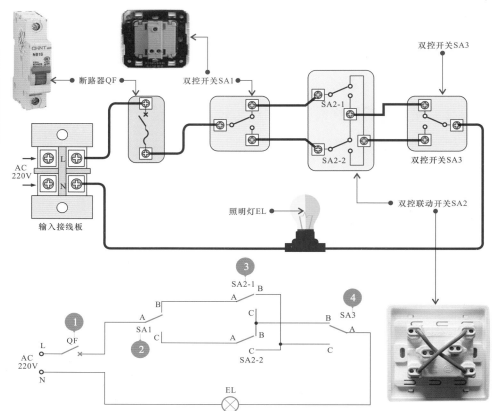

❶ 合上供电线路中的断路器QF，接通交流220V电源，照明灯未点亮时，按下任意开关都可点亮照明灯EL。

❷ 在初始状态下，按下双控开关SA1，触点A、C接通，电源经SA1的A、C触点，SA2-2的A、B触点，SA3的B、A触点后，与照明灯EL形成回路，照明灯点亮。在当前照明灯EL处于点亮的状态下，任意按动SA2或SA3，均可使照明灯EL熄灭。

❸ 在初始状态下，按下双控联动开关SA2，触点A、C接通，电源经双控开关SA1的A、B触点，双控联动开关SA2-1的A、C触点，双控开关SA3的B、A触点后，与照明灯EL形成回路，照明灯点亮。在当前照明灯EL处于点亮的状态下，任意按动SA1或SA3，均可使照明灯EL熄灭。

❹ 在初始状态下，按下双控开关SA3，触点C、A接通，电源经双控开关SA1的A、B触点，双控联动开关SA2-1的A、B触点，双控开关SA3的C、A触点后，与照明灯EL形成回路，照明灯点亮。在当前照明灯EL处于点亮的状态下，任意按动SA1或SA2，均可使照明灯EL熄灭。

图 7-3 为卫生间门控照明控制线路的特点与控制关系。在这种自动控制线路中，当有人开门进入卫生间时照明灯会自动点亮；走出卫生间时，照明灯会自动熄灭。

图 7-3　卫生间门控照明控制线路的特点与控制关系

① 合上断路器QF，接通220V电源。

② 交流220V电压经变压器T进行降压。

③ 降压后的交流电压经整流二极管VD整流和滤波电容器C2滤波后，变为12V左右的直流电压。

　　③-1 +12V的直流电压为双D触发器IC1的D1端供电。

　　③-2 +12V的直流电压为晶体管V的集电极进行供电。

④ 门在关闭时，磁控开关SA处于闭合状态。

⑤ 双D触发器IC1的CP1端为低电平。

③-1 + ⑤ → ⑥ 双D触发器IC1的Q1和Q2端输出低电平。

⑦ 晶体管V和双向晶闸管VT均处于截止状态，照明灯EL不亮。

⑧ 当有人进入卫生间时，门被打开并关闭，磁控开关SA断开后又接通。

⑨ 双D触发器IC1的CP1端产生一个高电平的触发信号，Q1端输出高电平送入CP2端。

⑩ 双D触发器IC1内部受触发而翻转，Q2端也输出高电平。

⑪ 晶体管V导通，为双向晶闸管VT门极提供启动信号，VT导通，照明灯EL点亮。

123

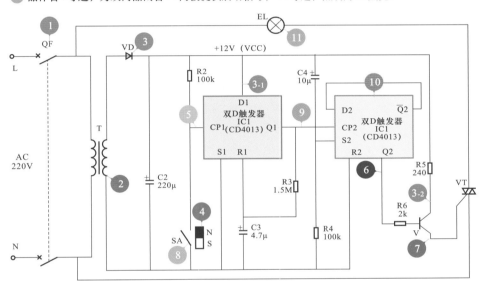

⑫ 当有人走出卫生间时，门被打开并关闭，磁控开关SA断开后又接通。

⑬ 双D触发器IC1的CP1端产生一个高电平的触发信号，Q1端输出高电平送入CP2端。

⑭ 双D触发器IC1内部受触发而翻转，Q2端输出低电平。

⑮ 晶体管V截止，双向晶闸管VT截止，照明灯EL熄灭。

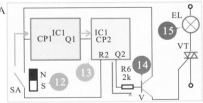

7.1.2　公共照明控制线路的特点与控制关系

公共照明控制线路应用于公共场所，大多依靠自动感应元件触发控制器件等组成触发电路，对照明灯具实现自动控制。

图 7-4 为典型触摸延时照明控制线路的特点及控制关系。

图 7-4 典型触摸延时照明控制线路的特点及控制关系

124

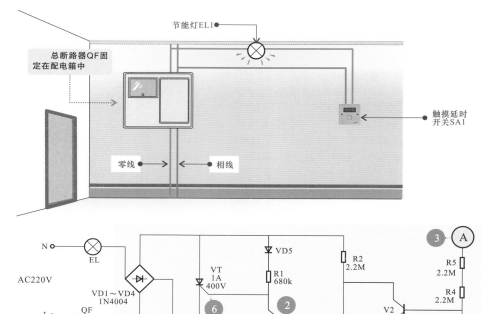

① 合上总断路器QF，接通交流220V电源。电压经桥式整流电路VD1～VD4整流后，输出直流电压为后级电路供电。

② 直流电压经电阻器R2后为电解电容器C充电，充电完成后，为晶体管V1提供导通信号，晶体管V1导通。电压经晶体管V1的集电极、发射极后到地，晶闸管VT无法接收到触发信号，处于截止状态。当晶闸管VT截止时，照明灯供电电路中流过的电流很小，照明灯EL不亮。

③ 当人体碰触触摸开关A时，经电阻器R5、R4将触发信号送到晶体管V2的基极，晶体管V2导通，电解电容器C经晶体管V2放电，此时晶体管V1基极电压因降低而截止。晶闸管VT的门极可收到供电回路的触发信号，晶闸管VT导通。当晶闸管VT导通后，照明灯供电线路形成回路，电流量满足照明灯EL点亮的需求，使其点亮。

④ 当人体离开触摸开关A后，晶体管V2无触发信号，晶体管V2截止，电解电容器C再次充电。由于电阻器R2的阻值较大，导致电解电容器C的充电电流较小，其充电时间较长。

⑤ 在电解电容器C充电完成之前，晶体管V1一直为截止状态，晶闸管VT仍处于导通状态，照明灯EL继续点亮。

⑥ 当电解电容器C充电完成后，晶体管V1导通，晶闸管VT的触发电压降低而截止，照明灯供电电路中的电流再次减小至等待状态，无法使照明灯EL维持点亮，导致照明灯EL熄灭。

　　在公共照明控制线路中，NE555时基集成电路是应用广泛的一种控制器件，它可将送入的信号处理后输出控制线路的整体工作状态，这种控制方式在公共照明控制线路中十分常见。图7-5为路灯照明控制线路的特点及控制关系。

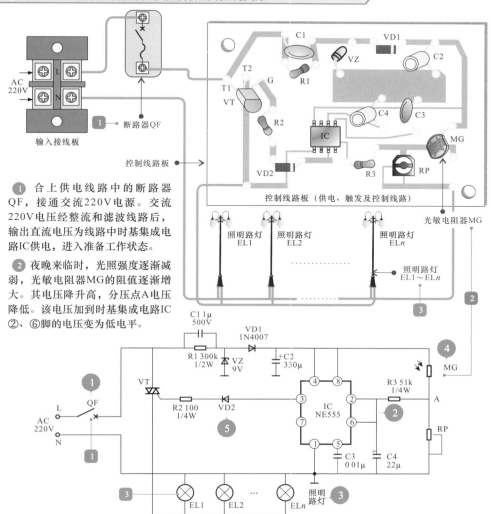

图 7-5　路灯照明控制线路的特点及控制关系

① 合上供电线路中的断路器QF，接通交流220V电源。交流220V电压经整流和滤波线路后，输出直流电压为线路中时基集成电路IC供电，进入准备工作状态。

② 夜晚来临时，光照强度逐渐减弱，光敏电阻器MG的阻值逐渐增大。其电压降升高，分压点A电压降低。该电压加到时基集成电路IC②、⑥脚的电压变为低电平。

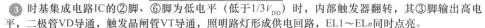

扫一扫看视频

125

③ 时基集成电路IC的②脚、⑥脚为低电平（低于$1/3V_{DD}$）时，内部触发器翻转，其③脚输出高电平，二极管VD导通，触发晶闸管VT导通，照明路灯形成供电回路，EL1～ELn同时点亮。

④ 当第二天黎明来临时，光照强度越来越高，光敏电阻器MG的阻值逐渐减小，光敏电阻器MG分压后加到时基集成电路IC②、⑥脚上的电压又逐渐升高。

⑤ 当IC②脚电压上升至大于$2V_{DD}/3$，⑥脚电压也大于$2V_{DD}/3$时，IC内部触发器再次翻转，IC③脚输出低电平，二极管VD截止，晶闸管VT截止，照明路灯EL1～ELn供电回路被切断，所有照明路灯同时熄灭。

7.2　照明线路的设计安装

7.2.1　照明线路的规划设计

1　室内照明线路的规格设计

在室内照明线路设计时，要根据住户需求和方便使用的原则，设计照明线路的类型。一般卧室要求在进门和床头都能控制照明灯，这种线路应设计成两地控制照明线路；客厅一般设有两盏或多盏照明灯，一般应设计成三方控制照明线路，分别在进门、主卧室门外侧、次卧室门外侧进行控制等。图 7-6 为照明线路类型设计要求。

图 7-6 照明线路类型设计要求

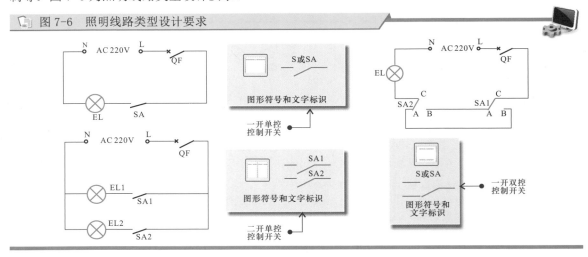

2 路灯照明线路的规格设计

    小区路灯是每个小区必不可少的公共照明设施，主要用来在夜间为小区内的道路提供照明，照明路灯大都设置在小区边界或园区内的道路两侧，为小区提供照明的同时，也美化了小区周围的环境。在设计该类线路时，应重点考虑照明灯具的布置要求和选材要求。除此之外，还需要先考虑路灯数量、放置位置及照明范围，规划施工方案。设计路灯位置时，要充分考虑灯具的光强分布特性，使路面有较高的亮度和均匀度，且尽量限制眩光的产生。

    图 7-7 为小区路灯照明系统的规划设计。

图 7-7 小区路灯照明系统的规划设计

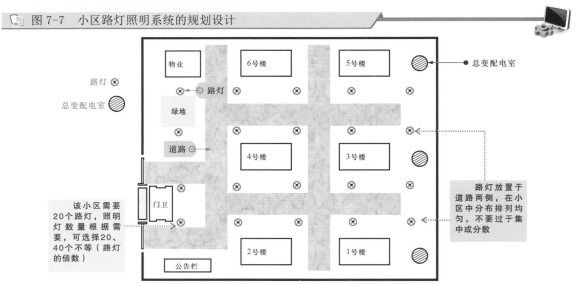

3 楼道公共照明线路的规格设计

    楼道公共照明主要为建筑物内的楼道、走廊等提供照明，方便人员通行。照明灯大都安装在楼道或走廊的中间（空间较大可平均设置多盏照明灯），需要手动控制的开关（触摸开关）通常设置在楼梯口，自动开关（如声控开关）通常设置在照明灯附近。

    图 7-8 为楼道公共灯控照明系统的规划设计。

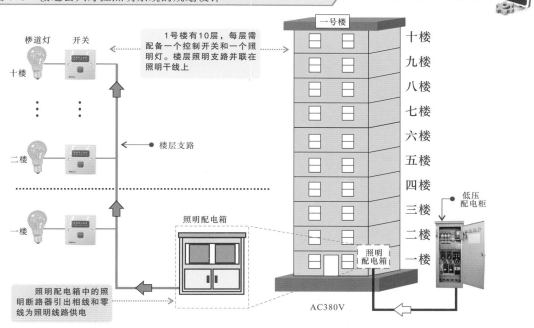

图 7-8　楼道公共灯控照明系统的规划设计

设计楼道公共照明线路，重点应考虑线路的实用性、方便性和节能特性，从线路选材、照明灯具选用和控制方式设计多方面综合考虑。

控制开关用于控制线路的接通或断开，一般选用声控开关（或声光控开关）、人体感应开关和触摸开关等。

7.2.2　室内控制开关的安装

室内控制开关是室内照明线路中的核心控制器件。安装室内控制开关时，应根据其安装形式和设计安装要求进行安装。通常，室内控制开关距离地面的高度应为 1.3m，与门框的距离为 0.15 ～ 0.2m，如果距离过大或过小，都可能会影响使用及美观。

图 7-9 为室内控制开关安装位置和线路的敷设要求。

图 7-9　室内控制开关安装位置和线路的敷设要求

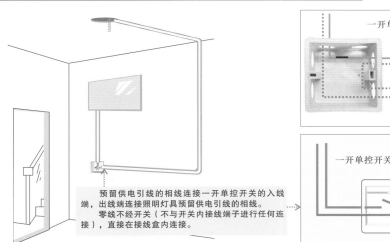

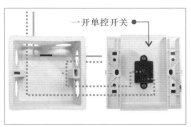

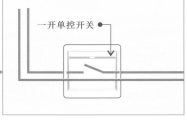

扫一扫看视频

127

明确单控开关的安装方法后，接下来则需逐步完成控制开关的安装，图 7-10 为控制开关的安装技能。

7.2.3　公共控制开关的安装

公共控制开关主要用来控制公共照明灯的工作状态。目前，公共控制开关的种类较多，常见的有智能路灯控制器、光控路灯控制器及太阳能路灯控制器等，这些控制器可实现对公共照明灯的控制。下面就以光控路灯控制开关为例，介绍一下具体的安装方法。图 7-11 为公共控制开关的安装技能。

图 7-10　控制开关的安装技能

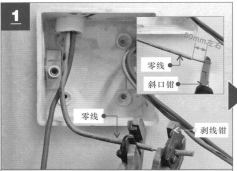

加工接线盒中的供电线缆，借助剥线钳剥除导线的绝缘层，线芯长度为50mm左右，若过长，可将多余部分剪掉。

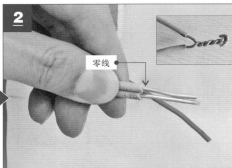

使用尖嘴钳将电源供电零线与照明灯具供电线路中的零线（蓝色）并头连接。

使用绝缘胶带对连接部位进行绝缘处理，不可有裸露的线芯，确保线路安全。

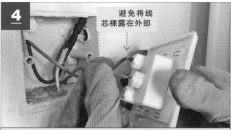

将电源供电端的相线端子穿入单控开关的一根接线柱中（一般先连接入线端，再连接出线端）。

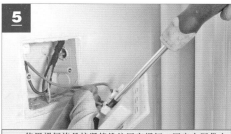

使用螺钉旋具拧紧接线柱固定螺钉，固定电源供电端的相线，导线的连接必须牢固，不可出现松脱情况。

将连接导线适当整理，归纳在接线盒内，并再次确认导线连接是否牢固，无裸露线芯，绝缘处理良好。

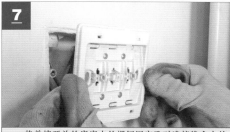

将单控开关的底座中的螺钉固定孔对准接线盒中的螺孔按下。

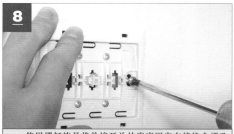

使用螺钉旋具将单控开关的底座固定在接线盒螺孔上，确认底板与墙壁之间紧密。

图 7-10 控制开关的安装技能（续）

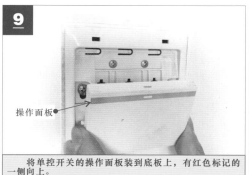

将单控开关的操作面板装到底板上，有红色标记的一侧向上。

将单控开关的护板安装到底板上，卡紧（按下时听到"咔"声）。

图 7-11 公共控制开关的安装技能

安装照明控制开关时，应先认识输入、输出及其他主要接线部件

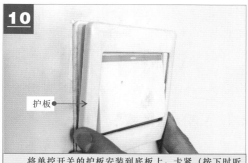

使用固定螺钉将照明控制开关固定在控制箱中，并确保其周围有足够的空间使其散热

根据控制开关表面的连接示意图，确定具体导线的连接方法，即左侧两个引脚为供电端，右侧两个引脚为负载端（照明灯），探头线需要连接在侧面的插孔中，用于检测户外光线的亮暗

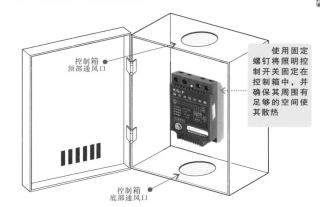

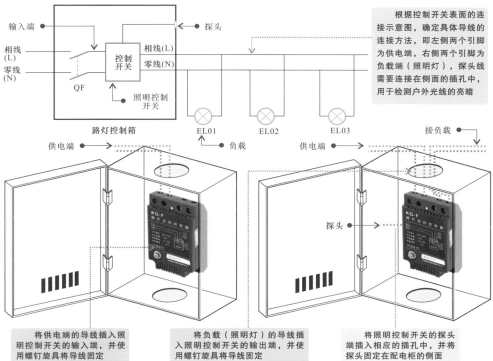

将供电端的导线插入照明控制开关的输入端，并使用螺钉旋具将导线固定

将负载（照明灯）的导线插入照明控制开关的输出端，并使用螺钉旋具将导线固定

将照明控制开关的探头端插入相应的插孔中，并将探头固定在配电柜的侧面

7.2.4 吸顶灯的安装

　　灯具中的吸顶灯是目前室内照明控制线路中应用最多的一种照明灯具，内设节能灯管，具有节能、美观等特点。下面以吸顶灯为例讲述灯具的安装技能。

　　吸顶灯的安装与接线操作比较简单，可先将吸顶灯的面罩、灯管和底座拆开，然后将底座固定在屋顶上，将屋顶预留的相线和零线与灯座上的连接端子连接，重装灯管和面罩即可。图 7-12 为吸顶灯的安装方法。

7.2.5 LED 灯的安装

　　LED 灯是指由 LED（半导体发光二极管）构成的照明灯具。目前，LED 照明灯是继紧凑型荧光灯（普通节能灯）后的新一代照明光源。

　　LED 灯安装比较简单。以 LED 荧光灯为例，一般直接将 LED 荧光灯接线端与交流 220V 照明控制线路（经控制开关）预留的相线和零线连接即可，如图 7-13 所示。

图 7-12　吸顶灯的安装方法

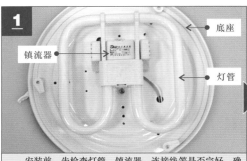

安装前，先检查灯管、镇流器、连接线等是否完好，确保无破损的情况。

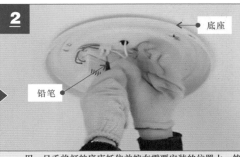

用一只手将灯的底座托住并按在需要安装的位置上，然后用铅笔插入螺钉孔，画出螺钉的位置。

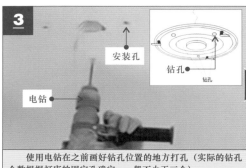

使用电钻在之前画好钻孔位置的地方打孔（实际的钻孔个数根据灯座的固定孔确定，一般不少于三个）。

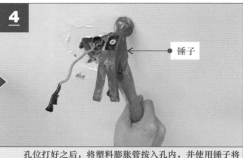

孔位打好之后，将塑料膨胀管按入孔内，并使用锤子将塑料膨胀管固定在墙面上。

将预留的导线穿过电线孔，使底座放在之前的位置，螺钉孔位要对上。

用螺钉旋具把一个螺钉拧入空位，不要拧过紧，固定后检查安装位置并适当调节，确定好后将其余的螺钉拧好。

图 7-12 吸顶灯的安装方法（续）

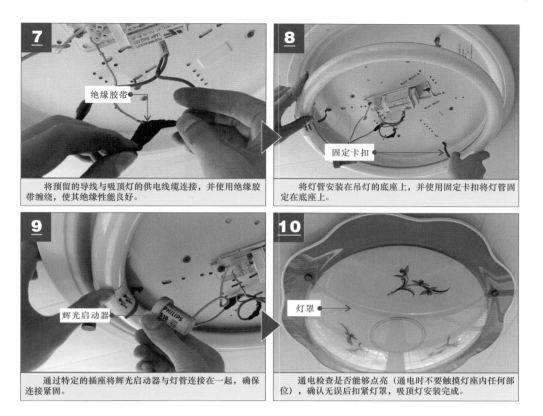

7

将预留的导线与吸顶灯的供电线缆连接，并使用绝缘胶带缠绕，使其绝缘性能良好。

8

将灯管安装在吊灯的底座上，并使用固定卡扣将灯管固定在底座上。

9

通过特定的插座将辉光启动器与灯管连接在一起，确保连接紧固。

10

通电检查是否能够点亮（通电时不要触摸灯座内任何部位），确认无误后扣紧灯罩，吸顶灯安装完成。

图 7-13 LED 荧光灯的安装形式

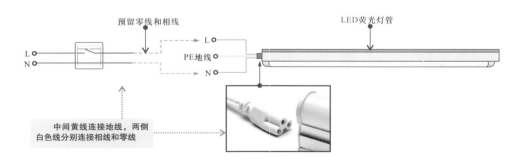

图 7-14 为 LED 荧光灯的具体安装步骤。

图 7-14　LED 荧光灯的具体安装步骤

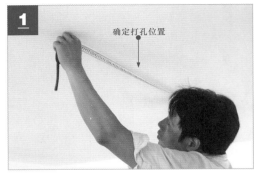

确定打孔位置

钻孔

预留零线和相线

冲击钻

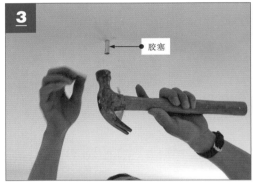

胶塞

固定夹子

木牙螺钉

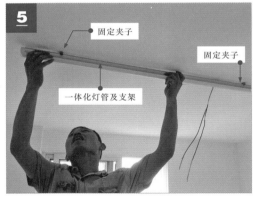

固定夹子

固定夹子

一体化灯管及支架

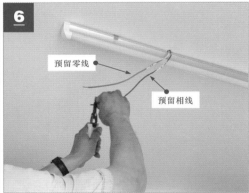

预留零线

预留相线

1　在天花板上量出安装打孔位置（孔距要小于灯管支架长度）。
2　用冲击钻在选定的位置上钻两个固定孔位。
3　在钻好孔的位置敲入胶塞。
4　用木牙螺钉把安装支架用的固定夹子锁紧在塞好胶塞的孔位上。
5　把一体化灯管及支架扣到固定夹上扣紧，用力均匀，听到"咔"声，表明已经卡入固定夹内。
6　把一体化灯管及支架配套的三孔插头的三条线及天花板预留相线、零线进行绝缘层剥削和处理。

图 7-14 LED 荧光灯的具体安装步骤（续）

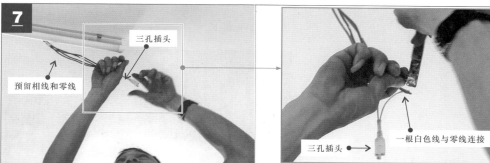

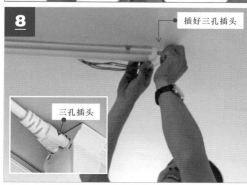

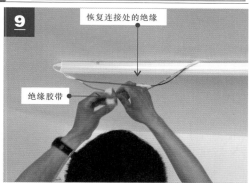

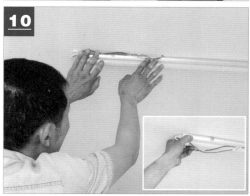

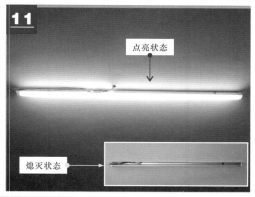

7 把三孔插头的三条线分别对应接到预留的相线L、零线N和地线上（一体化灯管及支架三孔插头中间黄色线为地线，地线绝对不能与预留相线或零线连接；若无预留地线可不接；三孔插头两侧白色线分别与相线L、零线N连接即可）。

8 将三孔插头插入到一体化灯管及支架的连接端，灯管另一端塞入防触电堵头盖子。

9 用绝缘胶带将三孔插头线与预留相线、零线的连接处进行严格的绝缘恢复处理。

10 整理连接线，使其贴到灯架附近，避免线路过长悬吊影响美观；晃动灯架，确保固定牢固可靠。

11 确保LED荧光灯连接无误、固定牢固，且工作人员均已离开作业现场后，通电检查，LED灯亮，安装完成。

7.2.6 路灯的安装

　　安装公共照明灯具时，应尽量使线路短直、安全、稳定、可靠，便于以后的维修，要严格按照照度及亮度的标准及设备的标准安装。在安装路灯照明系统前，应选择合适的路灯、线缆，通常需要考虑灯具的光线分布，以方便路面有较高的亮度和均匀度，并应尽量限制眩光的产生。

下面以典型路灯为例介绍具体的安装方法，路灯的安装可大致分为 3 步：线缆的敷设、灯杆的安装、灯具的安装。图 7-15 为路灯的安装方法。

图 7-15　路灯的安装方法

安装灯杆之前，应根据需要选择合适的灯杆，通常灯杆的高度可选择为5m，路灯之间的距离为25m左右，可根据道路路型的复杂程度，使路口多、分叉多的地方有较好的视觉指导作用，在主次干道采用的均为对称排列

灯杆安装固定完成后，就需要对照明灯具和灯罩进行安装了，首先将选择好的照明灯固定在灯杆上，然后将灯罩固定在灯杆上，并检查是否端正、牢固，避免松动、歪斜的现象

将线缆引入灯杆中，将灯杆直立安装在预留的位置并进行固定

将公共照明灯具的灯罩安装在灯杆上，完成灯具的安装操作

将线缆引入灯杆，将灯杆埋在地下适当深度，并固定牢固，最后将供电线缆与灯线接好

7.3　照明线路的检修调试

7.3.1　室内照明线路的检修调试

室内照明线路设计、安装和连接完成后，需要对线路进行调试，若线路照明控制部件的控制功能、照明灯具点亮与熄灭状态等都正常，则说明室内照明线路正常，可投入使用。若调试中发现故障，则应检修该线路。

1　调试线路

线路安装完成后，首先根据电路图、接线图逐级检查线路有无错接、漏接等情况，并逐一检查各控制开关的开关动作是否灵活，控制线路状态是否正常，对出现异常部位进行调整，使其达到最佳工作状态。

图 7-16 为室内照明线路的调试。

图 7-16 室内照明线路的调试

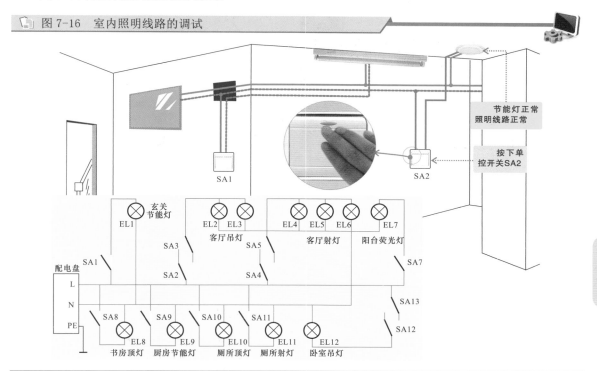

节能灯正常
照明线路正常

按下单
控制开关SA2

| 提示说明 |

调试线路分为断电调试和通电调试两个方面。通过调试确保线路能够完全按照设计要求实现控制功能，并正常工作。在断电状态下，可对控制开关、照明灯具等直接检查；在通电状态下，可通过对控制开关的调试，判断线路中各照明灯的点亮状态是否正常，具体调试方法见表 7-1。

表 7-1 室内照明线路调试时的状态

断电调试	通电调试			
	闭合室内配电盘中的照明断路器，接通电源			
按动照明线路中各控制开关，检查开关动作是否灵活	按动SA1	闭合EL1亮；断开EL1灭	按动SA8	闭合EL8亮；断开EL8灭
	按动SA2	初始EL2、EL3亮，按动后灯灭	按动SA9	闭合EL9亮；断开EL9灭
	按动SA3	初始EL2、EL3灭，按动后灯亮	按动SA10	闭合EL10亮；断开EL10灭
观察照明灯具安装是否到位，固定是否牢靠	按动SA4	初始EL4、EL5、EL6亮，按动后灯灭	按动SA11	闭合EL11亮；断开EL11灭
	按动SA5	初始EL4、EL5、EL6灭，按动后灯亮	按动SA12	初始EL12亮，按动后灯灭
	按动SA7	闭合EL7亮；断开EL7灭	按动SA13	初始EL12灭，按动后灯亮

2 线路检修

当操作照明线路中的单控开关 SA8 闭合时，由其控制的书房顶灯 EL8 不亮，怀疑该照明线路存在异常情况，断电后检查照明灯具无明显损坏情况，采用替换法更换顶灯内的节能灯管、辉光启动器等均无法排除故障，怀疑控制开关损坏，可借助万用表检测控制开关。图 7-17 为室内照明线路的检修。

图 7-17　室内照明线路的检修

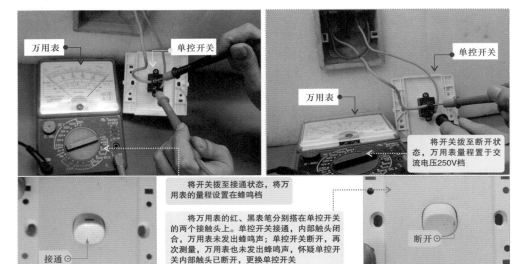

- 万用表
- 单控开关
- 单控开关
- 万用表
- 将开关拨至断开状态，万用表量程置于交流电压250V档

将开关拨至接通状态，将万用表的量程设置在蜂鸣档

将万用表的红、黑表笔分别搭在单控开关的两个接触点上。单控开关接通，内部触头闭合，万用表未发出蜂鸣声；单控开关断开，再次测量，万用表也未发出蜂鸣声，怀疑单控开关内部触头已断开，更换单控开关

- 接通
- 断开

| 提示说明 |

　　将单控开关从墙上卸下，切断该线路总电源，使用万用表蜂鸣档或断开连接使用电阻档测量开关内触头的通、断。正常情况下，单控开关处于接通状态时，万用表蜂鸣器应发出蜂鸣声。

　　当单控开关处于断开状态时，内部触头断开，万用表蜂鸣器不响。

　　实际检测单控开关闭合状态下，内部触头无法接通（阻值为无穷大），说明该单控开关内的触头出现故障，使用同规格的单控开关进行更换即可排除故障。

7.3.2　公共照明线路的检修调试

　　公共照明线路设计、安装和连接完成后，需要对线路进行调试，若线路各部件动作、控制功能等都正常，则说明公共灯控照明系统正常，可投入使用。若调试中发现故障，则应检修该控制线路。下面以典型小区公共照明系统为例进行调试与检修操作。

1　调试线路

　　线路安装完成后，首先根据电路图、接线图逐级检查电路的连接情况，有无错接、漏接，并根据小区公共照明线路的功能逐一检查各组成部件自身功能是否正常，并调整出现异常的部位，使其达到最佳工作状态。

　　图 7-18 为典型小区公共照明线路的调试。

2　线路检修

　　检查小区公共照明线路中的照明路灯，若全部无法点亮，应当检查主供电线路是否有故障；当主供电线路正常时，应当查看路灯控制器是否有故障；若路灯控制器正常，应当检查断路器是否正常；当路灯控制器和断路器都正常时，应检查供电线路是否有故障；若照明支路中有一盏照明路灯无法点亮时，应当查看该照明路灯是否发生故障；若照明路灯正常，应检查支路供电线路是否正常；若线路有故障，应更换线路。

图 7-18 典型小区公共照明线路的调试

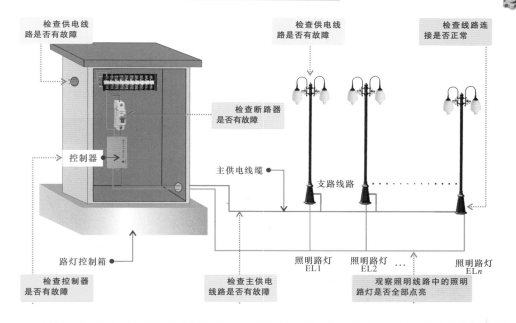

检查主供电线路，可以使用万用表在照明路灯 EL3 处检查线路中的电压，若无电压，则说明主供电线缆有故障。使用万用表的交流电压档检测照明路灯支路供电线路上的电压。图 7-19 为典型小区公共照明线路的检修。

图 7-19 典型小区公共照明线路的检修

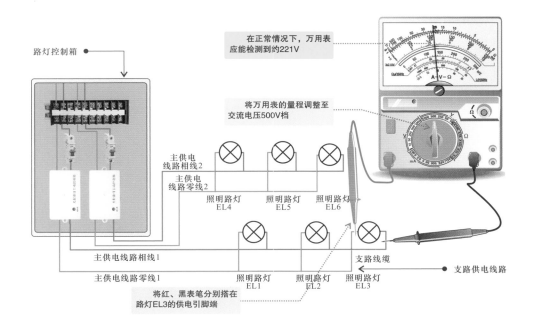

3 更换损坏部件

在调试过程中，若发现小区供电线路正常，但路灯仍无法点亮，则多为路灯本身异常，需要对路灯进行检查，更换相同型号的路灯灯泡即可排除故障。

图 7-20 为更换照明系统中的灯泡。

图 7-20　更换照明系统中的灯泡

怀疑损坏的路灯

维修人员检查路灯的外观及连接

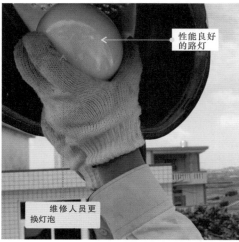

性能良好的路灯

维修人员更换灯泡

第 **8** 章　供配电线路的安装与维护

8.1　供配电线路的特点与控制关系

供配电线路用于提供、分配和传输电能。通常按其所承载电能类型的不同可分为高压供配电线路和低压供配电线路两种。

8.1.1　高压供配电线路的特点与控制关系

高压供配电线路是指 6 ～ 10kV 的供电和配电线路，主要实现将电力系统中 35 ～ 110kV 供电电压降为 6 ～ 10kV 的高压配电电压，供给高压配电所、车间变电所及高压用电设备等使用。

图 8-1 为典型高压供配电线路的特点与控制关系。

图 8-1　典型高压供配电线路的特点与控制关系

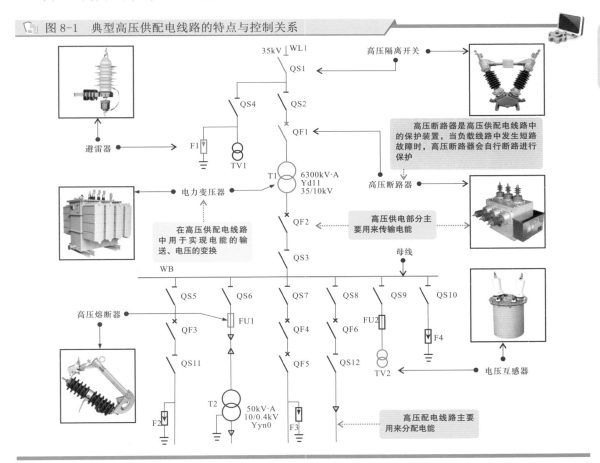

提示说明	

供配电线路作为一种传输、分配电能的电路，与一般的电工电路有所区别。在通常情况下，供配电线路的连接关系比较简单，线路中电压或电流传输的方向也比较单一，基本上都是按照顺序关系从上到下或从左到右传输，且大部分组成部件只是简单地实现接通与断开两种状态，没有复杂的变换、控制和信号处理电路。

8.1.2 低压供配电线路的特点与控制关系

低压供配电线路是指 380V/220V 的供电和配电线路，主要实现交流低压的传输和分配。低压供配电线路主要由各种低压供配电器件和设备按照一定的控制关系连接构成。图 8-2 为低压供配电线路的结构特点。

📄 图 8-2 低压供配电线路的结构特点

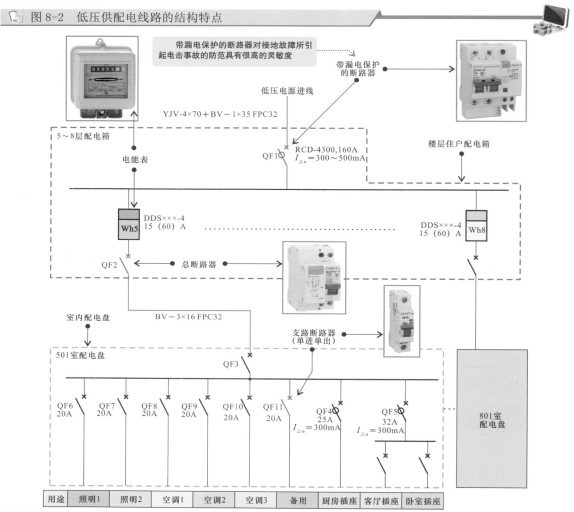

8.2 供配电线路的设计安装

8.2.1 供配电线路的规划设计

供配电系统规划方案的制订主要根据总体设计方案对供配电系统的配电方式、系统用电负荷、接线方式、布线方式、供配电器材的选配和安装等具体工作进行细化，以便于指导电工操作人员施工作业。下面以楼宇供配电系统为例进行具体介绍。

1 选择配电方式

不同的楼宇结构和用电特性会导致配电方式有所差异，因此在配电前，应先根据楼宇的结构和用电特性选择适合的配电方式，如图 8-3~ 图 8-5 所示。

图 8-3 多层建筑物结构的典型配电方式

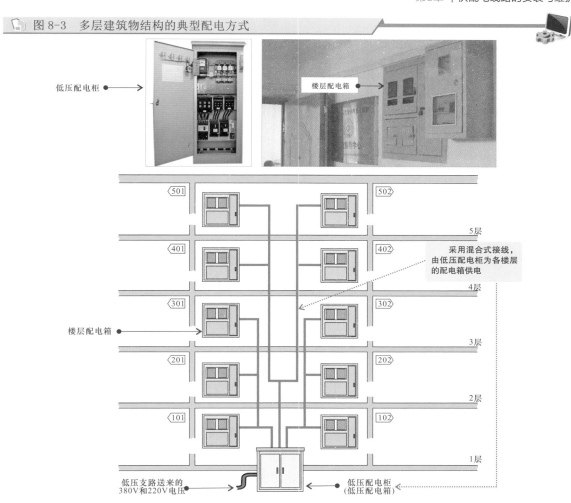

图 8-4 多单元住宅楼的典型配电方式

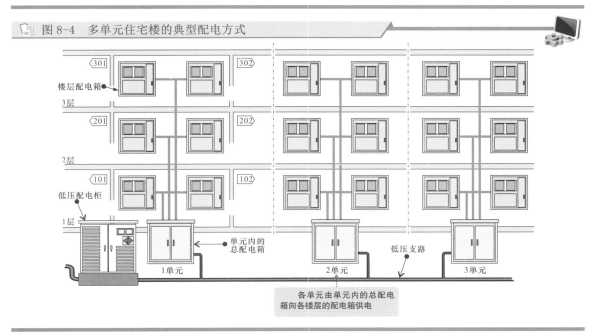

图 8-5　高层建筑物的典型配电方式

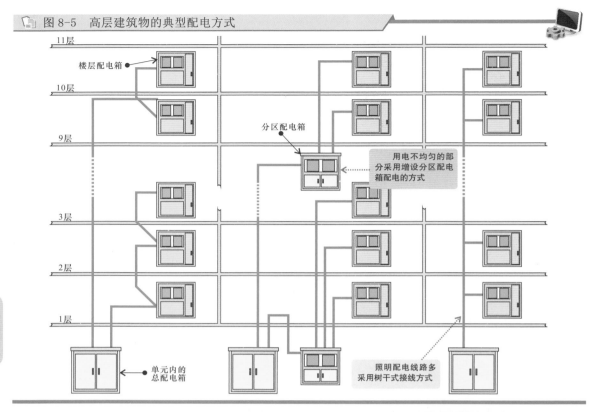

| 提示说明 |

在实际配电时，配电线路的连接方式主要分为放射式、树干式、混合式和链式四种。很少有单独使用基本接线方式的，大多根据实际需求综合运用各种连接方式，如图 8-6 所示。

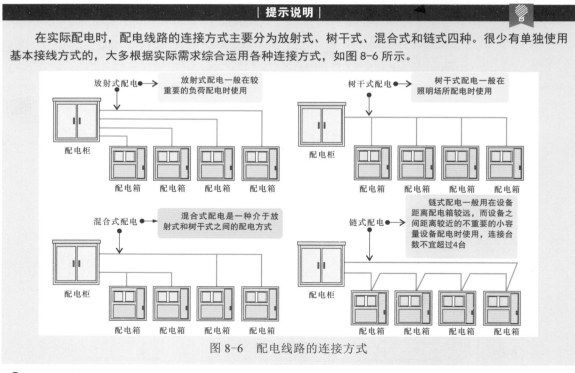

图 8-6　配电线路的连接方式

2　系统用电负荷的计算

在设计规划楼宇供配电系统时，需要计算建筑物的用电负荷，以便选配适合的供配电器件和线缆。

图 8-7 为楼宇供配电系统用电负荷的计算示意图。

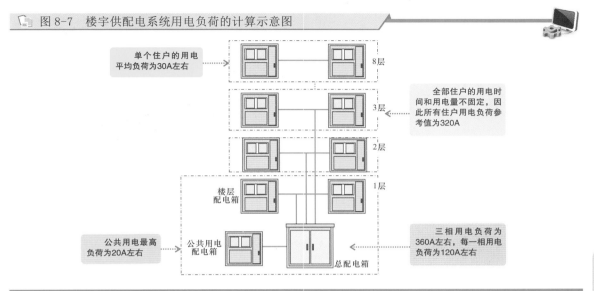

图 8-7 楼宇供配电系统用电负荷的计算示意图

3 供配电器件及线缆的选配

楼宇供配电系统中的供配电器件主要有配电箱、配电盘、电能表、断路器及供电线缆。在实际应用中，需要根据实际的用电量情况，结合电能表、断路器及供电线缆的主要参数选配。图 8-8 为配电箱的选配。

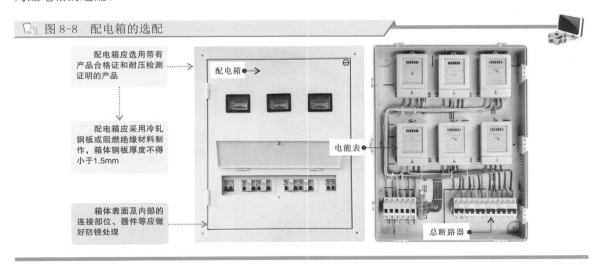

图 8-8 配电箱的选配

配电盘是集中、切换、分配电能的设备。配电盘应选用带有产品合格证的产品，应具有一定的机械强度和耐压能力。配电盘内必须分设 N 线端子板和 PE 线端子板。图 8-9 为配电盘的实物外形。

断路器应选择质量合格、品牌优良的产品，额定电流一定要大于所对应线路的总电流。总配电箱中的断路器应选用三相断路器；楼层配电箱和配电盘中的总断路器一般选用双进双出的断路器（32 A）；支路中需要实现漏电保护的线路（如卫生间供电线路，因环境潮湿需要漏电保护）一般选用带漏电保护功能的双进双出断路器；支路断路器选用单进单出的断路器（10A）即可。

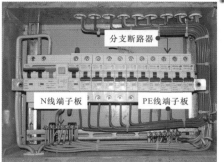

图 8-9　配电盘的实物外形

配电盘

照明　總開關 ZONG KAI GUAN

配电盘应选用带有产品合格证的产品，应具有一定的机械强度和耐压能力

分支断路器

N线端子板　PE线端子板

配电盘内分设N线端子板和PE线端子板

如图 8-10 所示，选配断路器时，可根据计算公式计算出需要选用断路器的电流大小。根据供电分配原则，要求每一个用电支路选配一个断路器。

图 8-10　断路器的选配

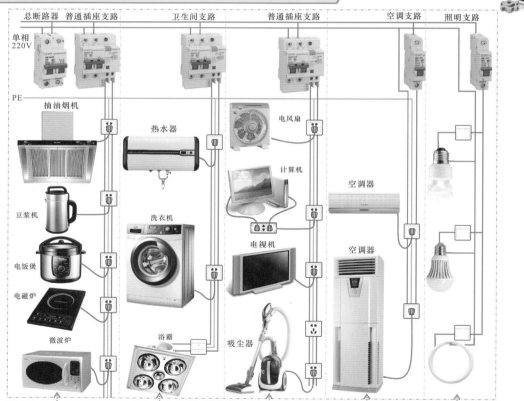

总断路器　普通插座支路　卫生间支路　普通插座支路　空调支路　照明支路

单相 220V

PE

抽油烟机　热水器　电风扇　计算机　空调器
豆浆机　洗衣机　电视机　空调器
电饭煲
电磁炉　浴霸　吸尘器
微波炉

厨房支路是专门给厨房中的电器设备（电冰箱、电磁炉、微波炉、抽油烟机）供电的支路。估计总用电功率约为3000W。按照计算公式：I=P/U =3000W/220V≈14A。一般选用16A（≥14A）双进双出带漏电保护的断路器

卫生间支路是专门给卫生间中的电器设备（洗衣机、热水器、浴霸）供电的支路。估计总用电功率为1500～3500W。I=P/U=3500W/220V≈16A。一般选用≥16A双进双出带漏电保护的断路器

插座支路主要包括室内所有的用于连接小功率家用电器（电视机、计算机、吸尘器、饮水机、充电器、组合音响、台灯等）的插座。估计总用电功率为1000～2500W。I=P/U=2500W/220V≈10A。一般可选用16A双进双出带漏电保护功能的断路器

空调支路是专门给空调器供电的支路。空调器为大功率家用电器，估计总用电功率为2000～4000W。I=P/U=4000W/220V≈18A。一般选用20A单进单出断路器

照明支路包括所有的照明灯具，如8～10只节能灯（4～25W）、吊灯（40～100W）、吊扇灯（25～125W）等，估计总用电功率为100～425W。I=P/U=425W/220V≈2A，一般选用10A的单进单出断路器

| 提示说明 |

选配总断路器的额定电流应大于分支断路器总电流×实用系数，即（16+16+16+20）A×（60%～70%）≈40.8～47.6A，实际应选大于47.6A的总断路器。

除了根据电器功率计算选配外，还可以根据所连接线路的线材进行配比，1.5mm² 电线配 10A 的断路器；2.5mm² 电线配 16A 的断路器；4mm² 电线配 20A 的断路器。为避免因市电电压不稳定、线路设计不当导致断路器频繁跳闸，可提高断路器与电线的配比。一般选择高配方式：1.5mm² 电线配 16A 的断路器；2.5mm² 电线配 20A 的断路器；4mm² 电线配 25A 的断路器。

断路器通常以字母"D"开头，并与不同字母和数字组合构成整个型号命名。断路器的规格参数可通过型号标识来识别，如图 8-11 所示。

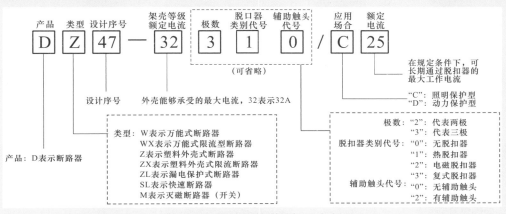

图 8-11　断路器的型号标识含义

电能表的选用需要根据用电产品的多少来判断。若用电产品较多，总功率很大，则需要选用高额定电流的电能表，选用电能表的最大额定电流要大于总断路器的额定电流。图 8-12 为电能表的选配。根据用电负荷计算，电能表可选用 15（60）A 的规格。

图 8-12　电能表的选配

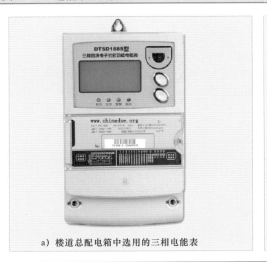

a）楼道总配电箱中选用的三相电能表　　　　b）楼层配电箱中选用的单相电能表

配电线缆应选择载流量大于等于实际电流量的绝缘线，一般可选择 10mm² 的绝缘线作为总配电箱及干线线缆，8mm² 作为楼层配电箱线缆，室内支路使用 4 mm² 或 6mm² 的线缆，护管的直径为 25mm。整个工程中相线、零线线缆的颜色应统一，相线 L1 为黄色，相线 L2 为绿色，相线 L3 为红色，零线 N 为蓝色，地线 PE 为黄绿色，单相供电中的相线为红色，零线依然为蓝色。

图 8-13 为供配电线路中常用绝缘线缆和线管的实物外形。

图 8-13 线缆和线管的实物外形

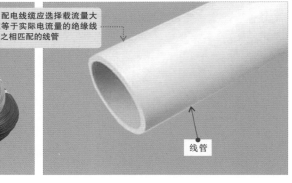

绝缘铜芯线

配电线缆应选择载流量大于或等于实际电流量的绝缘线及与之相匹配的线管

线管

| 提示说明 |

在选用供电线材时，应根据使用环境的不同，选用合适横截面积的导线，否则，若横截面积过大，将增加有色金属的消耗量；若横截面积过小，则线路在运行过程中，不仅会产生过大的电压损失，还会使导线接头处因过热而引起断路的故障。

在选用强电线材的横截面积时，可以按允许电压的损失来选择，电流通过导线时会产生电压损失，各种用电设备都规定允许电压损失范围。一般规定，端电压与额定电压不得相差 ±5%，按允许电压损失选择导线横截面积时可按下式计算，即

$$S = \frac{PL}{\gamma \Delta U_r U_N^2} \times 100 \ (mm^2)$$

式中，S 表示导线的横截面积（mm^2）；P 表示通过线路的有功功率（kW）；L 表示线路的长度；γ 表示导线材料的电导率，铜导线为 $58 \times 10^{-6}[1/(\Omega \cdot m)]$、铝导线为 $35 \times 10^{-6}[1/(\Omega \cdot m)]$；$\Delta U_r$ 表示允许电压损失中的电阻分量（%）；U_N 表示线路的额定电压（kV）。

$\Delta U_r = \Delta U - \Delta U_x = \Delta U_x - Q X/10U_{2N}$。$\Delta U$ 表示允许电压损失（%），一般为 ±5%；ΔU_x 表示允许电压损失中的电抗分量（%）；Q 表示无功功率（kvar）；X 表示电抗（Ω）。

不同横截面积导线承载电流的能力不同，即载流量不同。导线横截面积的选择依据承载用电设备总电流（本线路所有常用电器最大功率之和 ÷220V= 总电流）的大小。不同横截面积铜芯导线的载流量见表 8-1。

表 8-1 不同横截面积铜芯导线的载流量

横截面积/mm^2	直径/mm	安全载流量/A	允许长期电流/A
2.5	1.78	28	16～25
4	2.25	35	25～32
6	2.77	48	32～40

8.2.2 楼道总配电箱的安装

楼道总配电箱的安装做好规划后，便可以动手安装配电箱了，如图 8-14 所示。

图 8-14 楼道总配电箱的安装

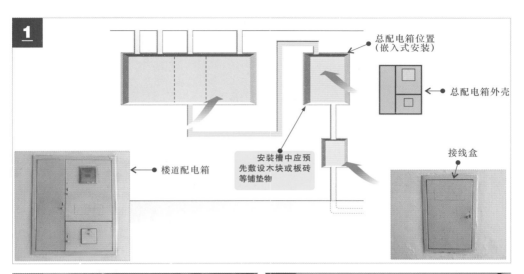

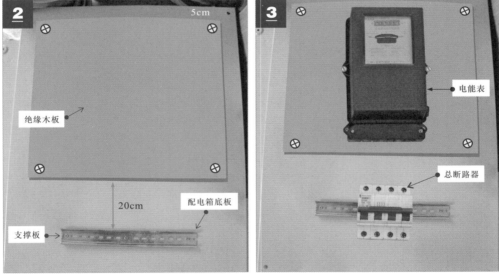

1 三相供电的干线敷设好后，将总配电箱和接线盒放置到安装槽中，放入后，应保证安装稳固，无倾斜、松动等现象。

2 在配电箱底板上安装绝缘木板（电能表用）和支撑板。

3 将三相电能表和总断路器分别安装到绝缘木板和支撑板上。

图 8-14　楼道总配电箱的安装（续）

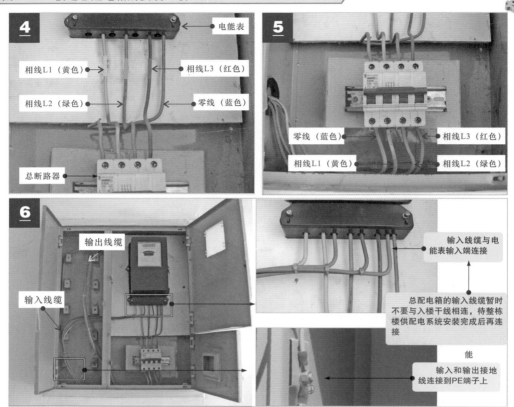

4 将绝缘硬线的相线（L1、L2、L3）、零线（N）按照电能表和总断路器上的标识连接。

5 将输出相线（L1、L2、L3）、零线（N）按照标识连接到断路器中固定。

6 将输入线缆按照标识连接到电能表的输入端子上固定，然后将总配电箱中的输入和输出接地线固定到PE端子上。

8.2.3　楼层配电箱的安装

楼层配电箱的安装做好规划后，便可以动手安装配电箱了。同样需要先将配电箱箱体嵌放到开好的槽中，然后将预留的供配电线缆引入配电箱中，为安装用户电能表和断路器做好准备。

楼层配电箱箱体的嵌放操作这里不再介绍，以电能表的安装和接线为重点进行操作演示。图 8-15 为楼层配电箱中待安装电能表的实物外形。根据电能表上的标识，确认电能表参数符合安装要求；明确电能表的接线端子功能，为接线做好准备。

由于待安装电能表为单相电子式预付费式电能表，为了方便用户插卡操作，需要确保电能表卡槽靠近配电箱箱门的观察窗附近，根据配电深度和电能表厚度比较，需要适当增加底板厚度，一般可在底板上加装木条，如图 8-16 所示。

配电箱中绝缘底板处理完成后，将电能表放到底板上，关闭配电箱箱门，确定电能表插卡槽位置可方便插拔电卡后，固定电能表，如图 8-17 所示。

电能表固定好后，需要将电能表与用户总断路器连接。按照"1、3 进，2、4 出"的接线原则，将电能表第 1、3 接线端子分别连接入户线的相线和零线；将第 2、4 接线端子分别连接总短路器的零线和相线接线端，如图 8-18 所示。

图 8-15 待安装电能表的实物外形（单相电子式预付费式电能表）

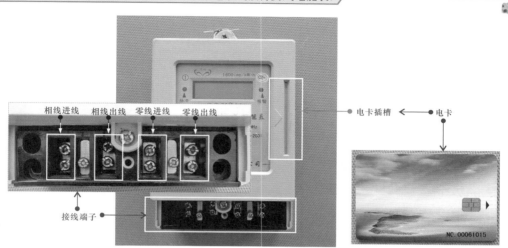

相线进线　相线出线　零线进线　零线出线

接线端子

电卡插槽 ◄── 电卡

NC. 00061015

图 8-16 配电箱中绝缘底板的处理

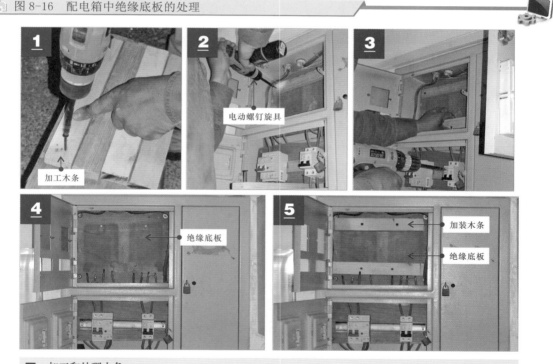

1 加工木条

电动螺钉旋具

2

3

4 绝缘底板

5 加装木条

绝缘底板

1 加工和处理木条。

2 在绝缘底板上加装木条。

3 根据待安装电能表尺寸加装底部木条。

4 配电箱中绝缘底板加工处理前的状态。

5 配电箱中绝缘底板加装木条后的状态。

图 8-17　电能表的安装

  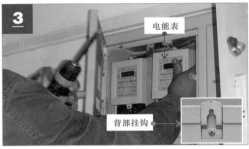 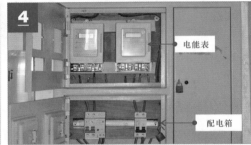

1 将电能表放到绝缘底板上，背部固定挂钩挂到固定螺栓上。

2 关闭配电箱门，根据箱门窗口位置调整电能表的位置。

3 将电能表固定到确定好的位置上（背部挂钩挂到固定螺栓上）。

4 固定完成的电能表。

图 8-18　电能表与断路器的接线方法

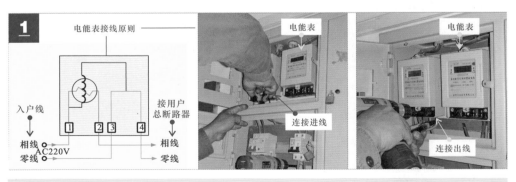

1 根据电能表"1、3进，2、4出的原则"连接电能表与入户线、电能表与用户总断路器之间的连接线。

图 8-18 电能表与断路器的接线方法（续）

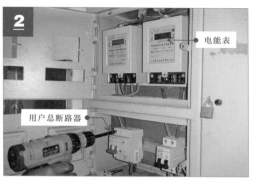

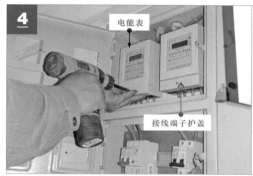

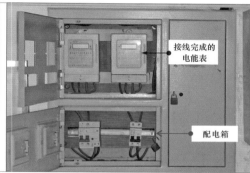

151

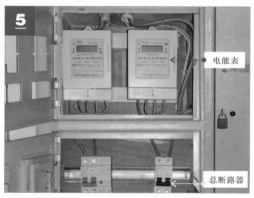

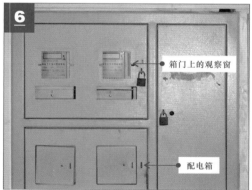

2 电能表出线端与用户总断路器入线端子连接。

3 采用同样的接线方法连接住户2的电能表。

4 安装电能表接线端子护盖。

5 检查接线位置，确保接线无误，检查电能表固定牢固可靠。

6 关闭配电箱箱门，检查电能表正常。至此，电能表安装完成。

8.2.4 用户配电盘的安装

入户配电盘用于分配家庭的用电支路，使不同支路用电均衡，且各支路得以独立控制，方便使用和线路维护。在动手安装配电盘之前，首先需要根据配电盘的施工方案，了解配电盘的安装位置和线路的走向，如图 8-19 所示。

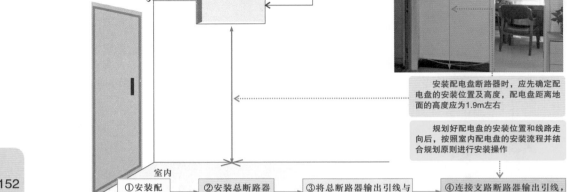

图 8-19 配电盘的安装要求

将室外线缆送到室内配电盘处，再将配电盘外壳放置到预先设计好的安装槽中，如图 8-20 所示。

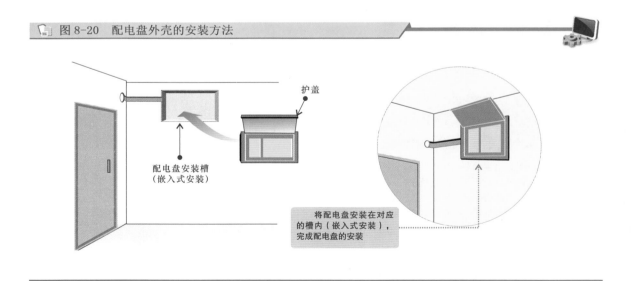

图 8-20 配电盘外壳的安装方法

支路断路器选配完成后，将选配好的支路断路器安装到配电盘内。一般为了便于控制，在配电盘中还安装有一只总断路器（一般可选带漏电保护的断路器），用于实现室内供配电线路的总控制功能。配电盘内的断路器全部安装完成后，按照"左零右相"原则连接供电线路，最终完成配电盘的安装，如图 8-21 所示。

图 8-21 配电盘的安装与接线

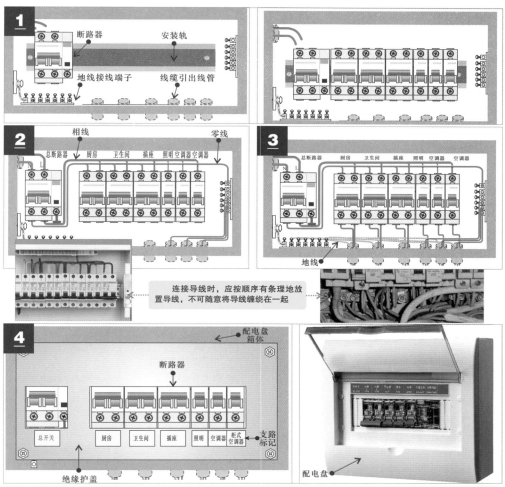

连接导线时，应按顺序有条理地放置导线，不可随意将导线缠绕在一起

1 将选配好的总断路器、支路断路器安装到配电盘内安装轨上固定牢固。

2 从总断路器出线端引出相线和零线，分别接到支路断路器和零线接线柱上，完成支路断路器入线端的安装。

3 从支路断路器出线端分别引出相线、零线，从接地端子上引出地线，相线、零线、地线引出到线管中。

4 将配电盘的绝缘护盖安装在配电盘箱体上，并在护盖下部标记各支路控制功能的名称，方便用户操作、控制和后期调试、维修。至此，完成家庭配电盘的安装连接操作。

8.3 供配电线路的检修调试

供配电线路出现异常会影响到整个线路的供电，在检修调试供配电线路之前，要做好供配电线路的故障分析。

8.3.1 高压供配电线路的检修调试

如图 8-22 所示，当高压供配电线路出现故障时，需要先通过故障现象分析整个高压供配电线路，缩小故障范围，锁定故障器件。

图 8-22　高压供配电线路的故障分析

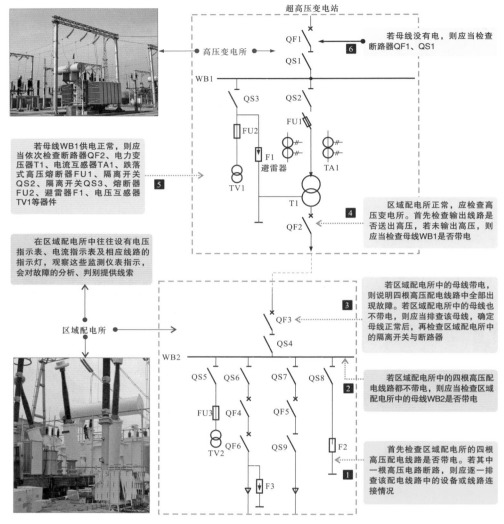

超高压变电站

高压变电所

WB1

若母线没有电，则应当检查断路器QF1、QS1　6

若母线WB1供电正常，则应当依次检查断路器QF2、电力变压器T1、电流互感器TA1、跌落式高压熔断器FU1、隔离开关QS2、隔离开关QS3、熔断器FU2、避雷器F1、电压互感器TV1等器件　5

区域配电所正常，应检查高压变电所。首先检查输出线路是否送出高压，若未输出高压，则应当检查母线WB1是否带电　4

在区域配电所中往往设有电压指示表、电流指示表及相应线路的指示灯，观察这些监测仪表指示，会对故障的分析、判别提供线索

区域配电所

WB2

若区域配电所中的母线带电，则说明四根高压配电线路中全部出现故障。若区域配电所中的母线也不带电，则应当排查该母线，确定母线正常后，再检查区域配电所中的隔离开关与断路器　3

若区域配电所中的四根高压配电线路都不带电，则应当检查区域配电所中的母线WB2是否带电　2

首先检查区域配电所的四根高压配电线路是否带电。若其中一根高压电路断路，则应逐一排查该配电线路中的设备或线路连接情况　1

当高压供配电线路的某一配电支路出现停电现象时，可以参考高压供配电线路的检修流程，查找故障部位，如图 8-23 所示。

1　检查同级高压线路

检查同级高压线路时，可以使用高压钳形表检测与该线路同级的高压线路是否有电流通过，如图 8-24 所示。

| 提示说明 |

供电线路的故障判别主要是借助设在配电柜面板上的电压表、电流表及各种功能指示灯。如判别是否有断相的情况，也可通过继电器和保护器的动作来判断；如需要检测线路电流时，可使用高压钳形表；若高压钳形表上的指示灯无反应，则说明该停电线路上无电流通过，应检查与母线的连接端。

图 8-23 高压供配电线路的检修流程

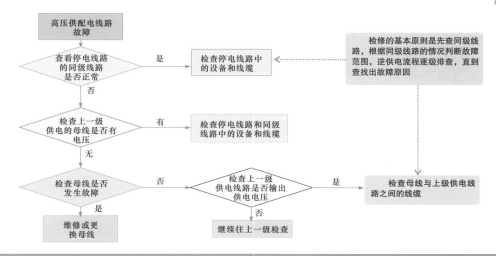

图 8-24 检查同级高压线路

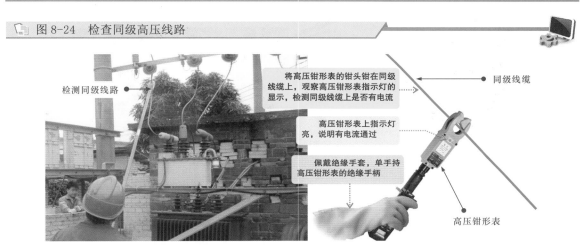

2 检查母线

检查母线时,必须使整个维修环境处在断路条件下,应先清除母线上的杂物、锈蚀,检查外套绝缘管上是否有破损,检查母线连接端,清除连接端的锈蚀,使用扳手重新固定母线的连接螺栓,如图 8-25 所示。

图 8-25 检查母线

3 检查上一级供电线路

确定母线正常时，应检查上一级供电线路。使用高压钳形表检测上一级高压供电线路上是否有电，若上一级线路无供电电压，则应当检查该供电端上的母线。若该母线上的电压正常，则应当检查该供电线路中的设备。

4 检查高压熔断器

在高压供配电线路的检修过程中，若供电线路正常，则可进一步检查线路中的高压电气部件。检查时，先使用接地棒释放高压线缆中的电荷，然后先从高压熔断器开始检查，如图 8-26 所示。

图 8-26 检查高压熔断器

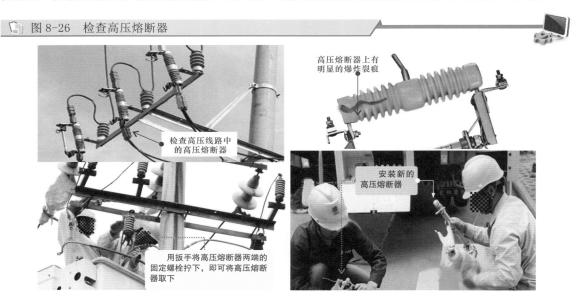

高压熔断器上有明显的爆炸裂痕

检查高压线路中的高压熔断器

安装新的高压熔断器

用扳手将高压熔断器两端的固定螺栓拧下，即可将高压熔断器取下

| 提示说明 |

查看线路中的高压熔断器，经检查后，发现有两个高压熔断器已熔断并自动脱落，在绝缘支架上还有明显的击穿现象。高压熔断器支架出现故障就需要更换。断开电路后，将损坏的高压熔断器支架拆下，检查相同型号的新高压熔断器及其支架并安装到电路中。

在更换高压器件之前，应使用接地棒释放高压线缆中原有的电荷，以免对维修人员造成人身伤害，如图 8-27 所示。

接地棒←——

接地棒←——

图 8-27 高压线缆接地释放高压电荷

5 检查高压电流互感器

如果发现高压熔断器损坏，说明该线路中曾发生过电流、雷击等意外情况。如果电流指示失常，应检查高压电流互感器等器件，如图 8-28 所示。

图 8-28　检查高压电流互感器

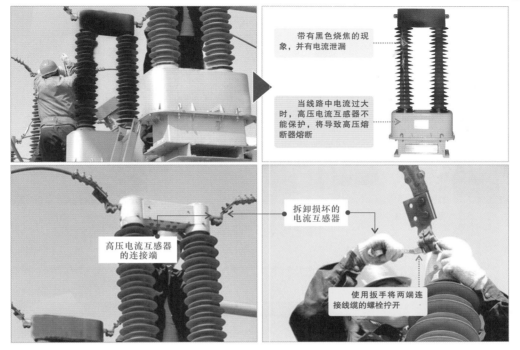

带有黑色烧焦的现象，并有电流泄漏

当线路中电流过大时，高压电流互感器不能保护，将导致高压熔断器熔断

高压电流互感器的连接端

拆卸损坏的电流互感器

使用扳手将两端连接线缆的螺栓拧开

| 提示说明 |

　　经检查，发现高压电流互感器上带有黑色烧焦痕迹，并有电流泄漏现象，表明该器件已损坏，失去电流检测与保护作用。使用扳手将高压电流互感器两端连接高压线缆的螺栓拧下，使用吊车将损坏的高压电流互感器取下，将相同型号的新高压电流互感器重新安装。

　　高压电流互感器可能存有剩余电荷，拆卸前，应当使用绝缘棒接地释放电荷后，再检修和拆卸。

　　检修操作高压线路时，应当将电路中的高压断路器和高压隔离开关断开，放置安全警示牌，如图 8-29 所示，提示并防止其他人员合闸导致人员伤亡。

控制箱

图 8-29　高压线路作业时的安全措施

6　检查高压隔离开关

　　高压隔离开关是高压线路的供电开关，如损坏，则会引起供电失常，如图 8-30 所示。

📷 图 8-30　检查高压隔离开关

高压隔离开关上有黑　　　　　使用扳手拧下高压隔　　　　　将高压隔离开关上端
色烧焦的痕迹并带有电弧　　　　离开关底部的固定螺栓　　　　的固定螺栓拧开

| 提示说明 |

　　经检查，高压隔离开关出现黑色烧焦的迹象，说明该高压隔离开关已损坏。使用扳手将高压隔离开关连接的线缆拆卸下来，拧下螺栓后，使用吊车将高压隔离开关吊起，更换相同型号的高压隔离开关。

　　高压供配电系统的故障常常是由于线路中的避雷器损坏引起的，也有可能是由于电线杆上的连接绝缘子发生损坏引起的，因此应做好定期维护和检查，保证设备的正常运行。

8.3.2　低压供配电线路的检修调试

　　如图 8-31 所示，低压供配电线路出现故障时，需要通过故障现象分析整个低压供配电线路，缩小故障范围，锁定故障器件。下面以典型楼宇配电系统的线路图为例进行故障分析。

　　图 8-32 为低压供配电线路的检修流程。

1　检查同级低压线路

　　若住户用电线路发生故障，则应先检查同级低压线路，如查看楼道照明线路和电梯供电线路是否正常，如图 8-33 所示。

2　检查电能表的输出

　　若发现楼道内照明灯可正常点亮，电梯也可以正常运行，说明用户的供配电线路有故障，应当使用钳形表检查配电箱中的线路是否有电流通过，观察电能表是否正常运转。

　　如图 8-34 所示，将钳形表的档位调整至"AC 200A"电流档，按下钳形表的钳头扳机，钳住经电能表输出的任意一根线缆，查看钳形表上是否有电流读数。

图 8-31 低压供配电线路的故障分析

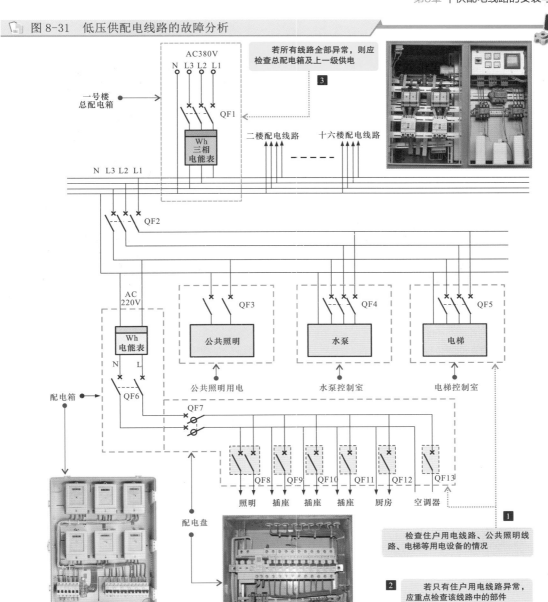

若所有线路全部异常，则应检查总配电箱及上一级供电 **3**

一号楼总配电箱

AC380V
N L3 L2 L1

QF1

Wh 三相电能表

二楼配电线路　十六楼配电线路

N L3 L2 L1

QF2

AC 220V

配电箱

Wh 电能表

N L

QF6

公共照明 QF3
水泵 QF4
电梯 QF5

公共照明用电　水泵控制室　电梯控制室

QF7

照明 QF8　插座 QF9　插座 QF10　插座 QF11　厨房 QF12　空调器 QF13

配电盘

1 检查住户用电线路、公共照明线路、电梯等用电设备的情况

2 若只有住户用电线路异常，应重点检查该线路中的部件

图 8-32 低压供配电线路的检修流程

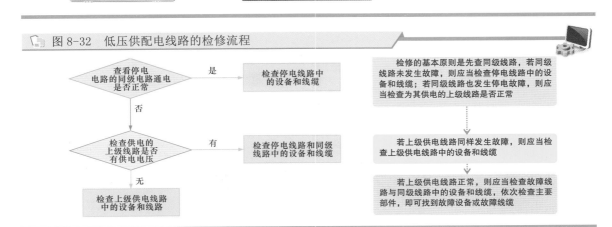

查看停电电路的同级电路通电是否正常 —是→ 检查停电线路中的设备和线缆

否↓

检查供电的上级线路是否有供电电压 —有→ 检查停电线路和同级线路中的设备和线缆

无↓

检查上级供电线路中的设备和线路

检修的基本原则是先查同级线路，若同级线路未发生故障，则应当检查停电线路中的设备和线缆；若同级线路也发生停电故障，则应当检查为其供电的上级线路是否正常

若上级供电线路同样发生故障，则应当检查上级供电线路中的设备和线缆

若上级供电线路正常，则应当检查故障线路与同级线路中的设备和线缆，依次检查主要部件，即可找到故障设备或故障线缆

159

📋 图 8-33 检查同级低压线路

公共照明灯正常点亮

进入楼道，按下楼道内的照明灯开关，查看照明灯的状态，再查看电梯是否正常运行

电梯可正常运行

📋 图 8-34 检查电能表的输出

"AC 200A"电流档

| 提示说明 |

　　当低压供配电系统中的用户线路出现停电现象时，应先从外观上观察电能表及连接线路，看是否有损坏或烧损迹象。

　　另外，还应考虑是否由于电能表预存电耗尽引起的，检测配电盘中的电流前，应当检查电能表中的剩余电量，将用户的购电卡插入电能表的卡槽中，在显示屏上即会显示剩余电量。

　　图 8-35 为观察电能表及连接线路、检查剩余电量。

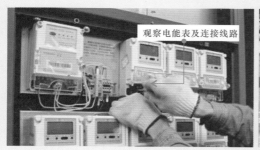

观察电能表及连接线路

插入电卡显示电量

图 8-35　观察电能表及连接线路、检查剩余电量

3 检查配电箱的输出

电能表有电流通过，说明电能表正常，继续使用钳形表检查配电箱中是否有电流输出，如图 8-36 所示。

图 8-36 检查配电箱的输出

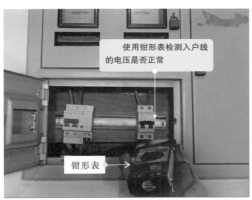

使用钳形表检测入户线的电压是否正常

钳形表

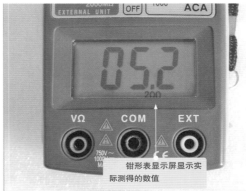

钳形表显示屏显示实际测得的数值

4 检查总断路器

当用户配电箱输出的供电电压正常时，应当继续检查用户配电盘中的总断路器，可以使用电子试电器检查，如图 8-37 所示。

图 8-37 检查总断路器

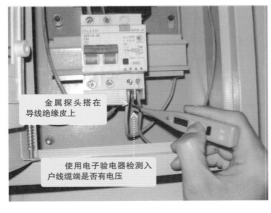

金属探头搭在导线绝缘皮上

使用电子验电器检测入户线缆端是否有电压

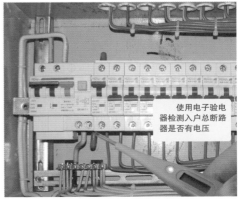

使用电子验电器检测入户总断路器是否有电压

5 检查进入配电盘的线路

若配电盘内的总断路器无电压，可使用电子验电器检测进入配电盘的供电线路是否正常，如图 8-38 所示，找到损坏的线路或部件，修复或更换，排除故障。

图 8-38 检查进入配电盘的线路

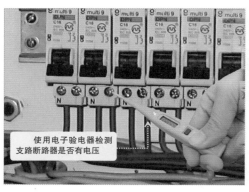

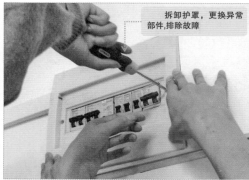

使用电子验电器检测
支路断路器是否有电压

拆卸护罩，更换异常
部件，排除故障

第9章 电力拖动系统的安装与维护

9.1 电力拖动系统的特点与控制关系

电动机控制电路通过控制部件、功能部件完成对电动机起动、运转、变速、制动和停机等的控制。

如图9-1所示，在电动机控制电路中，由控制按钮发送人工控制指令，通过接触器、继电器及相应的控制部件控制电动机的起、停运转，指示灯指示当前系统的工作状态，保护器件负责电路安全，各电气部件与电动机根据设计需要，按照一定的控制关系连接在一起实现相应的功能。

图9-1 电动机控制电路的特点

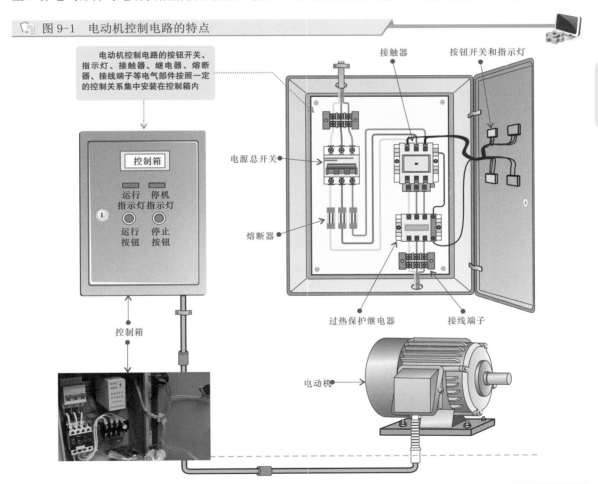

电动机控制电路的按钮开关、指示灯、接触器、继电器、熔断器、接线端子等电气部件按照一定的控制关系集中安装在控制箱内

接触器

按钮开关和指示灯

控制箱

运行指示灯　停机指示灯

运行按钮　停止按钮

电源总开关

熔断器

控制箱

过热保护继电器　接线端子

电动机

9.1.1 交流电动机控制电路的特点与控制关系

交流电动机控制电路是指对交流电动机进行控制的电路，根据选用控制部件数量的不同及不同部件的不同组合，加上电路的连接差异，可实现多种控制功能。

了解交流电动机控制电路的控制关系，需先熟悉电路的结构组成。只有知晓交流电动机控制电路的功能、结构及电气部件的作用后，才能清晰地理清电路控制关系。

交流电动机控制电路主要由交流电动机（单相或三相）、控制部件和保护部件构成，如图 9-2 所示。

图 9-2 交流电动机控制电路的结构组成

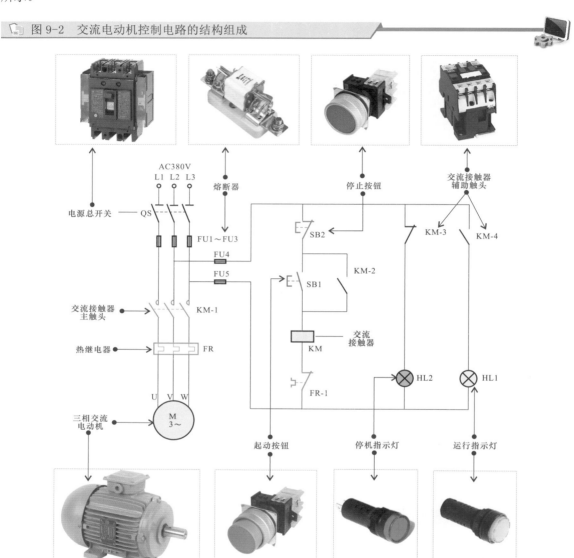

交流电动机控制电路通过连线清晰地表达了各主要部件的连接关系，控制电路中的主要部件用规范的电路图形符号和标识来表示。为了更好地理解交流电动机控制电路的结构关系，可以将电路图还原成电路接线图。

图 9-3 为交流电动机控制电路的接线图。

9.1.2 直流电动机控制电路的特点与控制关系

直流电动机控制电路主要是指对直流电动机进行控制的电路，根据选用控制部件数量的不同及不同部件的不同组合，可实现多种控制功能。

图 9-3 交流电动机控制电路的接线图

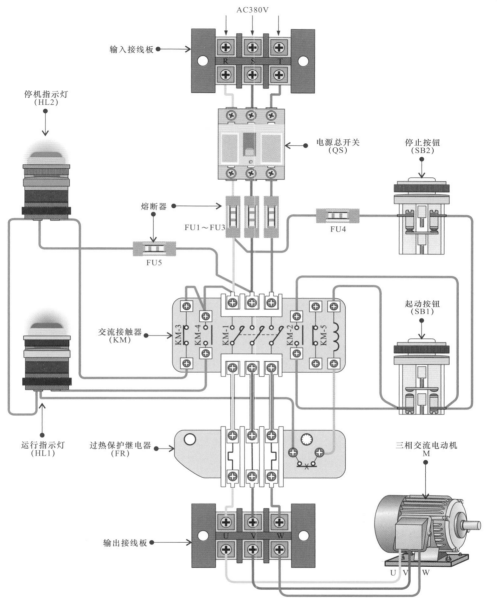

要了解直流电动机控制电路的控制关系，需先熟悉电路的结构组成。只有知晓直流电动机控制电路的功能、结构及电气部件的作用后，才能清晰地理清电路控制关系。

直流电动机控制电路的主要特点是由直流电源供电，由控制部件和执行部件协同作用，控制直流电动机的起、停等工作状态。

图 9-4 为直流电动机控制电路的结构组成。

图 9-4 直流电动机控制电路的结构组成

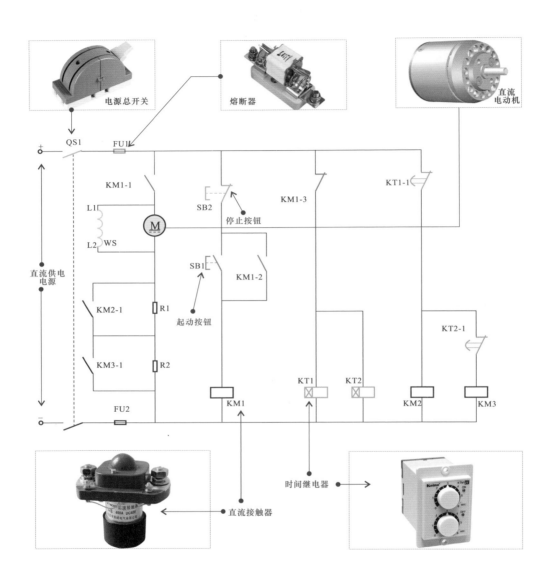

直流电动机控制电路通过连线清晰地表达了各主要部件的连接关系，控制电路中的主要部件用规范的电路图形符号和标识来表示。为了更好地理解直流电动机控制电路的结构关系，可以将电路图还原成电路接线图。

图 9-5 为直流电动机控制电路的接线图。

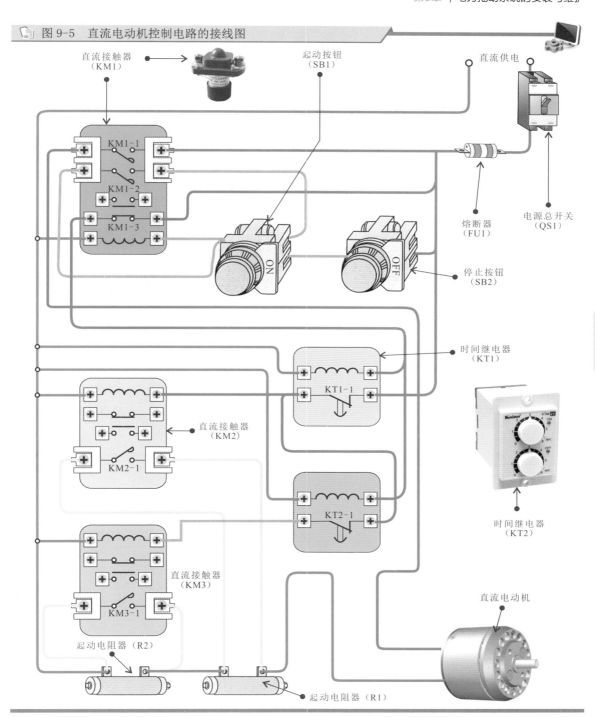

图 9-5 直流电动机控制电路的接线图

直流接触器（KM1）

起动按钮（SB1）

直流供电

KM1-1

KM1-2

KM1-3

NO

OFF

熔断器（FU1）

电源总开关（QS1）

停止按钮（SB2）

时间继电器（KT1）

KT1-1

直流接触器（KM2）

KM2-1

时间继电器（KT2）

KT2-1

直流接触器（KM3）

KM3-1

直流电动机

起动电阻器（R2）

起动电阻器（R1）

9.2 电力拖动系统的设计安装

9.2.1 电力拖动系统的规划设计

电力拖动系统的设计既要满足生产机械的要求，还要使整个系统简单、经济、合理、便于操作并方便日后的维修，尽量减少导线的数量和缩短导线的长度，尽量减少电气部件的数量，尽量减少线路的触头，保证控制功能和时序的合理性。

1 尽量减小导线的数量和缩短导线的长度

在设计控制线路时，应考虑到各个元器件之间的实际连接和布线，特别应注意电气箱、操作台和行程开关之间的连接导线。通常，启动按钮与停止按钮是直接连接的，如图 9-6 所示，这样的连接方式可以减少导线，缩短导线的长度。

图 9-6 尽量减少导线的数量和缩短导线的长度

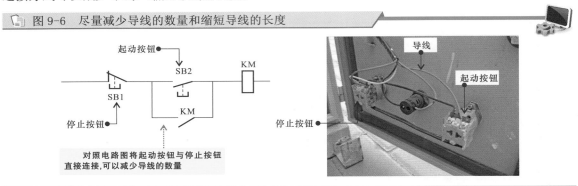

2 尽量减少电气部件的数量和线路的触头

在设计电力拖动系统时，应减少电气部件的数量，简化电路，提高线路的可靠性。使用电气部件时，应尽量采用标准的和同型号的电气设备。

为了使控制线路简化，在功能不变的情况下，应对控制线路进行整理，尽量减少触头的使用，如图 9-7 所示。

图 9-7 设计中尽量减少线路的触头

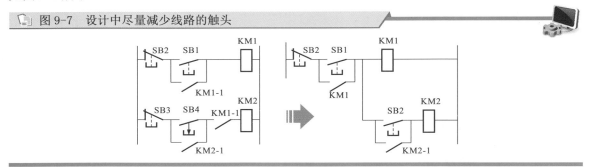

3 尽量保证电气部件动作的合理性

在控制线路中，应尽量使电气部件的动作顺序合理化，避免经许多电气部件依次动作后，才可以接通另一个电气部件的情况，如图 9-8 所示，电路将开关 SB1 闭合后，则 KM1、KM2 和 KM3 可以同时动作。

图 9-8 尽量保证电气部件动作的合理性

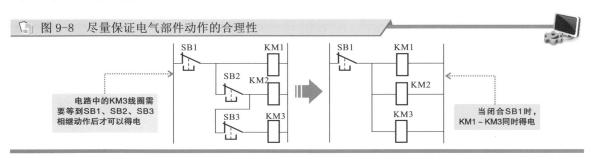

4 正确连接电气部件的触头

有些电气部件同时具有常开和常闭触头，且触头位置很近，如图9-9所示。在连接该类部件时，应将共用电源的所有接触器、继电器及执行器件的线圈端均接电源一侧，控制触头接电源另一侧，以免由于触头断开时产生的电弧造成电源短路的现象。

图9-9 正确连接电气部件的触头

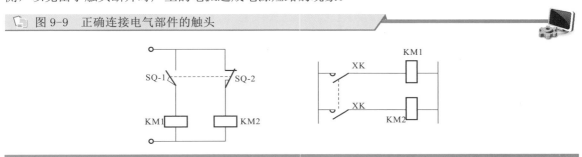

5 正确连接电气部件的线圈

交流控制电路常常使用交流接触器，在使用时要注意额定工作电压及控制关系，若两个交流接触器的线圈串联在电路中，如图9-10所示，则一个接触器断路，两个接触器均不能工作，而且会使工作电流不足，引起故障。

图9-10 正确连接电气部件的线圈

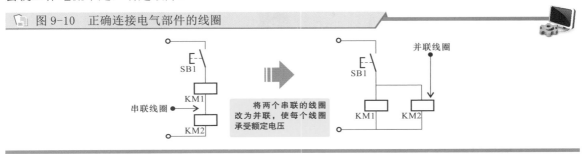

6 设置必要的保护措施

控制电路在事故情况下应能保证操作人员、电气设备、生产机械的安全，并能有效地制止事故的扩大。为此，在控制电路中应采取一定的保护措施。常用的有漏电保护开关、过载、短路、过电流、过电压、失电压、联锁与行程保护等措施，必要时还可设置相应的指示信号，如图9-11所示。

图9-11 电力拖动线路中的保护环节

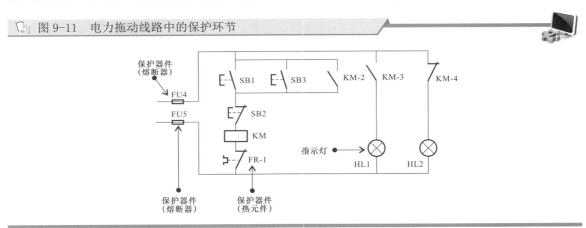

169

| 提示说明 |

　　在进行电力拖动系统设计时，首先是对供电部分的设计，该阶段的设计内容主要是整理、绘制电力拖动系统各主要部件的供电连接关系；第二阶段是完成控制部分的设计，该阶段的设计内容是结合实际工作情况在原本供电系统的架构上增添接触器、继电器、按钮开关等控制部件，以完善整个电力拖动系统的控制功能。同时，对于较重要的电力拖动系统，为确保维修方便，使用安全，应在电路中设置隔离电器，以便带电检修。

　　电力拖动系统的安装包括电动机的安装固定及与被拖动设备的连接和安装。下面以电动机与水泵（被拖动设备）的安装为例。具体操作时，将安装操作划分为电动机和拖动设备在底板上的安装连接、电动机和拖动设备的固定两个步骤。

9.2.2　电动机及被拖动设备的安装连接

　　水泵和电动机的重量较大，工作时会产生振动，因此不能直接安装在地面上，应安装固定在混凝土基座、木板或专用底板上。机座、木板或专用底板的长、宽尺寸应足够放置水泵和电动机。

　　图9-12为电动机和被拖动设备的安装连接。选择底板的类型和规格要根据实际安装设备的规格，要求具有一定的机械硬度。

图9-12　电动机和被拖动设备的安装连接

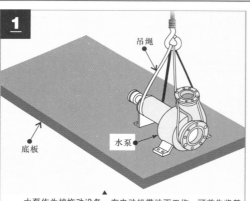
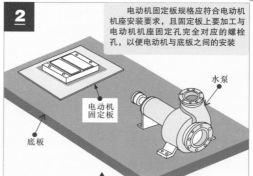
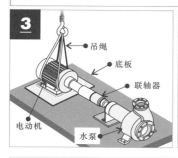
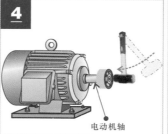
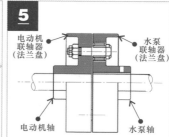

1~3　使用专业吊装工具吊起电动机，安装固定在电动机固定板上。

4　将联轴器或带轮按槽口放置到电动机转轴上，用榔头或木槌顺轴承转动的方向敲打传动部件的中心位置，将联轴器安装到电动机转轴上。

5　从电动机与水泵的实际连接效果可以看到，电动机与水泵之间是通过联轴器连接的。联轴器分别装在电动机和水泵的转轴上，并通过螺母与螺栓固定。

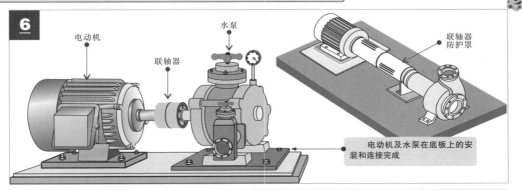

图 9-12 电动机和被拖动设备的安装连接（续）

6 使用联轴器对水泵和电动机连接完成后，需在联轴器处连接联轴器防护罩。在未连接联轴器防护罩时，不得起动水泵，防止发生人身伤害事故。

底板安装完成后，使用专业的吊装工具吊起电动机，将其安装固定在电动机固定板上，并通过联轴器与水泵连接，连接过程中应保证水泵传动轴与电动机的转轴中心线在一条水平线上。

9.2.3 电动机及被拖动设备的固定

电动机和被拖动设备在底板上安装完成后，需要将这一动力拖动机组固定到指定位置的水泥地上，如图9-13所示。

图 9-13 电动机和被拖动设备的固定

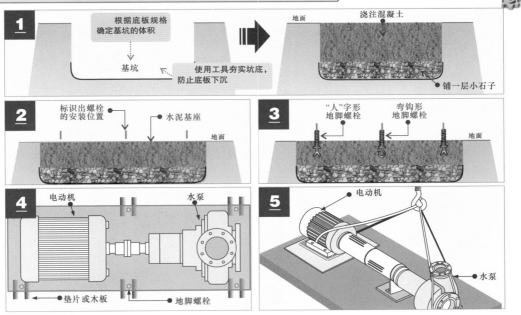

1 根据底板的大小，确定基坑的长度和宽度后，挖基坑。基坑挖到足够深度后夯实坑底，再在坑底铺一层小石子，用水淋透并夯实，然后注入混凝土，制作基座。

2 在浇筑混凝土未凝固之前，快速在水泥基座上确定地脚螺栓的安装位置。

3 确定好位置埋入螺栓。为了保证螺栓埋设牢固，通常将埋入基座一端的地脚螺栓制成"人"字形或弯钩形，待混凝土凝固后，螺栓与混凝土凝固为一体。

4 水泵和电动机安装固定完成后，在底板需要安装固定地脚螺栓的每个侧面垫入垫片或木板。

5 使用专业吊装工具将底板连同水泵和电动机吊到水泥基座上，并使底板上的螺栓孔对准地脚螺栓，调节垫入的垫片，使底板与地面平行。

图 9-13　电动机和被拖动设备的固定（续）

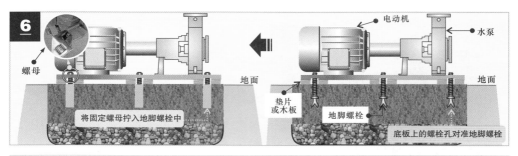

6　对准地脚螺栓后，将与地脚螺栓配套的固定螺母拧入地脚螺栓中，至此完成电动机和被拖动设备（水泵）的安装操作。

9.2.4　控制箱的安装与接线

控制箱是电力拖动线路中的重要组成部分，线路中的控制部件、保护部件及这些部件之间的电气连接等都集中在控制箱内，以便于操作人员集中安装、维护和操作。

安装控制箱前，首先根据控制要求，将所用电气部件准备好。整个安装过程分为箱内部件的安装与接线、控制箱的固定两个环节。

1　箱内电气部件的安装和连接

控制箱主要是由箱体、箱门和箱芯组成的。控制箱的箱芯用来安装电气部件。该部分可以从控制箱内取出，根据电气部件的数量确定控制箱外形的尺寸，在安装过程中，应先对电气部件进行布置和安装，然后根据电路图使用导线对各电气部件进行连接。

图 9-14 为电力拖动系统中常用的控制箱。

图 9-14　电力拖动系统中常用的控制箱

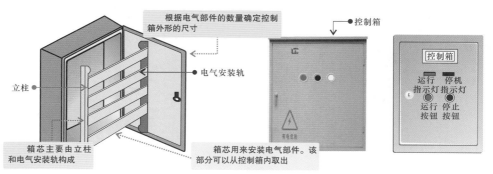

根据电动机控制线路中主、辅电路的连接特点，以方便接线为原则，确定熔断器、接触器、继电器、热继电器、按钮等部件在控制箱中的位置，如图 9-15 所示。

电气部件布置完成后，按线路设计规划进行接线操作，即将控制箱的断路器、熔断器、接触器等部件连接成具有一定控制关系的电力拖动线路，如图 9-16 所示。

📖 图 9-15　控制箱中电气部件的布置

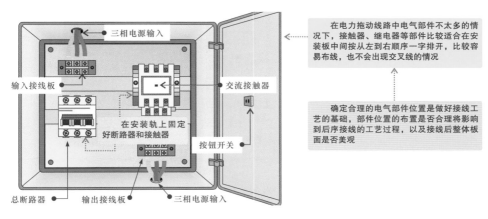

在电力拖动线路中电气部件不太多的情况下，接触器、继电器等部件比较适合在安装板中间按从左到右顺序一字排开，比较容易布线，也不会出现交叉线的情况

确定合理的电气部件位置是做好接线工艺的基础，部件位置的布置是否合理将影响到后序接线的工艺过程，以及接线后整体板面是否美观

📖 图 9-16　控制箱中电气部件的接线

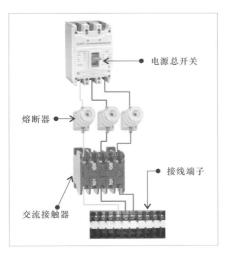

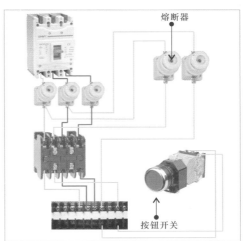

173

| 提示说明 |

电力拖动线路接线时，必须按照接线工艺要求进行：

·布线通道应尽可能少，同路并行导线应单层平行密排，按主电路、控制电路分类集中。
·布线应横平竖直，分布均匀，垂直转向。同一平面的导线应高低一致或前后一致，不能交叉。
·布线时可以接触器为中心，按先控制后主电路的顺序进行。
·在导线的两端应套上编码套管，不能压导线绝缘层，也不宜露铜芯过长。
·一个元器件接线端子上的连接导线不得多于两根，每节接线端子板上的连接导线连接一根。

2　控制箱的固定

图 9-17 为控制箱的固定。一般来说，控制箱适合于墙壁式安装或是落地式安装，确定安装位置后，将控制箱固定孔用规格合适的螺栓固定或底座固定即可。

图 9-17 控制箱的固定

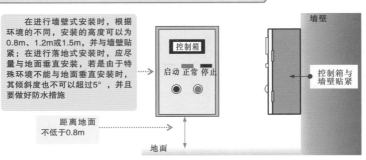

在进行墙壁式安装时，根据环境的不同，安装的高度可以为0.8m、1.2m或1.5m，并与墙壁贴紧；在进行落地式安装时，应尽量与地面垂直安装，若是由于特殊环境不能与地面垂直安装时，其倾斜度也不可以超过5°，并且要做好防水措施

墙壁

控制箱

启动 正常 停止

控制箱与墙壁贴紧

距离地面不低于0.8m

地面

9.3 电力拖动系统的检修调试

当电动机控制电路出现异常时，会影响到电动机的工作，检修调试之前，先要做好电路的故障分析，为检修调试做好铺垫。

9.3.1 交流电动机控制电路的检修调试

当交流电动机控制电路出现故障时，可以通过故障现象分析整个控制电路，如图 9-18 所示，缩小故障范围，锁定故障器件。

图 9-18 交流电动机控制电路的故障分析及检修流程

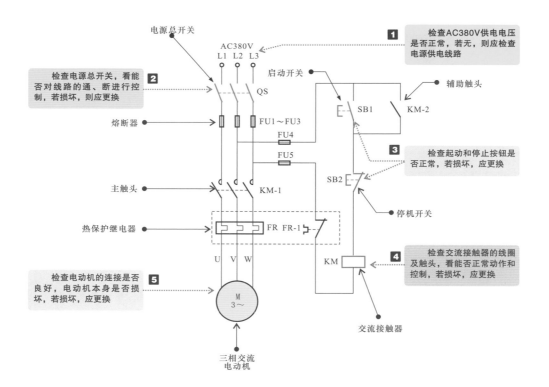

电源总开关

AC380V
L1 L2 L3

启动开关

1 检查AC380V供电电压是否正常，若无，则应检查电源供电线路

辅助触头

2 检查电源总开关，看能否对线路的通、断进行控制，若损坏，则应更换

QS

SB1   KM-2

熔断器

FU1～FU3

FU4

FU5

3 检查起动和停止按钮是否正常，若损坏，应更换

SB2

主触头

KM-1

停机开关

热保护继电器

FR FR-1

U V W

KM

4 检查交流接触器的线圈及触头，看能否正常动作和控制，若损坏，应更换

5 检查电动机的连接是否良好，电动机本身是否损坏，若损坏，应更换

M
3~

交流接触器

三相交流电动机

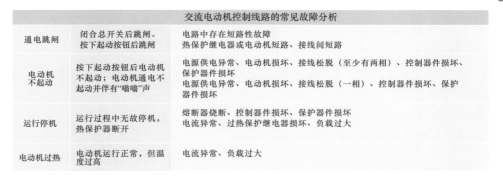

图 9-18 交流电动机控制电路的故障分析及检修流程（续）

交流电动机控制线路的常见故障分析		
通电跳闸	闭合总开关后跳闸。按下起动按钮后跳闸	电路中存在短路性故障 热保护继电器或电动机短路、接线间短路
电动机不起动	按下起动按钮后电动机不起动；电动机通电不起动并伴有"嗡嗡"声	电源供电异常、电动机损坏、接线松脱（至少有两相）、控制器件损坏、保护器件损坏 电源供电异常、电动机损坏、接线松脱（一相）、控制器件损坏、保护器件损坏
运行停机	运行过程中无故停机，热保护器断开	熔断器烧断、控制器件损坏、保护器件损坏 电流异常、过热保护继电器损坏、负载过大
电动机过热	电动机运行正常，但温度过高	电流异常、负载过大

9.3.2 直流电动机控制电路的检修调试

当直流电动机控制电路出现故障时，可以通过故障现象分析整个控制电路，如图 9-19 所示，缩小故障范围，锁定故障器件。

图 9-19 直流电动机控制电路的故障分析及检修流程

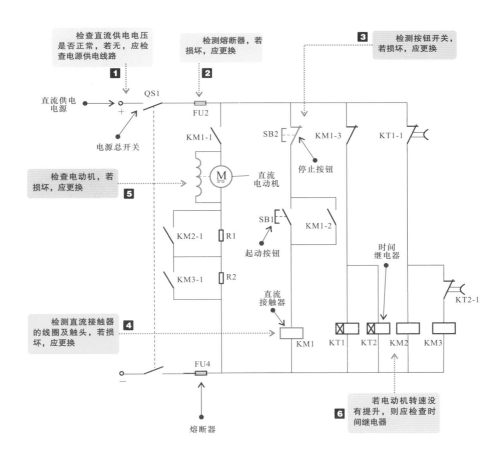

图 9-19　直流电动机控制电路的故障分析及检修流程（续）

直流电动机控制电路的常见故障分析		
电动机不起动	按下起动按钮后，电动机不起动；电动机通电不起动并伴有"嗡嗡"声	电源供电异常、电动机损坏、接线松脱（至少有两相）、控制器件损坏、保护器件损坏；电动机损坏、起动电流过小、线路电压过低
电动机转速异常	转速过快、过慢或不稳定	接线松脱、接线错误、电动机损坏、电源电压异常
电动机过热	电动机运行正常，温度过高	电流异常、负载过大、电动机损坏
电动机异常振动	电动机运行时，振动频率过高	电动机损坏、安装不稳
电动机漏电	电动机停机或运行时，外壳带电	引出线碰壳、绝缘电阻下降、绝缘层老化

9.3.3　常见电动机控制电路故障的检修操作

1　交流电动机控制电路通电后电动机不起动

图 9-20 为三相交流电动机点动控制电路。接通交流电动机控制电路的电源开关后，按下点动按钮，发现电动机不起动，经检查，供电电源正常，电路内接线牢固，无松动现象，说明电路内部或电动机损坏。

图 9-20　三相交流电动机点动控制电路

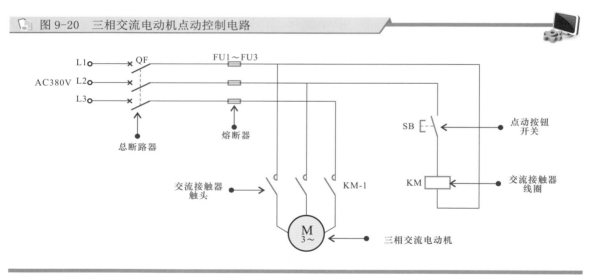

结合故障表现，可首先检测电路中电动机的供电电压是否正常，根据检测结果确定检测范围或部位，如图 9-21 所示。

接通电源后，按下点动按钮，使用万用表检测电动机接线柱是否有电压，任意两接线柱之间的电压应为 380V。经检测，发现电动机没有供电电压，说明控制电路中有器件发生断路故障。

依次检测电路中的总断路器、熔断器、按钮开关和交流接触器等部件，找到故障部件，排除故障，如图 9-22 所示。

经检测，断路器、熔断器和按钮开关均正常，但实测时，交流接触器线圈得电后，其主触头闭合，但触头无法接通电路供电（检测触头出线端无任何电压），说明接触器已损坏，需要更换。使用相同规格参数的接触器代换后，接通电源，电动机可正常起动运行，排除故障。

图 9-21　检测电动机的供电电压

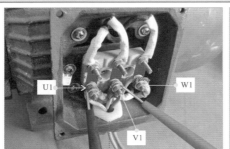

将万用表的红、黑表笔任意搭在电动机的接线柱上

观察万用表的显示屏，读出实测数值为0V

图 9-22　电动机控制电路中主要功能部件的检测

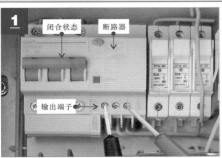

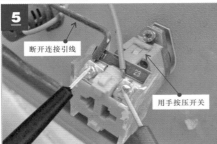

1 将万用表的红、黑表笔分别搭在待测断路器的输出接线端子上。

2 断路器处于断开状态时，测得断路器输出的电压应为0；断路器处于闭合状态时，测得断路器输出的电压为交流380V。

3 将万用表的红、黑表笔搭在熔断器的输入端接线端子上检测输入电压，搭在输出端接线端子上检测输出电压。

4 经检测，熔断器的输入端有电压，输出端也有电压，说明熔断器良好。

5 断开按钮开关的连接引线，将万用表的表笔搭在按钮的两个接线柱上，用手按压开关。

6 用手按压按钮开关时，可测得阻值为0；松开按钮开关时，可测得阻值为无穷大，说明点动开关正常。

图 9-22　电动机控制电路中主要功能部件的检测（续）

7 将万用表的红、黑表笔分别搭在交流接触器的线圈端，实测到380V交流电压，说明接触器线圈已得电。

8 将万用表的红、黑表笔分别搭在交流接触器常开主触头输入端或输出端，在正常情况下也应可测到380V交流电压。

2　交流电动机控制电路运行一段时间后电动机过热

　　交流电动机控制电路运行一段时间后，电动机外壳温度过高，并且经常出现这种现象，因此先检测控制电路中的电流量大小，查找故障原因，如图 9-23 所示。

图 9-23　检测电动机的工作电流

1 闭合电源开关后，起动电动机，使用钳形表检测电动机单根相线的电流量。

2 经检测，发现电流量为3.4A，与电动机铭牌上的额定电流标识相同，说明控制电路中的电流量正常。

　　控制电路中的电流正常，怀疑交流电动机内部出现部件摩擦、老化情况，致使电动机温度过高。将电动机外壳拆开后，仔细检查电动机的轴承及轴承的连接等部位，如图 9-24 所示。

图 9-24　电动机控制电路中主要功能部件的检测

1 检查轴承与端盖的连接部位，查看轴承与端盖之间的距离是否过紧。经检查，轴承与端盖的松紧度适中，无需调整。

2 经检查，轴承与转轴的连接部位没有明显的磨损痕迹，说明轴承与转轴的连接部位松紧度适合。

将轴承从电动机上拆下，检测轴承内的钢珠是否磨损，如图 9-25 所示。经检查，轴承内的钢珠有明显的磨损痕迹，说明润滑脂已经干涸。使用新的钢珠代换后，在轴承内涂抹润滑脂，润滑脂涂抹应适量，最好不超过轴承内容积的 70%。

图 9-25 检查并修复轴承

1 从电动机轴上取下轴承，观察轴承内的磨损情况，更换轴承内损坏的钢珠。
2 更换轴承内钢珠后，在轴承中涂抹润滑脂，重新安装轴承，故障被排除。

| 提示说明 |

皮带过紧或联轴器安装不当，会引起轴承发热，需要调整皮带的松紧度，校正联轴器等传动装置。若是因为电动机转轴的弯曲而引起轴承过热，则可校正转轴或更换转子。轴承内有杂物时，轴承转动不灵活，可造成发热，应清洗并更换润滑油。轴承间隙不均匀，过大或过小都会造成轴承不正常转动，可更换新轴承，排除故障。

3 交流电动机控制电路起动后跳闸

交流电动机控制电路通电后，起动电动机时，电源供电箱出现跳闸现象，经过检查，控制电路内的接线正常，此时应重点检测热继电器和电动机。

热继电器的检测如图 9-26 所示。

图 9-26 热继电器的检测方法

1 将万用表的表笔分别搭在热继电器三组触头的接线柱上（L1和T1、L2和T2、L3和T3）。
2 观察万用表表盘，结合档位设置读出实测阻值极小，说明热继电器正常。

检测电动机绕组间的绝缘阻值如图 9-27 所示。

📖 图 9-27 检测绕组间绝缘阻值

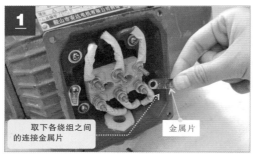

1

取下各绕组之间的连接金属片

金属片

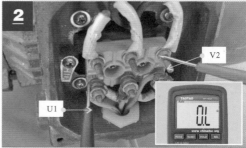

2

V2

U1

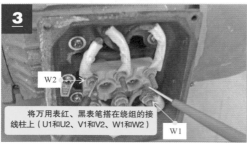

3

W2

将万用表红、黑表笔搭在绕组的接线柱上（U1和U2、V1和V2、W1和W2）

W1

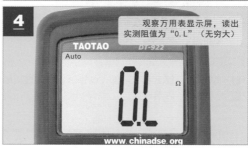

4

观察万用表显示屏，读出实测阻值为"0.L"（无穷大）

1 检测前，先将接线盒中绕组接线端的金属片取下，使电动机绕组无连接关系，为独立的三个绕组，为检测绕组间绝缘阻值和绕组本身阻值做好准备。

2 电动机绕组间的绝缘性能不好，会使电动机内部出现短路现象，严重时可能将电动机烧坏，将表笔分别搭在绕组的接线端上，测量结果均为无穷大，说明电动机绕组间绝缘性能良好。

3 将万用表表笔搭在同一组绕组的两个接线柱上（U1和U2、V1和V2、W1和W2）。

4 经检测，发现电动机U相和V相绕组有一个固定值，说明这两相绕组正常，而W相绕组阻值为无穷大，说明有断路故障，重新绕制绕组或更换电动机后，故障被排除。

10.1　直流电动机的拆卸

电动机的结构功能各不相同。在不同的电气设备或控制系统中，电动机的安装位置、安装固定方式也各不相同。要检测或检修电动机，掌握电动机的拆卸技能尤为重要。

10.1.1　有刷直流电动机的拆卸

有刷直流电动机的拆卸主要分为有刷直流电动机端盖的拆卸、电动机定子和转子的分离及电刷和电刷架的拆卸三大部分。

1　有刷直流电动机端盖的拆卸

拆卸直流电动机的端盖首先要做好标记，然后拆卸固定螺钉，最后通过润滑和撬动的方式即可将直流电动机的端盖分离，如图 10-1 所示。

图 10-1　直流电动机端盖的拆卸方法

1 固定螺钉

在有刷直流电动机的前、后端盖上做好拆装标记。再将有刷直流电动机前、后端盖的固定螺钉按对角顺序分别拧下。

2 一字槽螺钉旋具

拆下固定螺钉后，在后端盖与有刷直流电动机的缝隙处分别插入一字槽螺钉旋具，轻轻向外侧撬动。

扫一扫看视频

4 端盖

此时，另外一侧的端盖也可以与电动机分离了，取下后，即可完成端盖部分的拆卸。

3

从直流电动机上取下松动的后端盖。

2　电动机定子与转子的分离

打开端盖后，即可看到有刷直流电动机的定子和转子部分，由于有刷直流电动机的定子与转子之间是通过磁场相互作用的，因此可直接分离，用力向下按压转子部分即可分离。有刷直流电动机定子及转子部分的分离操作如图 10-2 所示。

图 10-2 有刷直流电动机定子及转子部分的分离操作

向下用力按压有刷直流电动机的转子部分。

将定子和转子部分分离。

3 电刷和电刷架的拆卸

有刷直流电动机的定子和转子分离后，可以看到电刷是固定在定子上的，接下来需要将电刷从定子上取下，如图 10-3 所示。

图 10-3 电刷和电刷架的拆卸方法

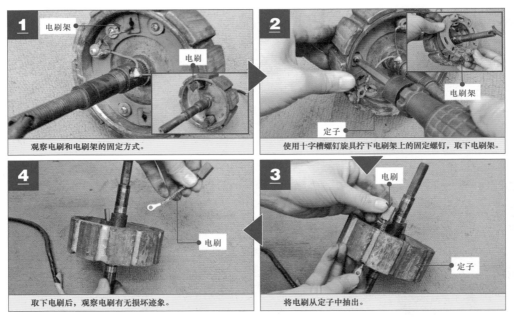

观察电刷和电刷架的固定方式。

使用十字槽螺钉旋具拧下电刷架上的固定螺钉，取下电刷架。

取下电刷后，观察电刷有无损坏迹象。

将电刷从定子中抽出。

10.1.2 无刷直流电动机的拆卸

无刷直流电动机的拆卸可大致可分为两侧端盖的拆卸、定子与转子分离两个环节。

1 两侧端盖的拆卸

如图 10-4 所示，在拆卸无刷直流电动机前，首先应清洁操作场地，防止杂物吸附到电动机内的磁钢上，影响电动机的性能，然后按操作规范分离出端盖部分。

图 10-4　无刷直流电动机端盖的拆卸方法

内六角螺钉旋具

固定螺钉

用内六角螺钉旋具按对角顺序拧下无刷直流电动机前、后端盖的固定螺钉。

一字槽螺钉旋具

在后端盖与无刷直流电动机的缝隙处插入一字槽螺钉旋具，轻轻向外侧撬动。

使端盖与电动机分离后取下，即完成了端盖部分的拆卸。

2　定子与转子的分离

如图 10-5 所示，打开端盖后，即可看到无刷直流电动机的定子和转子部分，由于无刷直流电动机的定子与转子之间是通过磁场相互作用的，因此可直接分离，适当向下用力按压转子部分即可分离。

图 10-5　分离无刷直流电动机的定子与转子

向下用力按压无刷直流电动机的转子部分。

定子

转子

将定子和转子部分分离。

10.2　交流电动机的拆卸

交流电动机的类型和结构也是多种多样的，在检修交流电动机中，拆卸是不可避免的操作环节。下面分别以典型单相交流电动机和三相交流电动机为例进行介绍。

10.2.1　单相交流电动机的拆卸

如图 10-6 所示，单相交流电动机的结构多种多样，基本拆卸方法大致相同，这里以常见电风扇中的单相交流电动机为例进行介绍。

📋 图 10-6　单相交流电动机的拆卸方法

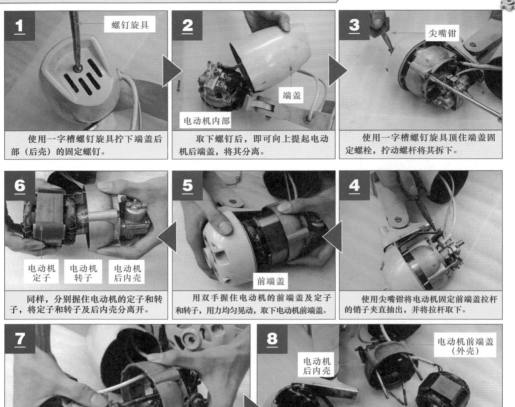

1 螺钉旋具

使用一字槽螺钉旋具拧下端盖后部（后壳）的固定螺钉。

2 电动机内部　端盖

取下螺钉后，即可向上提起电动机后端盖，将其分离。

3 尖嘴钳

使用一字槽螺钉旋具顶住端盖固定螺栓，拧动螺杆将其拆下。

6 电动机定子　电动机转子　电动机后内壳

同样，分别握住电动机的定子和转子，将定子和转子及后内壳分离开。

5 前端盖

用双手握住电动机的前端盖及定子和转子，用力均匀晃动，取下电动机前端盖。

4

使用尖嘴钳将电动机固定前端盖拉杆的销子夹直抽出，并将拉杆取下。

7 电动机转子

双手握住电动机的后内壳和转子，用力均匀地向外轻轻晃动，将转子从后内壳抽出。

8 电动机后内壳　电动机前端盖（外壳）　电动机后端盖（后壳）　电动机转子　电动机定子

至此，单相交流电动机的定子与转子分离开来，完成了单相交流电动机的拆卸。

10.2.2　三相交流电动机的拆卸

三相交流电动机的结构是多种多样的，但基本的拆卸方法大致相同。一般可将三相交流电动机的拆卸分为接线盒的拆卸、散热风扇的拆卸、端盖的拆卸、定子与转子分离四个环节。

1　接线盒的拆卸

如图 10-7 所示，三相交流电动机的接线盒安装在电动机的侧端，由四个固定螺钉固定，拆卸时，将固定螺钉拧下即可将接线盒外壳取下。

2　散热风扇的拆卸

如图 10-8 所示，典型交流电动机的散热风扇安装在电动机的后端叶片护罩中，拆卸时，需先将散热风扇护罩取下后，再拆下散热风扇。

3　端盖的拆卸

典型交流电动机端盖由前端盖和后端盖构成，由固定螺钉固定在电动机外壳上。拆卸时，应先拧下固定螺钉，然后撬开端盖，注意不要损伤配合部分，如图 10-9 所示。

图 10-7 交流电动机接线盒的拆卸方法

使用螺钉旋具拧下接线盒的固定螺钉。

电动机与外部控制电路的连接引线由接线盒引出，若需要拆卸电动机的控制电路，应注意记录引线的连接方式和连接位置

取下电动机的接线盒外壳及垫圈。

图 10-8 典型交流电动机散热风扇的拆卸方法

使用螺钉旋具拧下散热风扇护罩的固定螺钉。

散热风扇护罩取下后，用螺钉旋具撬下弹簧卡圈。

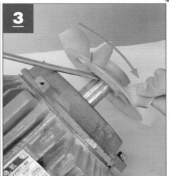

使用螺钉旋具小心撬动风扇叶片，将其取下。

图 10-9 交流电动机端盖的拆卸方法

使用扳手将电动机前端盖的固定螺母拧下。

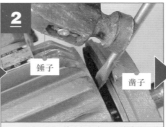

将凿子插入前端盖和定子的缝隙处，从多个方位均匀撬开端盖，使端盖与机身分离。

待前端盖松动后，用锤子轻轻敲打，将前端盖取下。

端盖与机体分离后，即可将端盖连同内部转子一同取下。

用扳手拧动另一个端盖上的固定螺母，并撬动使其松动。

取下前端盖后，即可看到电动机绕组和轴承部分。

4 定子和转子的分离

如图 10-10 所示，典型交流电动机的转子部分插装在定子中心部分，从一侧稍用力即可将转子抽出，从而完成三相交流电动机定子和转子部分的分离操作。

图 10-10 典型交流电动机定子和转子的分离操作

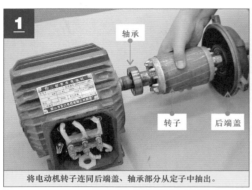 

186

10.3 电动机的安装

电动机的安装一般分为机械安装和电气安装两个环节。

10.3.1 电动机的机械安装

电动机的机械安装实际是指电动机的安装固定以及与被驱动机构的连接操作。

1 电动机的安装方式

通常，三相交流电动机的安装方式主要可以分为卧式安装（IMBxx）和立式安装（IMVxx）两类。其中，IM 是国际通用的安装方式代号；B 表示卧式（电动机轴线水平），V 表示立式（电动机轴线竖直）；xx 为是 1 ~ 2 位数字，表示具体安装形式。

三相交流电动机卧式安装方式常见的有 B3、B5、B35。三相交流电动机立式安装方式常见的有 V1、V3，如图 10-11 所示。

图 10-11 三相交流电动机常见的安装方式

 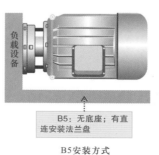 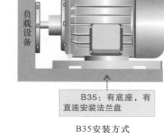

图 10-11 三相交流电动机常见的安装方式（续）

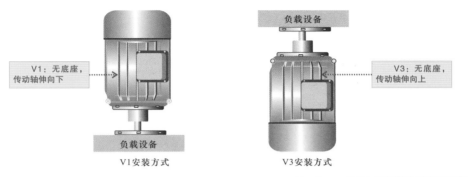

2 电动机的机械安装方法

在安装之前，根据电动机规格，确定基坑的体积，挖好基坑，夯实坑底。在坑底铺一层石子，用水淋透并夯实后，注入混凝土。

图 10-12 为电动机机座的安装方法。三相交流电动机较重，工作时会产生振动，因此不能将电动机直接放置在地面上，应固定在混凝土基座或木板上。

图 10-12 电动机机座的安装方法

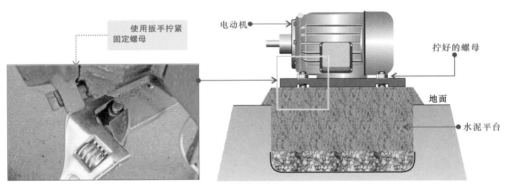

待灌入的混凝土干燥后，使用吊装设备将电动机连同机座放到水泥平台上，并拧紧与地脚螺栓配套的固定螺母。

联轴器是连接电动机和被驱动机构的关键机械部件，它由两个法兰盘构成。电动机与被驱动机构通过联轴器连接固定。

图 10-13 为联轴器的安装方法。将电动机与被驱动机构的转轴调整在同一高度后拧紧联轴器的固定螺栓。为确保偏心度和平行度符合要求，需使用千分表配合安装。

10.3.2 电动机的电气安装

如图 10-14 所示，电动机的旋转方向与电源的相序有关，正确的旋转方向是按电源相序与电动机绕组相序相同的前提下提出的，因此在进行电动机的电气安装时，需使用相序仪确定正确的电源相序并进行标记。

电源相序确定完成并做好标记后，需使用直流毫安表或万用表确定电动机绕组的相序，以保证电动机与三相电源的正确接线，如图 10-15 所示。

图 10-13 联轴器的安装方法

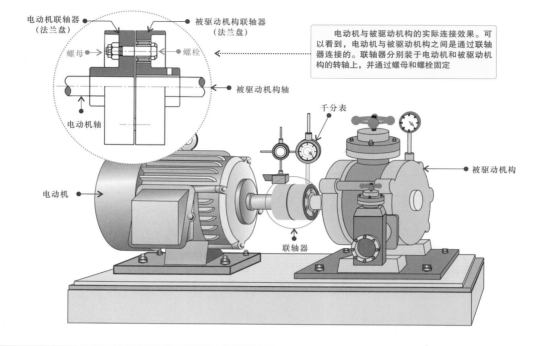

电动机联轴器
（法兰盘）

被驱动机构联轴器
（法兰盘）

螺母

螺栓

被驱动机构轴

电动机轴

电动机与被驱动机构的实际连接效果。可以看到，电动机与被驱动机构之间是通过联轴器连接的。联轴器分别装于电动机和被驱动机构的转轴上，并通过螺母和螺栓固定

千分表

被驱动机构

电动机

联轴器

图 10-14 确定待连接电源的相序

2 查看相序仪指示灯，判断电源相序

1 将相序表的三根检测线分别连接待测的三条线缆

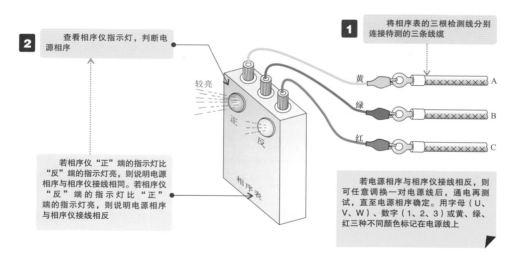

较亮

黄 A

绿 B

红 C

正

反

相序表

若相序仪"正"端的指示灯比"反"端的指示灯亮，则说明电源相序与相序仪接线相同。若相序仪"反"端的指示灯比"正"端的指示灯亮，则说明电源相序与相序仪接线相反

若电源相序与相序仪接线相反，则可任意调换一对电源线后，通电再测试，直至电源相序确定。用字母（U、V、W）、数字（1、2、3）或黄、绿、红三种不同颜色标记在电源线上

　　如图 10-16 所示，电源线和电动机绕组相序确定完成后，便可进行电源线与电动机绕组的连接了。连接时，应保证接线牢固。

　　如图 10-17 所示，在电动机电气安装完成后，往往还需要通电检查电动机的起动状态和旋转方向是否正常。

图 10-15 确定电动机绕组相序

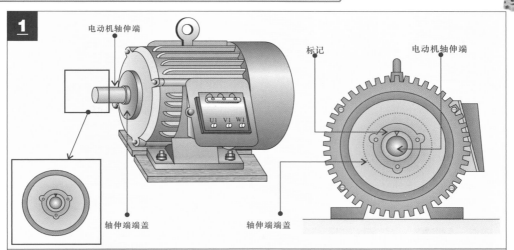

将电动机三相绕组连接成Y形，并在电动机的轴伸端端盖上做标记。

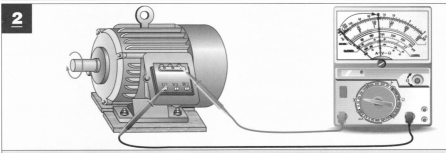

将万用表量程调整至直流档，用万用表表笔分别连接中性点和U1端，顺时针转动轴伸端。

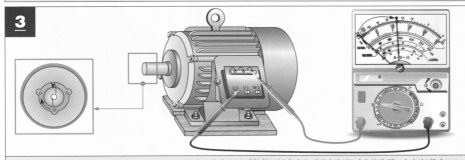

在电动机转动一周时，记下万用表指针从0开始向正方向摆动时轴伸圆周方向与端盖标记相对应的位置，如标记数字"1"。

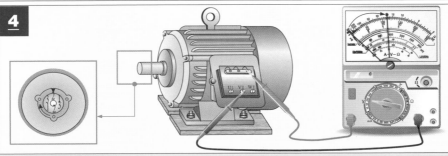

再将表笔连接到电动机的中性点和V1端，用上述的方法标记数字"2"；将表笔连接电动机的中性点和W1端，标记数字"3"。

图 10-15　确定电动机绕组相序（续）

  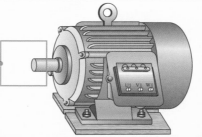

轴伸端所做的标记"1、2、3"为逆时针顺序排列。电动机出线端U1、V1、W1分别与电源L1、L2、L3相线连接时，主轴旋转方向应为顺时针；反之，则为逆时针。

图 10-16　电动机与电源线的连接

将电源相线从接线盒电源线孔中穿出，拧松接线柱的螺钉，将电源相线L1连接到电动机接线柱U1端。

借助扳手，将电动机接线盒中电动机绕组接线端与电源线连接端子拧紧，确保安装牢固、可靠。

最后连接黄、绿接地线，注意在连接端子处，固定好接地标记牌。至此，电动机电气安装完成。

采用同样的方法，将电源相线L2、L3连接到电动机接线柱V1、W1端。

图 10-17　电气安装后的检查

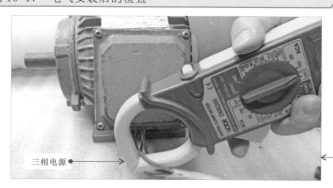

电动机的电气安装完成后，需要通电检查起动和转向是否正常。按预先连接的电源线（Y形或△形）接通电源，用钳形电流表测量电源线的电流。通电后，查看电动机起动电流值和轴的旋转方向是否正常

三相电源 ←

10.4 电动机日常的保养维护

10.4.1 电动机主要部件的日常维护

在实际检修过程中可发现，电动机的大多数故障都是因日常维护工作不到位造成的，特别是有些操作人员根本不注重维护或不知道如何维护，在发现电动机故障时只能进行检修，不仅提高成本，还十分耗时耗力。下面将介绍电动机需要重点维护的几个方面，如电动机表面、转轴、电刷、铁心、风扇、轴承等。

1 电动机表面的维护

电动机在使用一段时间后，由于工作环境的影响，表面上可能会积上灰尘和油污，影响电动机的通风散热，严重时还会影响电动机的正常工作。

图 10-18 为电动机表面的维护方法。

图 10-18 电动机表面的维护

1	2	3
检查电动机表面有无明显堆积的灰尘或油污。	用毛刷清扫电动机表面堆积的灰尘。	用潮湿的毛巾擦拭电动机表面的油污等杂质。

2 电动机转轴的维护

在日常使用和工作中，由于转轴的工作特点，可能会出现锈蚀、脏污等情况，若这些情况严重，将直接导致电动机不起动、堵转或无法转动等故障。维护时，应先用软毛刷清扫表面的污物，然后用细砂纸包住转轴，用手均匀转动细砂纸或直接用砂纸擦拭，即可除去转轴表面的铁锈和杂质，如图 10-19 所示。

图 10-19 电动机转轴的维护

1	2
检查电动机转轴表面有无锈蚀、杂质等脏污。	用砂纸打磨电动机转轴表面的锈蚀、脏污、杂质等。

去锈蚀后，要注意最后的清扫环节，避免有杂质留在转轴表面上

砂纸

3 电动机电刷的维护

电刷是有刷电动机的关键部件。若电刷异常，将直接影响电动机的运行状态和工作效率。根

191

据电刷的工作特点，在一般情况下，电刷出现异常主要是由电刷或电刷架上碳粉堆积过多、电刷磨损严重、电刷活动受阻等原因引起的。

维护时，需要重点检查电刷的磨损情况，如图10-20所示。当电刷磨损至原有长度的1/3时就要及时更换，否则可能会造成电动机工作异常或故障。

图 10-20　定期检查电动机电刷的磨损情况

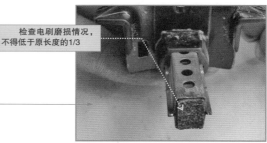

检查电刷磨损情况，不得低于原长度的1/3

电刷

如图10-21所示，定期检查电刷在电刷架中的活动情况。在正常情况下，要求电刷应能够在电刷架中自由活动。若电刷卡在电刷架中，则无法与整流子接触，电动机无法正常工作。

图 10-21　定期检查电动机电刷架的活动情况

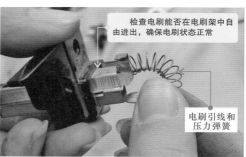

电刷

电刷架

检查电刷能否在电刷架中自由进出，确保电刷状态正常

电刷引线和压力弹簧

| 提示说明 |

　　在有刷电动机的运行工作中，电刷需要与换向器接触，因此在电动机转子带动整流子的转动过程中，电刷会存在一定程度的磨损，电刷上磨损下来的碳粉很容易堆积在电刷和电刷架上，这就要求电动机保养维护人员应定期清理电刷和电刷架，确保电动机正常工作。

　　维护时，需要查看电刷引线有无变色，依此了解电刷是否过载、电阻偏高或导线与刷体连接不良的情况，有助于及时预防故障的发生。

　　在有刷电动机中，电刷与换向器（集电环）是一组配套工作的部件，同样需要对换向器进行相应的保养和维护操作，如清洁换向器表面的碳粉、打磨换向器表面的毛刺或麻点、检查换向器表面有无明显不一致的灼痕等，以便及时发现故障隐患，排除故障。

4　电动机风扇的维护

　　风扇用来为电动机通风散热。通风散热是电动机正常工作的必备条件之一。维护时主要包括检查风扇扇叶有无破损、风扇表面有无油污、风扇卡扣是否出现裂痕损坏等。若有上述情况，将直接影响电动机的正常运转，具体维护方法如图10-22所示。

图 10-22　电动机风扇的维护方法

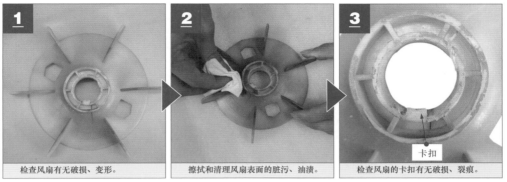

| 1 检查风扇有无破损、变形。 | 2 擦拭和清理风扇表面的脏污、油渍。 | 3 检查风扇的卡扣有无破损、裂痕。 |

5　电动机铁心的维护

电动机的铁心部分可以分为静止的定子铁心和转动的转子铁心，为了确保能够安全使用，延长使用寿命，维护时，可用毛刷或铁钩等定期清理，去除铁心表面的脏污、油渍等，如图 10-23 所示。

图 10-23　电动机铁心的维护

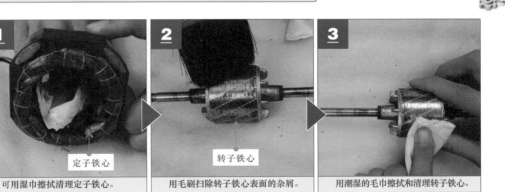

| 1 可用湿巾擦拭清理定子铁心。 | 2 用毛刷扫除转子铁心表面的杂屑。 | 3 用潮湿的毛巾擦拭和清理转子铁心。 |

6　电动机轴承的维护

电动机的轴承是支承转轴旋转的关键部件。电动机经过一段时间的使用后，会因润滑脂变质、渗漏等情况造成轴承磨损、间隙增大。此时，轴承表面温度升高，运转噪声增大，严重时还可能使定子与转子相接触。

保养时应采用热油清洗或煤油浸泡的方法清洗轴承，然后检查轴承的外观、游隙等。

检查轴承外观主要看轴承内圈或外圈的配合面磨损是否严重、滚珠或滚柱是否破裂、是否有锈蚀或出现麻点、保持架是否碎裂等。若外观损坏较严重，则需要直接更换轴承，否则即使重新润滑也无法恢复轴承的机械性能。

如图 10-24 所示，轴承的游隙是指轴承的滚珠或滚柱与外环内沟道之间的最大距离。当该值超出允许范围时，则应更换。

轴承的润滑轴承维护操作中的重要环节，能够确保轴承正常工作，增加轴承的使用寿命。图 10-25 为轴承的润滑方法。

图 10-24　轴承游隙的检查

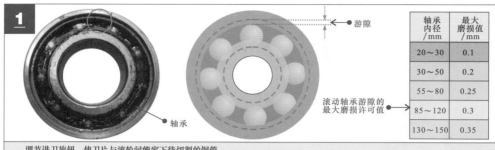

轴承 内径 /mm	最大 磨损值 /mm
20～30	0.1
30～50	0.2
55～80	0.25
85～120	0.3
130～150	0.35

游隙

轴承

滚动轴承游隙的
最大磨损许可值

调节进刀旋钮，使刀片与滚轮间能容下待切割的铜管。

轴承间隙过大或损坏时，一般不需要再清
洗或检修，直接更换同规格的合格轴承即可

用力上下提拉轴承的外圈，如有明显的松动感，则说明轴承
的游隙可能过大。

用手捏住轴承内圈，另一只手推动外圈使其旋转，若良好，
则旋转平稳无停滞，若有杂声或转动明显不畅，则表明轴承损坏。

图 10-25　轴承的润滑方法

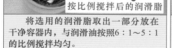

润滑脂　　　　润滑油

按比例搅拌后的润滑脂

将选用的润滑脂取出一部分放在
干净容器内，与润滑油按照 6:1～5:1
的比例搅拌均匀。

将润滑脂均匀涂抹在轴承空腔内，
并用手的压力往轴承转动部分的各个缝
隙挤压。

将润滑脂均匀涂抹在轴承空腔
内，不时地转动轴承，让润滑脂均匀地
进入各个部位，达到润滑效果最佳。

10.4.2　电动机定期维护与检查

　　对电动机进行定期维护检查时应根据实际的应用环境采用合适恰当的方法，常见的方法主要
有视觉检查、听觉检查、嗅觉检查、触觉检查及测试检查。

　　视觉检查是指通过观察电动机表面判断电动机的运行状态，如观察电动机外部零部件是否有
松动，电动机表面是否有脏污、油渍、锈蚀等，电动机与控制引线连接处是否有变色、烧焦等痕
迹。若存在上述现象，应及时分析原因，并进行处理。

　　听觉检查是指通过电动机运行时发出的声音判断电动机的工作状态是否正常，如电动机出现
较明显的电磁噪声、机械摩擦声、轴承晃动、振动等杂声时，应及时停止运行，检查和维护。

| 提示说明 |

　　通过认真细听电动机的运行声音可以有效判断电动机的当前状态。若电动机所在的环境比较嘈杂，则可借助螺钉旋具或听棒等辅助工具，贴近电动机外壳细听，从而判断电动机有无因轴承缺油引起的干磨、定子与转子扫膛等情况，及时发现故障隐患，排除故障。

　　嗅觉检查是指通过嗅觉检查电动机在运行中是否有不良故障，若闻到焦味、烟味或臭味，则表明电动机可能出现运行过热、绕组烧焦、轴承润滑失效、内部铁心摩擦严重等故障，应及时停机，检查和修理。

　　触觉检查是指用手背触摸电动机外壳，检查温度是否在正常范围内或检查是否有明显的振动现象。若电动机外壳温度过高，则可能是内部存在过载、散热不良、堵转、绕组短路、工作电压过高或过低、内部摩擦情况严重等故障；电动机明显的振动可能是由电动机零部件松动、电动机与负载连接不平衡、轴承不良等引起的，应及时停机，检查和修理。

　　在电动机运行时，可对电动机的工作电压、运行电流等进行检测，以判断电动机有无堵转、供电有无失衡等情况，及早发现问题，排除故障。

　　借助钳形表检测三相异步电动机各相的电流如图 10-26 所示。在正常情况下，各相电流与平均值的误差不应超过 10%，如用钳形表测得的各相电流差值太大，则可能有匝间短路，需要及时处理，避免故障扩大化。

图 10-26　电动机定期维护测试检查法

用钳形表钳住电动机供电引线中的一根检测电流

借助钳形表检测电动机的起动和运行电流，根据电流的大小检查和判断电动机的运行状态，排查故障隐患

电动机供电引线其中的一根相线

钳形表

第11章 电动机常用控制电路的特点与应用

11.1 电动机控制电路的特点与控制关系

电动机控制电路是依靠控制部件、功能部件等控制电动机，进而完成对电动机起动、运转、变速、制动和停机等控制的电路。

11.1.1 电动机控制电路的功能应用

电动机控制电路的功能特点如图 11-1 所示。

图 11-1 电动机控制电路的功能特点

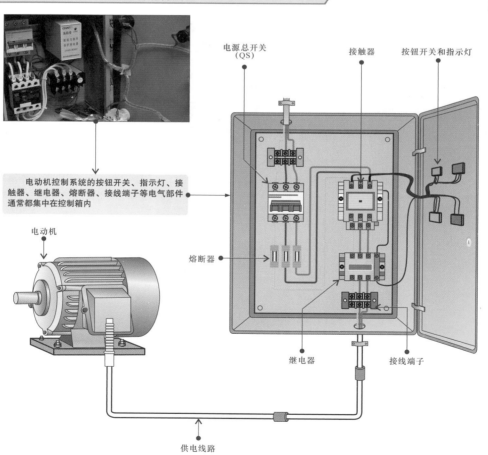

电源总开关
（QS）

接触器

按钮开关和指示灯

电动机控制系统的按钮开关、指示灯、接触器、继电器、熔断器、接线端子等电气部件通常都集中在控制箱内

电动机

熔断器

继电器

接线端子

供电线路

电动机控制电路应用在一些需要带动机械部件工作的环境，控制部分是由电子元器件或电气控制部件组成的控制电路，如图11-2所示。常见的工业机床和农业灌溉都是典型电动机控制电路的应用。

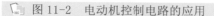 图11-2 电动机控制电路的应用

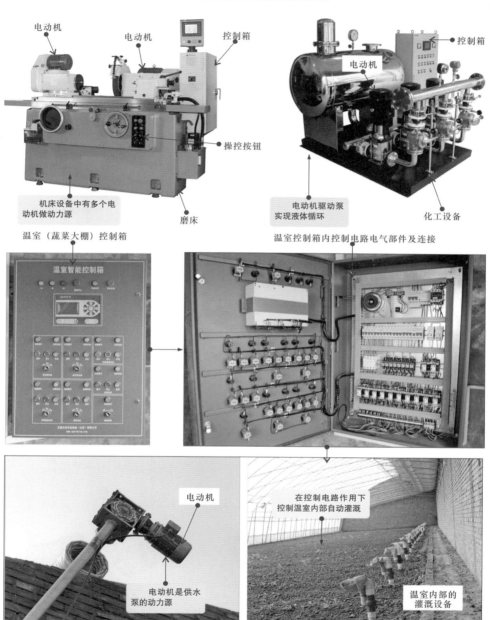

11.1.2　电动机控制电路的控制关系

了解电动机控制电路的控制关系，需先熟悉电路的结构组成。只有知晓电动机控制电路的功能、结构及电气部件的作用后，才能理清电路的控制关系。

图 11-3 为典型电动机控制电路的结构组成。由图中可知，电动机控制电路主要是由电源总开关、熔断器、起动按钮、停止按钮、交流接触器、过热保护继电器、指示灯及三相交流电动机等构成的。

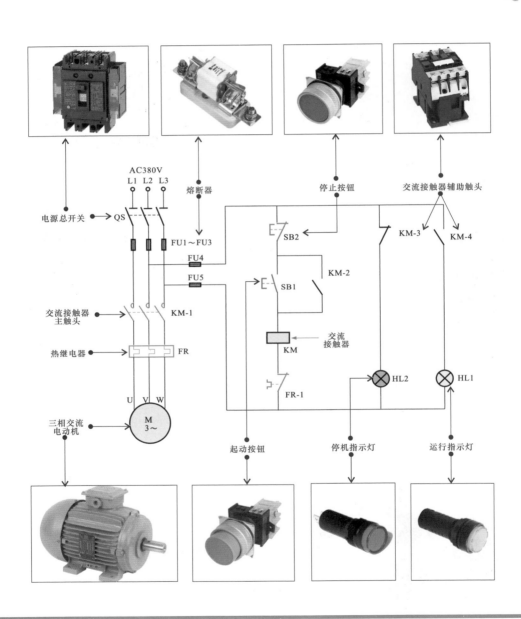

图 11-3　典型电动机控制电路的结构组成

电动机控制电路通过连线清晰地表达了各主要部件的连接关系，控制电路中的主要部件用规范的电路图形符号和标识表示。为了更好地理解电动机控制电路的结构关系，可以将电路图还原成电路接线图。图 11-4 为典型的电动机控制电路的接线图。

图 11-4 典型电动机控制电路的接线图

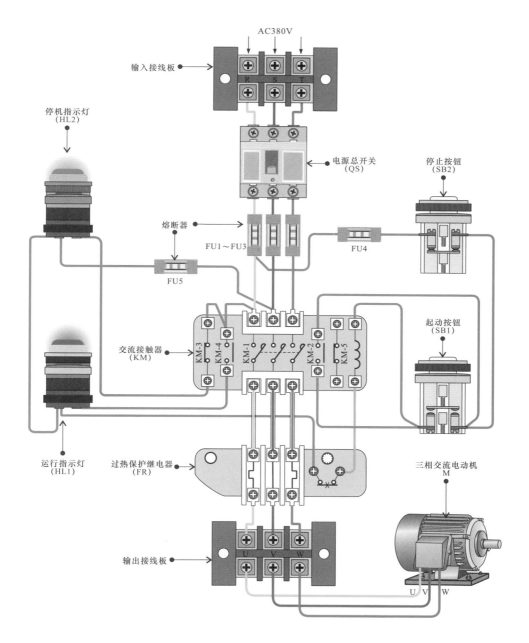

输入接线板

AC380V

停机指示灯
(HL2)

电源总开关
(QS)

停止按钮
(SB2)

熔断器

FU1～FU3

FU4

FU5

交流接触器
(KM)

起动按钮
(SB1)

运行指示灯
(HL1)

过热保护继电器
(FR)

三相交流电动机
M

输出接线板

199

11.2 电动机起/停控制电路的功能与实际应用

11.2.1 电动机起/停控制电路的结构组成

电动机起/停控制电路是指由按钮开关、接触器等功能部件实现对电动机起动和停止的电气控制，是电动机最基本的电气控制电路。

图 11-5 为典型单相交流电动机起/停控制电路的结构组成。

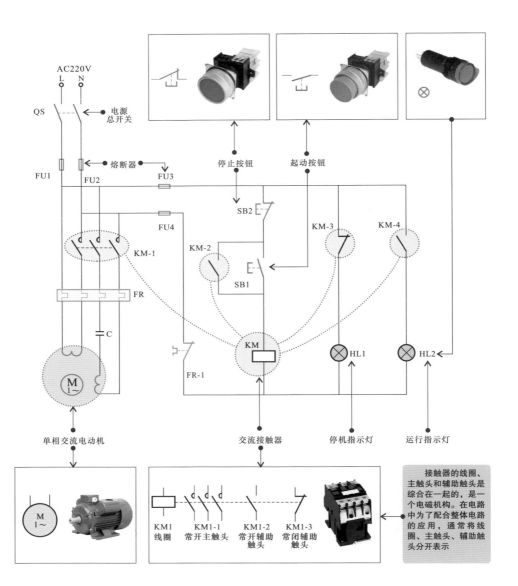

图 11-5　典型单相交流电动机起/停控制电路的结构组成

11.2.2　电动机起/停控制电路的功能应用

电动机起/停控制电路的控制过程比较简单，主要包括起动和停机两个过程，可根据电路结构和电路中各部件的连接关系，并结合各部件的功能特点分析电路。图 11-6 为单相交流电动机起/停控制电路的功能应用。

图 11-6 单相交流电动机起/停控制电路的功能应用

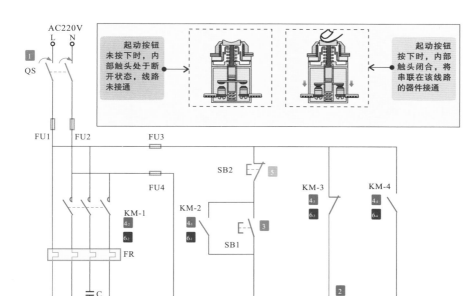

扫一扫看视频

① 合上电源总开关 QS，接通单相电源。

① → ② 电源经常闭触头 KM-3 为停机指示灯 HL1 供电，HL1 点亮。

③ 按下起动按钮 SB1。

③ → ④ 交流接触器 KM 线圈得电。

　　④₁ KM 的常开辅助触头 KM-2 闭合，实现自锁功能。

　　④₂ 常开主触头 KM-1 闭合，电动机接通单相电源，开始起动运转。

　　④₃ 常闭辅助触头 KM-3 断开，切断停机指示灯 HL1 的供电电源，HL1 熄灭。

　　④₄ 常开辅助触头 KM-4 闭合，运行指示灯 HL2 点亮，指示电动机处于工作状态。

⑤ 当需要电动机停机时，按下停止按钮 SB2。

⑤ → ⑥ 交流接触器 KM 线圈失电。

　　⑥₁ 常开辅助触头 KM-2 复位断开，解除自锁功能。

　　⑥₂ 常开主触头 KM-1 复位断开，切断电动机的供电电源，电动机停止运转。

　　⑥₃ 常闭辅助触头 KM-3 复位闭合，停机指示灯 HL1 点亮，指示电动机目前处于停机状态。

　　⑥₄ 常开辅助触头 KM-4 复位断开，切断运行指示灯 HL2 的电源供电，HL2 熄灭。

11.3 电动机串电阻减压起动控制电路的功能与实际应用

11.3.1 电动机串电阻减压起动控制电路的结构组成

电动机串电阻减压启动控制电路是指在电动机定子电路中串入电阻器，起动时，利用串入的电阻器起到降压、限流的作用，当电动机起动完毕后，再通过电路将串联的电阻短接，使电动机进入全压正常运行状态。

图 11-7 为三相交流电动机串电阻减压起动控制电路的结构组成。从图中可以看到，该电路主要由电源总开关 QS、起动按钮 SB1、停止按钮 SB2、交流接触器 KM1/KM2、时间继电器 KT、熔断器 FU1 ~ FU3、电阻器 R1 ~ R3、过热保护继电器 FR、三相交流电动机等构成。

图 11-8 为三相交流电动机串电阻减压起动控制电路的接线图。

图 11-7 三相交流电动机串电阻减压起动控制电路的结构组成

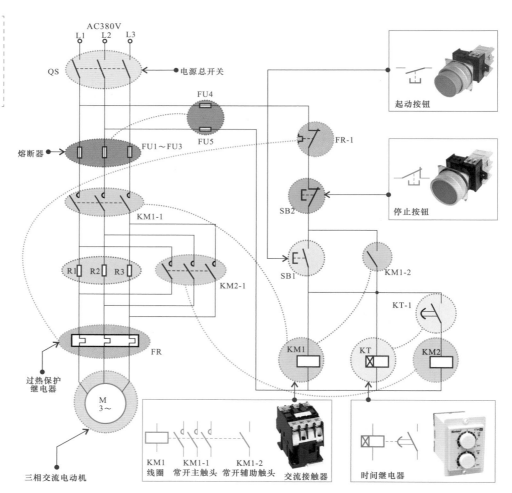

图 11-8　三相交流电动机串电阻减压起动控制电路的接线图

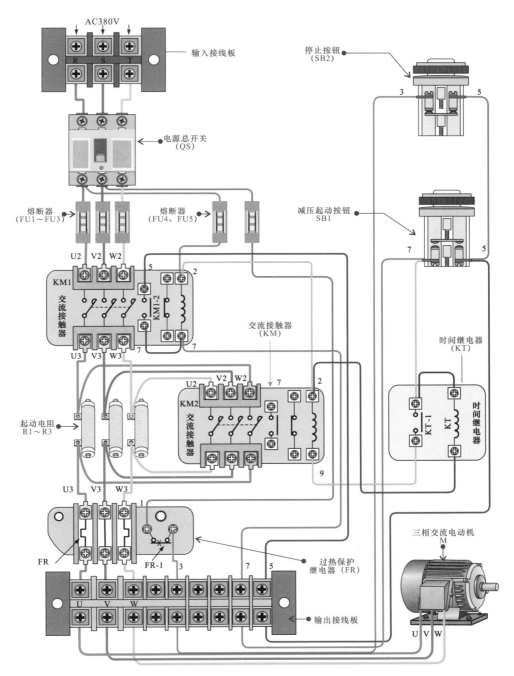

11.3.2　电动机串电阻减压起动控制电路的功能应用

电动机串电阻减压起动控制电路的运行过程包括减压起动、全压运行和停机三个过程，可根据电路器件各自的功能特点和器件之间的连接关系进行分析，如图 11-9 所示。

图 11-9　电动机串电阻减压起动控制电路的功能应用

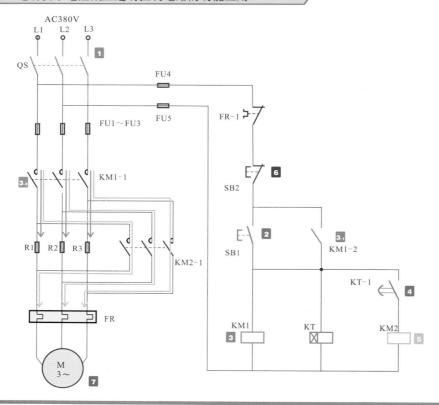

1 合上电源总开关 QS，接通三相电源。

2 按下起动按钮 SB1，常开触头闭合。

2→**3** 交流接触器 KM1 线圈得电，时间继电器 KT 线圈得电。

　　3. 常开辅助触头 KM1-2 闭合，实现自锁功能。

　　3. 常开主触头 KM1-1 闭合，电源经电阻器 R1、R2、R3 为三相交流电动机 M 供电，三相交流电动机减压起动。

4 当时间继电器 KT 达到预定的延时时间后，常开触头 KT-1 延时闭合。

4→**5** 交流接触器 KM2 线圈得电，常开主触头 KM2-1 闭合，短接电阻器 R1、R2、R3，三相交流电动机在全压状态下运行。

6 当需要三相交流电动机停机时，按下停止按钮 SB2，交流接触器 KM1、KM2 和时间继电器 KT 线圈均失电，触头全部复位。

6→**7** KM1、KM2 的常开主触头 KM1-1、KM2-1 复位断开，切断三相交流电动机供电电源，三相交流电动机停止运转。

11.4　电动机丫—△减压起动控制电路的功能与实际应用

11.4.1　电动机丫—△减压起动控制电路的结构组成

　　电动机丫—△减压起动控制电路是指三相交流电动机起动时，先由电路控制三相交流电动机定子绕组连接成丫形进入减压起动状态，待转速达到一定值后，再由电路控制三相交流电动机定子绕组连接成△形，进入全压正常运行状态。

图 11-10 为典型电动机丫—△减压起动控制电路的结构组成。

图 11-10 典型电动机丫—△减压起动控制电路的结构组成

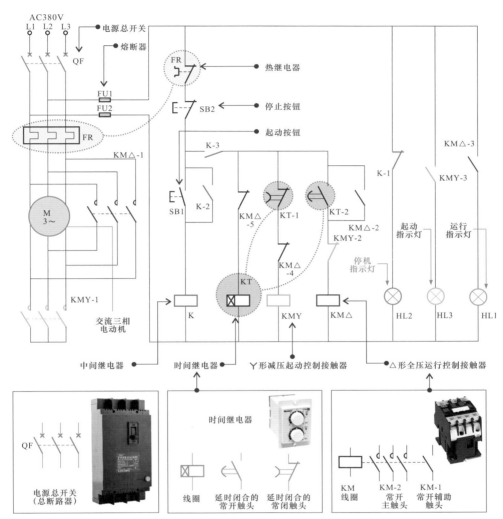

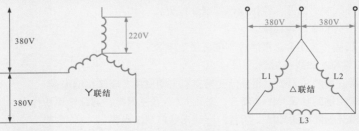

| 提示说明 |

　　当三相交流电动机绕组采用丫联结时，三相交流电动机每相绕组承受的电压均为 220V；当三相交流电动机绕组采用△联结时，三相交流电动机每相绕组承受的电压为 380V，如图 11-11 所示。

图 11-11 三相交流电动机绕组的连接形式

11.4.2 电动机Y—△减压起动控制电路的功能应用

根据电动机Y—△减压起动控制电路中各部件的功能特点和连接关系，可分析和理清电气部件之间的控制关系和过程。

图 11-12 为电动机Y—△减压起动控制电路的功能应用。

图 11-12 电动机Y—△减压起动控制电路的功能应用

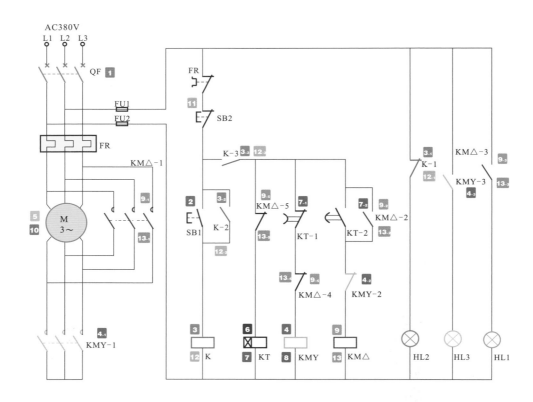

1 闭合总断路器 QF，接通三相电源，停机指示灯 HL2 点亮。

2 按下起动按钮 SB1，触头闭合。

2 → **3** 电磁继电器 K 的线圈得电。

  3₁ 常闭触头 K-1 断开，停机指示灯 HL2 熄灭。

  3₂ 常开触头 K-2 闭合自锁。

  3₃ 常开触头 K-3 闭合，接通控制电路供电电源。

3₃ → **4** 交流接触器 KMY 的线圈得电。

  4₁ KMY 常开主触头 KMY-1 闭合，三相交流电动机以 Y 联结接通电源。

  4₂ KMY 常闭辅助触头 KMY-2 断开，防止 KM △线圈得电，起联锁保护作用。

  4₃ KMY 常开辅助触头 KMY-3 闭合，起动指示灯 HL3 点亮。

4. → **5** 电动机减压起动运转。

3. → **6** 时间继电器 KT 线圈得电，开始计时。

6 → **7** 时间继电器 KT 到达预定时间。

    7. KM 常闭触头 KT-1 延时断开。

    7. KM 常开触头 KT-2 延时闭合。

7. → **8** 断开交流接触器 KMY 的供电，KMY 触头全部复位。

7. → **9** 交流接触器 KM △ 的线圈得电。

    9. KM △ 常开主触头 KM △-1 闭合，三相交流电动机以 △ 联结接通电源。

    9. KM △ 常开辅助触头 KM △-2 闭合自锁。

    9. KM △ 常开辅助触头 KM △-3 闭合，运行指示灯 HL1 点亮。

    9. KM △ 常闭辅助触头 KM △-4 断开，防止 LMY 线圈得电，起联锁保护作用。

    9. KM △ 常闭辅助触头 KM △-5 断开，切断 KT 线圈的供电，触头全部复位。

9. → **10** 电动机开始全压运行。

11 当需要三相交流电动机停机时，按下停止按钮 SB2。

11 → **12** 电磁继电器 K 线圈失电。

    12. 常闭触头 K-1 复位闭合，停机指示灯 HL2 点亮。

    12. 常开触头 K-2 复位断开，解除自锁功能。

    12. 常开触头 K-3 复位断开，切断控制电路的供电电源。

11 → **13** 交流接触器 KM △ 线圈失电。

    13. 常开主触头 KM △-1 复位断开，切断供电电源，三相交流电动机停止运转。

    13. 常开辅助触头 KM △-2 复位断开，解除自锁功能。

    13. 常开辅助触头 KM △-3 复位断开，切断运行指示灯 HL1 的供电，HL1 熄灭。

    13. 常闭辅助触头 KM △-4 复位闭合，为下一次减压起动做好准备。

    13. 常闭辅助触头 KM △-5 复位闭合，为下一次减压起动运转时间计时控制做好准备。

11.5 电动机反接制动控制电路的功能与实际应用

11.5.1 电动机反接制动控制电路的结构组成

电动机反接制动控制电路是指通过反接电动机的供电相序改变电动机的旋转方向，降低电动机转速，最终达到停机的目的。电动机在反接制动时，电路会改变电动机定子绕组的电源相序，使之有反转趋势从而产生的较大制动力矩，使电动机的转速降低，最后通过速度继电器自动切断制动电源，确保电动机不会反转。

图 11-13 为典型电动机反接制动控制电路的结构组成。该电路主要由电源总开关 QS、起动按钮 SB2、制动按钮 SB1、交流接触器 KM1/KM2、时间继电器 KT、速度继电器 KS 和三相交流电动机等构成。

11.5.2 电动机反接制动控制电路的功能应用

根据电动机反接制动控制电路中各部件的功能特点和连接关系，可分析和理清电气部件之间的控制关系和过程。图 11-14 为电动机反接制动控制电路的功能应用。

图 11-13 典型电动机反接制动控制电路的结构组成

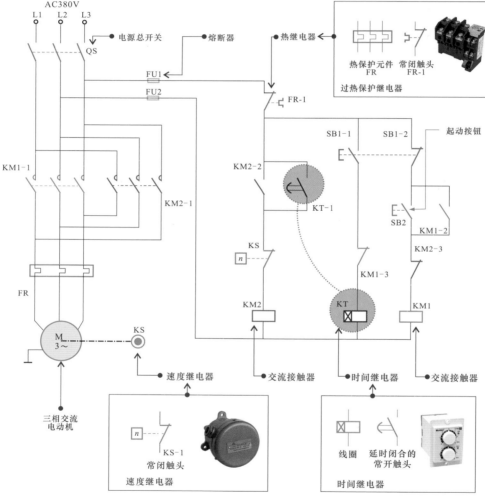

AC380V

L1 L2 L3

电源总开关 熔断器 热继电器

QS

FU1

FU2

热保护元件 常闭触头
FR FR-1

过热保护继电器

FR-1

KM1-1 KM2-2 SB1-1 SB1-2 起动按钮

KT-1

KM2-1 SB2 KM1-2

KS KM2-3

n KM1-3

FR KM2 KT KM1

M KS
3~

速度继电器 交流接触器 时间继电器 交流接触器

三相交流
电动机

n KS-1

常闭触头

速度继电器

线圈 延时闭合的
常开触头

时间继电器

图 11-14 电动机反接制动控制电路的功能应用

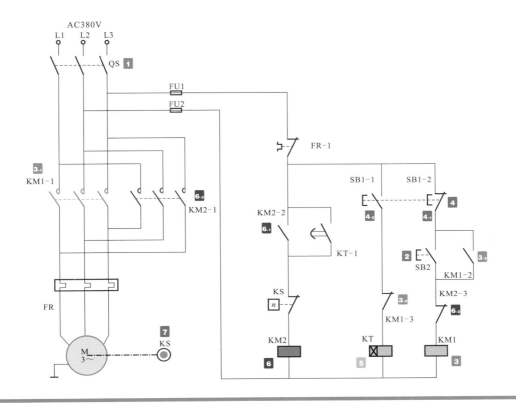

1 合上电源总开关 QS，接通三相电源。

2 按下起动按钮 SB2，常开触头闭合。

2 → 3 交流接触器 KM1 线圈得电。

3₁ 常开主触头 KM1-1 闭合，三相交流电动机按 L1、L2、L3 的相序接通三相电源，开始正向起动运转。

3₂ 常开辅助触头 KM1-2 闭合，实现自锁功能。

3₃ 常闭触头 KM1-3 断开，防止 KT 线圈得电。

4 如需制动停机，按下制动按钮 SB1。

4₁ 常闭触头 SB1-2 断开，交流接触器 KM1 线圈失电，触头全部复位。

4₂ 常开触头 SB1-1 闭合，时间继电器 KT 线圈得电。

5 当达到时间继电器 KT 预先设定的时间时，常开触头 KT-1 延时闭合。

6 交流接触器 KM2 线圈得电。

6₁ 常开触头 KM2-2 闭合自锁。

6₂ 常闭触头 KM2-3 断开，防止交流接触器 KM1 线圈得电。

6₃ 常开触头 KM2-1 闭合，改变电动机中定子绕组电源相序，电动机有反转趋势，产生较大的制动力矩，开始制动减速。

7 当电动机转速减小到一定值时，速度继电器 KS 断开，KM2 线圈失电，触头全部复位，切断电动机的制动电源，电动机停止运转。

11.6 电动机正／反转控制电路的功能与实际应用

11.6.1 电动机正／反转控制电路的结构组成

电动机正／反转控制电路是指对电动机的转动方向进行控制。典型单相交流电动机正／反转控制电路的结构组成如图11-15所示。该电路通过改变单相交流电动机辅助线圈和主线圈的连接方式来改变电动机的转动方向。

图11-15　典型单相交流电动机正／反转控制电路的结构组成

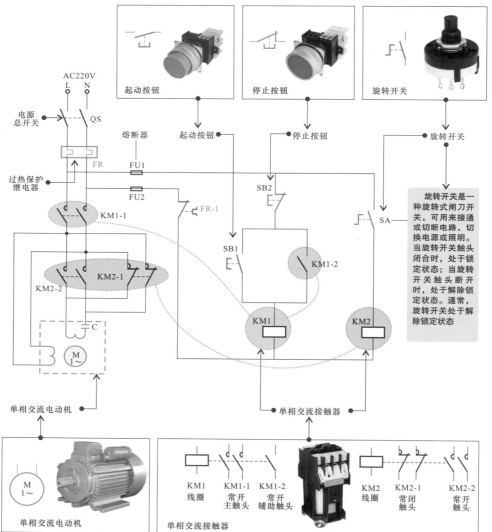

11.6.2 电动机正／反转控制电路的功能应用

根据典型单相交流电动机正／反转控制电路中各部件的功能特点和连接关系，可分析和理清电气部件之间的控制关系和过程。

图 11-16 为典型单相交流电动机正 / 反转控制电路的功能应用。

图 11-16 典型单相交流电动机正 / 反转控制电路的功能应用

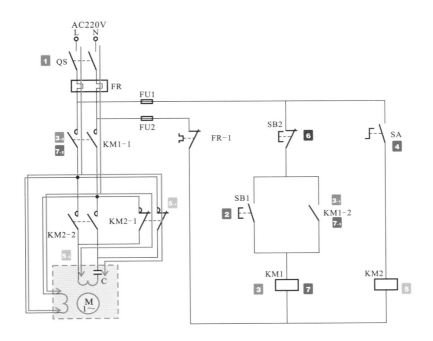

211

---

1 合上电源总开关 QS，接通单相电源。

2 按下起动按钮 SB1，接通控制线路。

2 → **3** 交流接触器 KM1 线圈得电。

    3-1 常开辅助触头 KM1-2 闭合，实现自锁功能。

    3-2 常开主触头 KM1-1 闭合，电动机主线圈接通电源相序 L、N，电流经起动电容器 C 和辅助线圈
    形成回路，电动机正向起动运转。

4 按下开关 SA，内部常开触头闭合。

4 → **5** 交流接触器 KM2 线圈得电。

    5-1 常闭触头 KM2-1 断开。

    5-2 常开触头 KM2-2 闭合，电动机主线圈接通电源相序 L、N，电流经辅助线圈和起动电容器 C 形
    成回路，电动机开始反向运转。

6 当需要电动机停机时，按下停止按钮 SB2。

6 → **7** 交流接触器 KM1 线圈失电。

    7-1 常开辅助触头 KM1-2 复位断开，解除自锁功能。

    7-2 常开主触头 KM1-1 复位断开，切断电动机供电电源，电动机停止运转。

11.7 电动机调速控制电路的功能与实际应用

11.7.1 电动机调速控制电路的结构组成

电动机调速控制电路是指利用时间继电器控制电动机的低速或高速运转，通过低速运转按钮和高速运转按钮实现对电动机低速和高速运转的切换控制。

图 11-17 为典型三相交流电动机调速控制电路的结构组成。

图 11-17 典型三相交流电动机调速控制电路的结构组成

扫一扫看视频

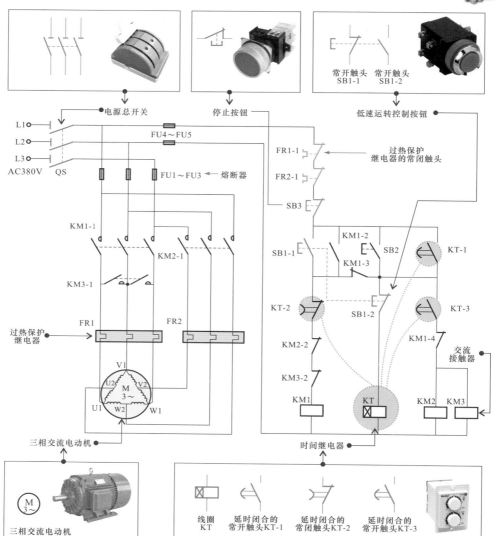

11.7.2 电动机调速控制电路的功能应用

结合电动机调速控制电路的控制功能，根据电路中各部件的功能特点和连接关系，可完成对电动机调速控制电路的工作过程分析，如图 11-18 所示。

图 11-18　典型三相交流电动机调速控制电路的功能应用

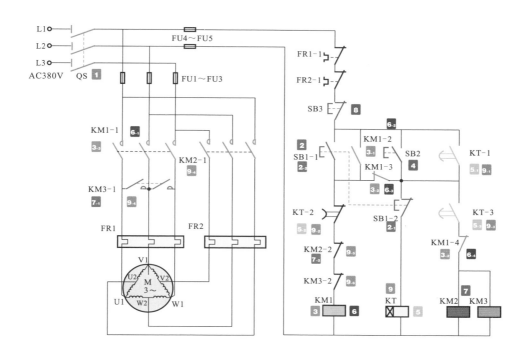

1 合上电源总开关 QS，接通三相电源。

2 按下低速运转控制按钮 SB1。

　2.₁ 常闭触头 SB1-2 断开，防止时间继电器 KT 线圈得电，起到连锁保护作用。

　2.₂ 常开触头 SB1-1 闭合。

2.₂ → 3 交流接触器 KM1 线圈得电。

　3.₁ KM1 的常开辅助触头 KM1-2 闭合自锁。

　3.₂ KM1 的常闭辅助触头 KM1-3 和 KM1-4 断开，防止交流接触器 KM2 和 KM3 的线圈及时间 继电器 KT 得电，起连锁保护功能。

　3.₃ 常开主触头 KM1-1 闭合，三相交流电动机定子绕组成△联结，开始低速运转。

4 按下高速运转控制按钮 SB2。

4 → 5 时间继电器 KT 的线圈得电，进入高速运转计时状态，达到预定时间后，相应延时动作的触头 发生动作。

　5.₁ KT 的常开触头 KT-1 闭合，锁定 SB2，即使松开 SB2 也仍保持接通状态。

　5.₂ KT 的常闭触头 KT-2 断开。

　5.₃ KT 的常开触头 KT-3 闭合。

5.₂ → 6 交流接触器 KM1 线圈失电。

6₁ 常开主触头 KM1-1 复位断开，切断三相交流电动机的供电电源。

6₂ 常开辅助触头 KM1-2 复位断开，解除自锁。

6₃ 常开辅助触头 KM1-3 复位闭合。

6₄ 常开辅助触头 KM1-4 复位闭合。

5₃ → 7 交流接触器 KM2 和 KM3 线圈得电。

7₁ 常开主触头 KM3-1 和 KM2-1 闭合，使三相交流电动机定子绕组成丫丫联结，三相交流
电动机开始高速运转。

7₂ 常闭辅助触头 KM2-2 和 KM3-2 断开，防止 KM1 线圈得电，起连锁保护作用。

8 当需要停机时，按下停止按钮 SB3。

8 → 9 交流接触器 KM2/KM3 和时间继电器 KT 线圈均失电，触头全部复位。

9₁ 常开触头 KT-1 复位断开，解除自锁。

9₂ 常闭触头 KT-2 复位闭合。

9₃ 常开触头 KT-3 复位断开。

9₄ 常开主触头 KM3-1 和 KM2-1 断开，切断三相交流电动机电源供电，停止运转。

9₅ 常开辅助触头 KM2-2 复位闭合。

9₆ 常开辅助触头 KM3-2 复位闭合。

| 提示说明 |

三相交流电动机的调速方法有多种，如变极调速、变频调速和变转差率调速等方法。通常，车床设备电动机的调速方法主要是变极调速。双速电动机控制是目前应用中最常用一种变极调速形式。图 11-19 为双速电动机定子绕组的连接方法。

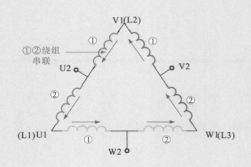
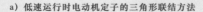
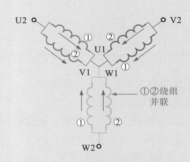

a) 低速运行时电动机定子的三角形联结方法   b) 高速运行时电动机定子的丫丫联结方法

图 11-19　双速电动机定子绕组的连接方法

图 11-19a 为低速运行时定子的三角形（△）联结方法。在这种接法中，电动机的三相定子绕组接成三角形，三相电源线 L1、L2、L3 分别连接在定子绕组三个出线端 U1、V1、W1 上，且每相绕组中点接出的接线端 U2、V2、W2 悬空不接，此时电动机三相绕组构成三角形联结，每相绕组的①、②线圈相互串联，电路中电流方向如图中箭头所示。若此电动机磁极为 4 极，则同步转速为 1500r/min。

图 11-19b 为高速运行电动机定子的 YY 联结方法。这种接法是将三相电源 L1、L2、L3 连接在定子绕组的出线端 U2、V2、W2 上，且将接线端 U1、V1、W1 连接在一起，此时电动机每相绕组的①、②线圈相互并联，电流方向如图中箭头方向所示。若此时电动机磁极为 2 极，则同步转速为 3000r/min。

11.8 电动机间歇起 / 停控制电路的功能与实际应用

11.8.1 电动机间歇起 / 停控制电路的结构组成

电动机间歇起 / 停控制电路是指控制电动机运行一段时间自动停止，然后自动起动，反复控制，实现电动机的间歇运行。通常，电动机的间歇是通过时间继电器进行控制的，通过预先设定时间继电器的延迟时间实现对电动机起动时间和停机时间的控制。

图 11-20 为典型三相交流电动机间歇起 / 停控制电路的结构组成。

图 11-20 典型三相交流电动机间歇起 / 停控制电路的结构组成

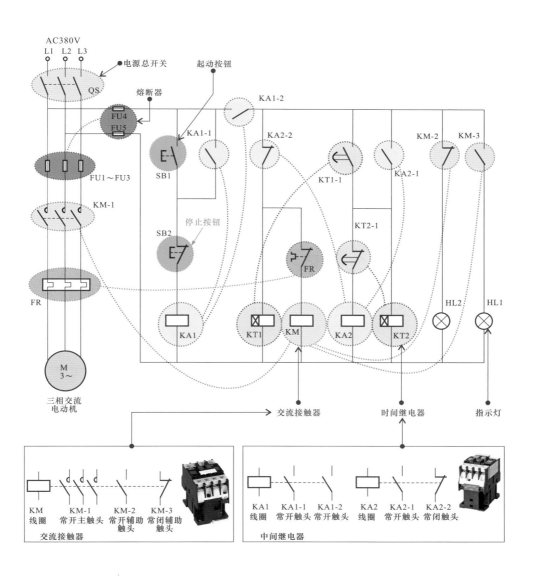

11.8.2　电动机间歇起/停控制电路的功能应用

结合电动机间歇起/停控制电路的控制功能，根据电路中各主要部件的功能特点和部件之间的连接关系，完成对电动机间歇起/停控制电路的工作过程分析。图 11-21 为典型三相交流电动机间歇起/停控制电路的功能应用。

图 11-21　典型三相交流电动机间歇起/停控制电路的功能应用

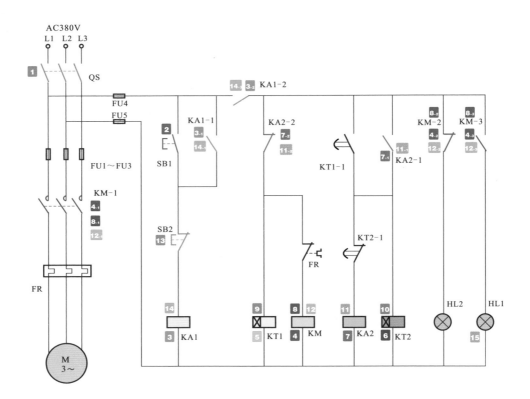

1 合上电源总开关 QS，接通三相电源。

2 按下起动按钮 SB1，常开触头闭合，接通线路。

2 → 3 中间继电器 KA1 线圈得电。

　　3-1 常开触头 KA1-1 闭合，实现自锁功能。

　　3-2 常开触头 KA1-2 闭合，接通控制电路的供电电源，电源经交流接触器 KM 的常闭辅助触头 KM-2 为停机指示灯 HL2 供电，HL2 点亮。

3-2 → 4 交流接触器 KM 线圈得电。

　　4-1 常开主触头 KM-1 闭合，三相交流电动机接通三相电源，起动运转。

　　4-2 常闭辅助触头 KM-2 断开，切断停机指示灯 HL2 的供电，HL2 熄灭。

　　4-3 常开辅助触头 KM-3 闭合，运行指示灯 HL1 点亮，三相交流电动机处于工作状态。

3₂ → 5 时间继电器 KT1 线圈得电，进入延时控制。当延时到达时间继电器 KT1 预定的延时时间后，常开触头 KT1-1 闭合。

5 → 6 时间继电器 KT2 线圈得电，进入延时状态。

5 → 7 中间继电器 KA2 线圈得电。

    7₁ 常开触头 KA2-1 闭合，实现自锁功能。

    7₂ 常闭触头 KA2-2 断开，切断线路。

7₂ → 8 交流接触器 KM 线圈失电。

    8₁ 常开主触头 KM-1 复位断开，切断三相交流电动机供电电源，三相交流电动机停止运转。

    8₂ 常闭辅助触头 KM-2 复位闭合，停机指示灯 HL2 点亮，指示三相交流电动机处于停机状态。

    8₃ 常开辅助触头 KM-3 复位断开，切断运行指示灯 HL1 的供电，HL1 熄灭。

7₂ → 9 时间继电器 KT1 线圈失电，常开触头 KT1-1 复位断开。

6 → 10 时间继电器 KT2 进入延时状态后，当延时到达预定的延时时间后，常闭触头 KT2-1 断开。

10 → 11 中间继电器 KA2 线圈失电。

    11₁ 常开触头 KA2-1 复位断开，解除自锁功能，同时时间继电器 KT2 线圈失电。

    11₂ 常闭触头 KA2-2 复位闭合，接通线路电源。

11₂ → 12 交流接触器 KM 和时间继电器 KT1 线圈再次得电。

    12₁ 交流接触器 KM 线圈得电，常开主触头 KM-1 再次闭合，三相交流电动机接通三相电源，再次起动运转。

    12₂ 常闭辅助触头 KM-2 再次断开，切断停机指示灯 HL2 的供电，HL2 熄灭。

    12₃ 常开辅助触头 KM-3 再次闭合，运行指示灯 HL1 点亮，指示三相交流电动机处于工作状态。如此反复动作，实现三相交流电动机的间歇运转控制。

13 当需要三相交流电动机停机时，按下停止按钮 SB2。

13 → 14 中间继电器 KA1 线圈失电。

    14₁ 常开触头 KA1-1 复位断开，解除自锁功能。

    14₂ 常开触头 KA1-2 复位断开，切断控制电路的供电电源，交流接触器 KM、时间继电器 KT1/KT2、中间继电器 KA2 线圈均失电，触头全部复位。

14₂ → 15 当三相交流电动机处于间歇运转过程时，三相交流电动机立即停机，运行指示灯 HL1 熄灭，停机指示灯 HL2 点亮，再次启动时，需重新按下起动按钮 SB1。

当三相交流电动机处于间歇停机过程时，三相交流电动机将不能再次起动运转，若需重新起动，需再次按下起动按钮 SB1。

11.9 电动机定时起 / 停控制电路的功能与实际应用

11.9.1 电动机定时起 / 停控制电路的结构组成

电动机定时起 / 停控制电路是通过时间继电器实现的。当按下电路中的起动按钮后，电动机会根据设定时间自动起动运转，运转一段时间后会自动停机。按下起动按钮后，进入起动状态的时间（定时起动时间）和运转工作的时间（定时停机时间）都是由时间继电器控制的，具体的定时起动时间和定时停机时间可预先对时间继电器进行延时设定。图 11-22 为典型三相交流电动机定时起 / 停控制电路的结构组成。

图 11-22　典型三相交流电动机定时起／停控制电路的结构组成

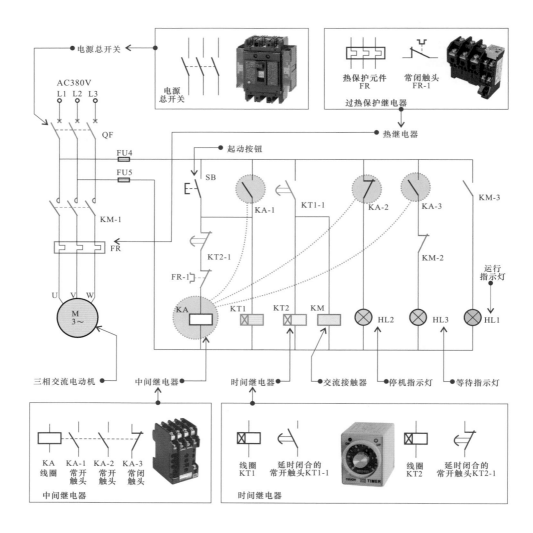

11.9.2　电动机定时起／停控制电路的功能应用

　　结合电动机定时起／停控制电路的控制功能，根据电路中各主要部件的功能特点和连接关系，可完成对电动机定时起／停控制电路的工作过程分析。

　　图 11-23 为典型三相交流电动机定时起／停控制电路的功能应用。

图 11-23 典型三相交流电动机定时起／停控制电路的功能应用

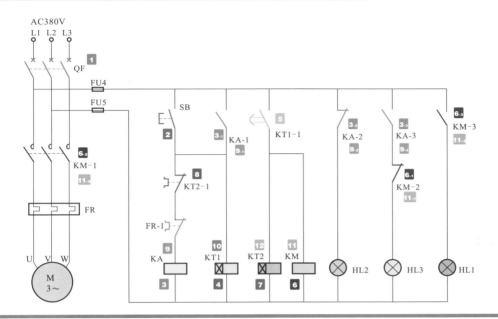

扫一扫看视频

219

1 合上总断路器 QF，接通三相电源，电源经中间继电器 KA 的常闭触头 KA-2 为停机指示灯 HL2 供电，HL2 点亮。

2 按下起动按钮 SB，常开触头闭合。

2 → 3 中间继电器 KA 线圈得电。

　　3-1 常开触头 KA-1 闭合，实现自锁功能。

　　3-2 常闭触头 KA-2 断开，切断停机指示灯 HL2 的供电，HL2 熄灭。

　　3-3 常开触头 KA-3 闭合，等待指示灯 HL3 点亮，电动机处于等待起动状态。

2 → 4 时间继电器 KT1 线圈得电，进入等待计时状态（预先设定的等待时间）。

5 当时间继电器 KT1 到达预先设定的等待时间时，常开触头 KT1-1 闭合。

5 → 6 交流接触器 KM 线圈得电。

　　6-1 常闭辅助触头 KM-2 断开，切断等待指示灯 HL3 的供电，HL3 熄灭。

　　6-2 常开主触头 KM-1 闭合，三相交流电动机接通三相电源，起动运转。

　　6-3 常开辅助触头 KM-3 闭合，运行指示灯 HL1 点亮，电动机处于运转状态。

5 → 7 时间继电器 KT2 线圈得电，进入运转计时状态（预先设定的运转时间）。

8 当时间继电器 KT2 到达预先设定的运转时间时，常闭触头 KT2-1 断开。

8 → 9 中间继电器 KA 线圈失电。

　　9-1 常开触头 KA-1 复位断开，解除自锁。

　　9-2 常闭触头 KA-2 复位闭合，停机指示灯 HL2 点亮，指示电动机处于停机状态。

　　9-3 常开触头 KA-3 复位断开，切断等待指示灯 HL3 的供电电源，HL3 熄灭。

9 → 10 KT1 线圈失电，常开触头 KT1-1 复位断开。

10 → 11 交流接触器 KM 线圈失电。

　　11-1 常闭辅助触头 KM-2 复位闭合，为等待运转指示灯 HL3 得电做好准备。

　　11-2 常开辅助触头 KM-3 复位断开，运行指示灯 HL1 熄灭。

　　11-3 常开主触头 KM-1 复位断开，切断三相交流电动机的供电电源，三相交流电动机停止运转。

10 → 12 时间继电器 KT2 线圈失电，常闭触头 KT2-1 复位闭合，为三相交流电动机的下一次定时起动、定时停机做好准备。

12.1 变频器的种类特点

12.1.1 变频器的种类

变频器的英文名称 VFD 或 VVVF，它是一种利用逆变电路的方式将恒频恒压的电源变成频率和电压可变的电源，进而对电动机进行调速控制的电器装置。图 12-1 为变频器的实物外形。

图 12-1 变频器的实物外形

变频器种类很多，其分类方式也是多种多样，按照不同的分类方式，具体的类别也不相同。

1 按变换方式分类

变频器按照变换方式的不同主要分为两类：交 - 直 - 交变频器和交 - 交变频器。

如图 12-2 所示，交 - 直 - 交变频器又称间接式变频器，该变频器是先将工频交流电通过整流单元转换成脉动的直流电，再经过中间电路中的电容平滑滤波，为逆变电路供电，在控制系统的控制下，逆变电路将直流电源转换成频率和电压可调的交流电，然后提供给负载（电动机）进行变速控制。

图 12-2 交 - 直 - 交变频器

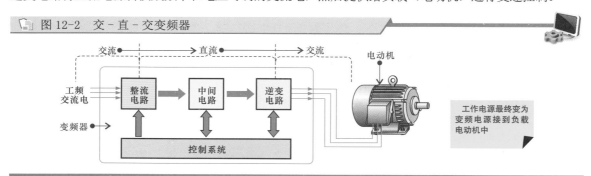

如图 12-3 所示，交 - 交变频器又称直接式变频器，该变频器是将工频交流电直接转换成频率和电压可调的交流电，提供给负载（电动机）进行变速控制。

2 按电源性质分类

在交 - 直 - 交变频器中，根据中间电路部分电源性质的不同，又可将变频器分为电压型变频器和电流型变频器。

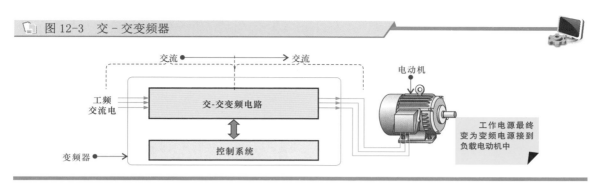

图 12-3　交-交变频器

如图 12-4 所示，电压型变频器的特点是中间电路采用电容器作为直流储能元件，缓冲负载的无功功率。直流电压比较平稳，直流电源内阻较小，相当于电压源，故电压型变频器常选用于负载电压变化较大的场合。

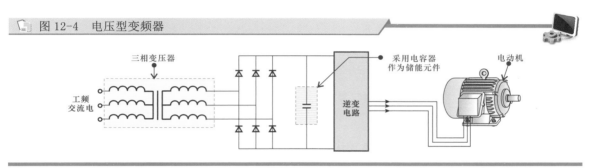

图 12-4　电压型变频器

如图 12-5 所示，电流型变频器的特点是中间电路采用电感器作为直流储能元件，用以缓冲负载的无功功率，即扼制电流的变化，使电压接近正弦波。由于该直流内阻较大，可扼制负载电流频繁而急剧的变化，因此电流型变频器常适用于负载电流变化较大的场合。

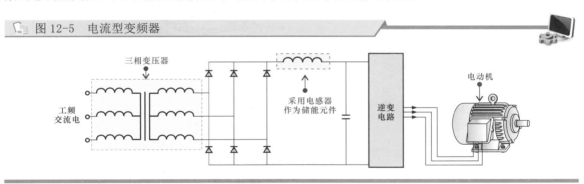

图 12-5　电流型变频器

3　按用途分类

变频器按用途可分为通用变频器和专用变频器两大类。

通用变频器是指在很多方面具有很强通用性的变频器，简化了一些系统功能，并以节能为主要目的，多为中、小容量变频器，是目前工业领域中应用数量最多、最普遍的一种变频器，适用于工业通用电动机和一般变频电动机，一般由交流低压 220V/380V（50Hz）供电，对使用的环境没有严格的要求，以简便的控制方式为主。

专用变频器是指专门针对某一方面或某一领域而设计研发的变频器，针对性较强，具有适用于所针对领域独有的功能和优势，能够更好地发挥变频调速的作用。

目前，较常见的专用变频器主要有风机专用变频器、电梯专用变频器、恒压供水（水泵）专用变频器、卷绕专用变频器、线切割专用变频器等。

| 提示说明 |

　　除上述几种分类方式外，变频器还可按照变频控制方式分为压／频（U/f）控制变频器、转差频率控制变频器、矢量控制变频器、直接转矩控制变频器等。

　　按调压方法主要分为 PAM 变频器和 PWM 变频器。PAM 是 Pulse Amplitude Modulation（脉冲幅度调制）的缩写。PAM 变频器是按照一定规律对脉冲列的脉冲幅度进行调制，控制其输出的量值和波形。实际上就是能量的大小用脉冲的幅度来表示，整流输出电路中增加绝缘栅双极型晶体管（IGBT），通过对该 IGBT 的控制改变整流电路输出的直流电压幅度（140～390V），这样变频电路输出的脉冲电压不但宽度可变，而且幅度也可变。

　　PWM 是 Pulse Width Modulation（脉冲宽度调制）的缩写。PWM 变频器同样是按照一定规律对脉冲列的脉冲宽度进行调制，控制其输出量和波形。实际上就是能量的大小用脉冲的宽度来表示，此种驱动方式，整流电路输出的直流供电电压基本不变，变频器功率模块的输出电压幅度恒定，控制脉冲的宽度受微处理器控制。

　　按输入电流的相数分为三进三出、单进三出。其中，三进三出是指变频器的输入侧和输出侧都是三相交流电，大多数变频器属于该类。单进三出是指变频器的输入侧为单相交流电，输出侧是三相交流电，一般家用电器设备中的变频器为该类方式。

12.1.2　变频器的结构

　　图 12-6 为变频器的结构组成。从图中可以看到，变频器主要由操作显示面板、主电路接线端子、控制接线端子、控制逻辑切换跨接器、PU 接口、电流／电压切换开关、冷却风扇及内部电路等构成的。

图 12-6　典型变频器的结构组成

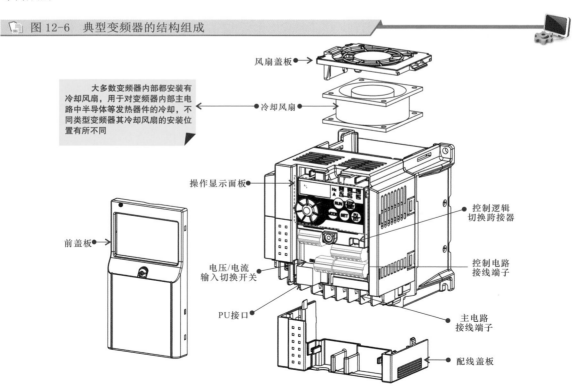

大多数变频器内部都安装有冷却风扇，用于对变频器内部主电路中半导体等发热器件的冷却，不同类型变频器其冷却风扇的安装位置有所不同

风扇盖板

冷却风扇

操作显示面板

前盖板

电压/电流输入切换开关

PU接口

控制逻辑切换跨接器

控制电路接线端子

主电路接线端子

配线盖板

1 操作显示面板

操作显示面板是变频器与外界实现交互的关键部分，目前多数变频器都是通过操作显示面板上的显示屏、按键或键钮、指示灯等进行相关参数的设置及运行状态的监视。图 12-7 为典型变频器的操作显示面板结构图。

图 12-7 典型变频器的结构组成

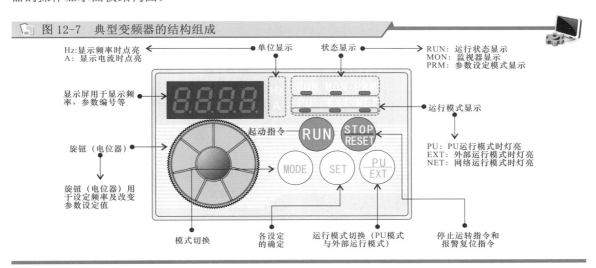

2 接线端子

变频器的接线端子有两种：一种为主电路接线端子；一种为控制接线端子。其中电源侧的主电路接线端子主要用于连接三相供电电源，而负载侧的主电路接线端子主要用于连接电动机。图 12-8 为典型变频器的接线端子。

图 12-8 典型变频器的接线端子

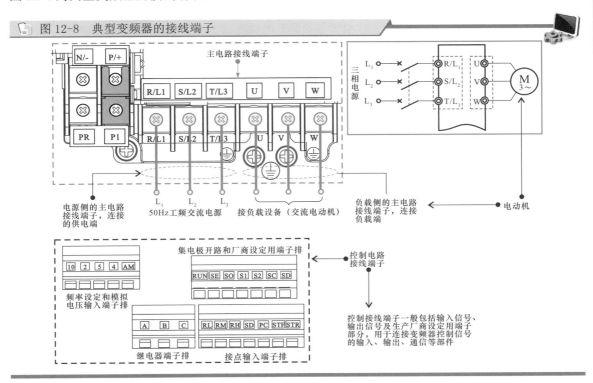

223

3　内部电路

变频器的内部电路主要是由整流单元（电源电路板）、控制单元（控制电路板）、其他单元（通信电路板）、高容量电容、电流互感器等部分构成的。图12-9为典型变频器的内部电路。

图 12-9　典型变频器的内部电路

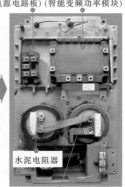

整流单元　挡板下为　　　　　控制单元　　整流单元　　逆变单元
（电源电路板）控制单元　　　（控制电路板）（电源电路板）（智能变频功率模块）

水泥电阻器

高容量电容　　通信电路板　接线端子　　　　　电流互感器　高容量电容

12.1.3　变频器的功能特点

变频器的作用是改变电动机驱动电流的频率和幅值，进而改变其旋转磁场的周期，达到平滑控制电动机转速的目的。变频器的出现，使得复杂的调速控制简单化，变频器与交流笼型异步电动机组合替代了大部分原来只能用直流电动机完成的工作，缩小了体积，降低了故障发生的概率，使传动技术发展到新阶段。

图12-10为变频器的功能原理图。由于变频器既可以改变输出的电压又可以改变频率（即可改变电动机的转速），可实现对电动机的起动及对转速进行控制。

224

图 12-10　变频器的功能原理

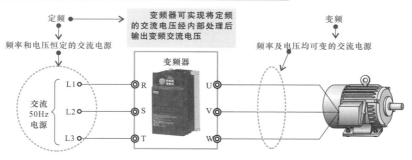

变频器用于将频率一定的交流电源，转换频率可变的交流电源，从而实现对电动机的起动、转速进行控制。变频器是将起停控制、变频调速、显示及按键设置功能、保护功能等于一体的控制装置。

1　起停控制功能

变频器受到起动和停止指令后，可根据预先设定的起动和停车方式控制电动机的起动与停机，其主要控制功能包含软起动控制、加/减速控制、停机及制动控制等。如图12-11为变频起动的特点。

图 12-11 变频起动的特点

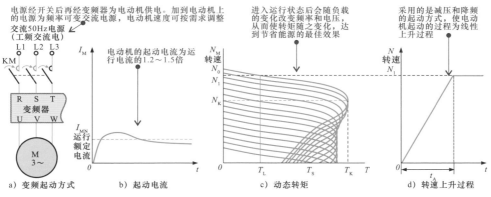

电源经开关后再经变频器为电动机供电。加到电动机上的电源为频率可变交流电源，电动机速度可按需求调整

交流50Hz电源（工频交流电）

进入运行状态后会随负载的变化改变频率和电压，从而使转矩随之变化，达到节省能源的最佳效果

采用的是减压和降频的起动方式，使电动机起动的过程为线性上升过程

电动机的起动电流为运行电流的1.2～1.5倍

a）变频起动方式 b）起动电流 c）动态转矩 d）转速上升过程

2　变频调速功能

变频器的变频调速功能是其最基本的功能。在传统电动机控制系统中，电动机直接由工频电源（50Hz）供电，其供电电源的频率是恒定不变的，因此，其转速也是恒定的；在电动机的变频控制系统中，电动机的调速控制是通过改变变频器的输出频率实现的。通过改变变频器的输出频率，很容易实现电动机工作在不同电源频率下，从而自动完成电动机调速控制。图 12-12 为传统电动机控制系统与变频控制系统的比较。

图 12-12 变频器的调速功能

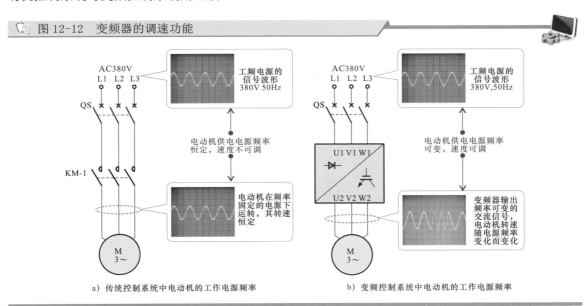

工频电源的信号波形380V 50Hz

电动机供电电源频率恒定，速度不可调

电动机在频率固定的电源下运转，其转速恒定

a）传统控制系统中电动机的工作电源频率

工频电源的信号波形380V,50Hz

电动机供电电源频率可变，速度可调

变频器输出频率可变的交流信号，电动机转速随电源频率变化而变化

b）变频控制系统中电动机的工作电源频率

3　监控和故障诊断功能

变频器前面板上一般都设有显示屏、状态指示灯及操作按键，可用于对变频器各项参数进行设定以及对设定值、运行状态等进行监控显示。

大多变频器内部设有故障诊断功能，该功能可对系统构成、硬件状态、指令的正确性等进行诊断。当发现异常时，会控制报警系统发出报警提示声，同时在显示屏上显示错误信息；当故障严重时则会发出控制指令停止运行，从而提高变频器控制系统的安全性。

4 保护功能

变频器内部设有保护电路，可实现对其自身及负载电动机的各种异常保护功能，其中主要实现过载保护和防失速保护。

5 通信功能

为了便于通信以及人机交互，变频器上通常设有不同的通信接口，可用于与 PLC 自动控制系统以及远程操作器、通信模块、计算机等进行通信连接。

12.2 变频电路的工作原理

12.2.1 变频电路中整流电路的工作原理

整流电路是一种把工频交流电源整流成直流电压的部分，在单相供电的变频电路中多采用单相桥式整流堆，可将 220V 工频交流电源整流为 300V 左右的直流电压；在三相供电的变频电路中一般是由三相整流桥构成的，可将 380V 的工频交流电源整流 500 ～ 800 V 直流电压。图 12-13 为变频器主电路部分的单相整流桥和三相整流桥。

图 12-13　变频器主电路部分的单相整流桥三相整流桥

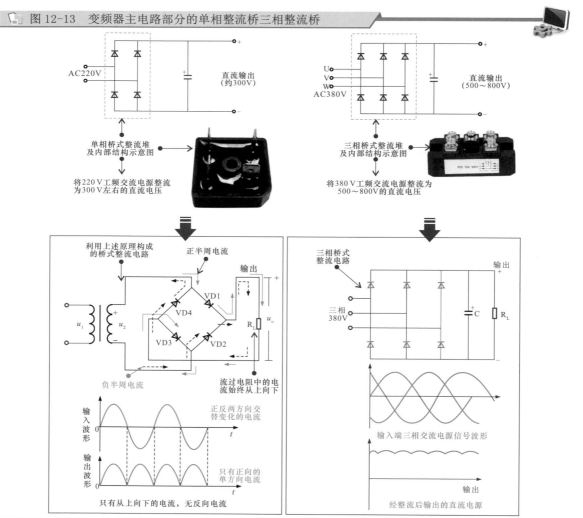

12.2.2 变频电路中中间电路的工作原理

变频电路的中间电路包括平滑滤波电路和制动电路两部分。

1 平滑滤波电路

平滑滤波电路的功能是对整流电路输出的脉动电压或电流进行平滑滤波，为逆变电路提供平滑稳定的直流电压或电流。

图12-14为电容滤波电路。在电容滤波电路中，电容器接在整流电路的输出端，当整流电路输出的电压较高时，会对电容充电；当整流电路输出的电压偏低时，电容器会对负载放电，因而会起到稳压的作用，电容容量越大稳压效果越好。

图 12-14 电容滤波电路

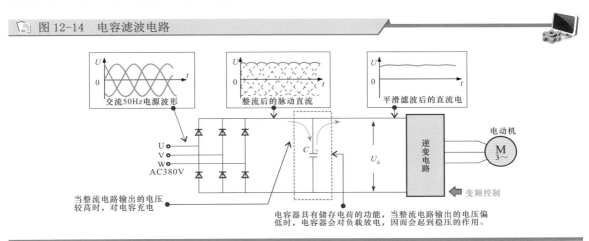

图 12-15 为电感滤波电路。电感滤波电路是在整流电路的输入端接入一个电感量很大的电感线圈（电抗器）作为滤波元件。由于电感线圈具有阻碍电流变化的性能，当接通电源时，冲击电流首先进入电感线圈 L，此时电感线圈会产生反电动势，阻止电流的增强，从而起到抗冲击的作用，当外部输入电源波动时，电流有减小的情况，电感线圈会产生正向电动势，维持电流，从而实现稳流作用。

图 12-15 电感滤波电路

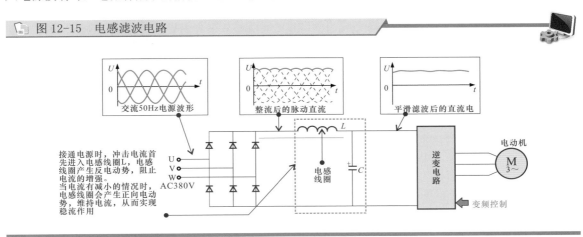

2 制动电路

图 12-16 为变频器中的制动电路的工作原理。在变频器控制系统中，电动机由正常运转状态转入停机状态时需要断电制动，由于惯性电动机会继续旋转，在这种情况下由于电磁感应的作用会

在电动机绕组中产生感应电压，该电压会反向送到驱动电路中，并通过逆变电路对电容器进行反充电。为防止反充电电压过高，提高减速制动的速度，需要在此期间由晶体管和制动电阻对电动机产生的电能进行吸收，从而顺利完成电动机的制动过程。

图 12-16　制动电路

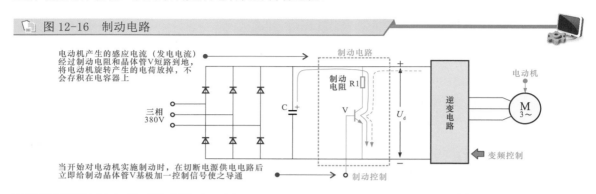

12.2.3　变频电路中转速控制电路的工作原理

转速控制电路主要通过对逆变电路中电力半导体器件的开关控制，来实现输出电压频率发生变化，进而实现控制电动机转速的目的。转速控制电路主要有交流变频和直流变频两种控制方式。

1　交流变频

图 12-17 为交流变频的工作原理。

图 12-17　交流变频的工作原理

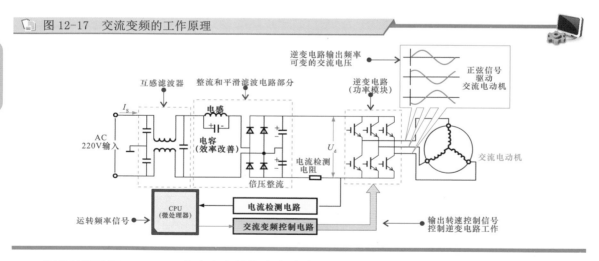

交流变频是把 380/220V 交流市电转换为直流电源，为逆变电路提供工作电压。逆变电路在变频器的控制下再将直流电"逆变"成交流电，该交流电再去驱动交流异步电动机。"逆变"的过程受转速控制电路的指令控制，输出频率可变的交流电压，使电动机的转速随电压频率的变化而相应改变，这样就实现了对电动机转速的控制和调节。

2　直流变频

图 12-18 为直流变频的工作原理。直流变频同样是把交流市电转换为直流电，并送至逆变电路，逆变电路同样受微处理器指令的控制。微处理器输出转速脉冲控制信号经逆变电路变成驱动电动机的信号，该电动机采用直流无刷电动机，其绕组也为三相，特点是控制精度更高。

图 12-18 直流变频的工作原理

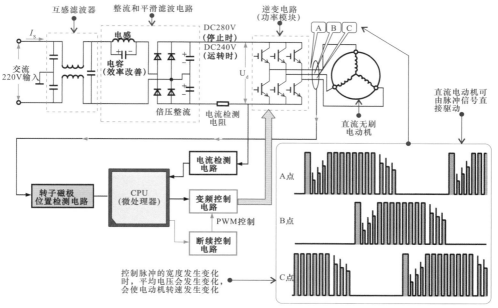

12.2.4 变频电路中逆变电路的工作原理

逆变电路的工作过程实际就是将直流电压变为频率可调的交流电压的过程，即逆变过程。实现逆变功能的电路称为逆变电路或逆变器。

逆变电路的逆变过程可分解成三个周期。第一个周期是 U+ 和 V- 两只 IGBT 导通；第二个周期是 V+ 和 W- 两只 IGBT 导通；第三个周期是 W+ 和 U- 两只 IGBT 导通。

1 U+ 和 V- 两只 IGBT 导通

图 12-19 为 U+ 和 V- 两只 IGBT 导通周期的工作过程。

图 12-19 U+ 和 V- 两只 IGBT 导通周期的工作过程

2 V+ 和 W- 两只 IGBT 导通

图 12-20 为 V+ 和 W- 两只 IGBT 导通周期的工作过程。

图 12-20　V+ 和 W− 两只 IGBT 导通周期的工作过程

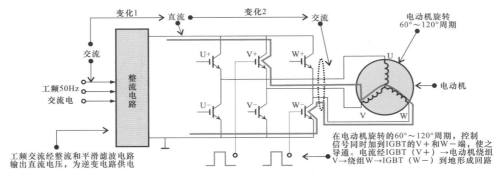

3　W+ 和 U− 两只 IGBT 导通

图 12-21 为 W+ 和 U- 两只 IGBT 导通周期的工作过程。

图 12-21　W+ 和 U- 两只 IGBT 导通周期的工作过程

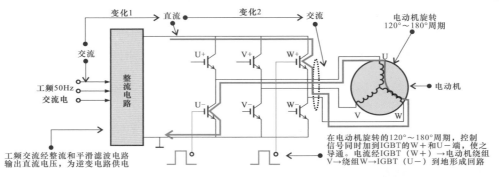

230

12.3　变频器的使用

12.3.1　变频器的操作显示面板

操作显示面板是变频器与外界实现交互的关键部分，多数变频器都是通过操作显示面板上的显示屏、操作按键或键钮、指示灯等进行参数设定、状态监视和运行控制等操作的。

下面以典型变频器操作面板为例，从操作面板的结构和工作状态入手，了解变频器操作面板的使用方法。图 12-22 为典型变频器的操作显示面板。

操作按键用于向变频器输入人工指令，包括参数设定指令、运行状态指令等。不同操作按键的控制功能不同，如图 12-23 所示。

12.3.2　变频器的使用方法

了解变频器操作面板的使用方法（即了解操作面板的参数设置方法）前，需要首先弄清变频器操作面板的菜单级数，即包含几层菜单及每级菜单的功能含义，然后进行相应的操作和设置。

如图 12-24 所示，典型变频器的"MENU/ESC"（菜单）包含三级菜单，分别为功能参数组（一级菜单）、功能码（二级菜单）和功能码设定值（三级菜单）。

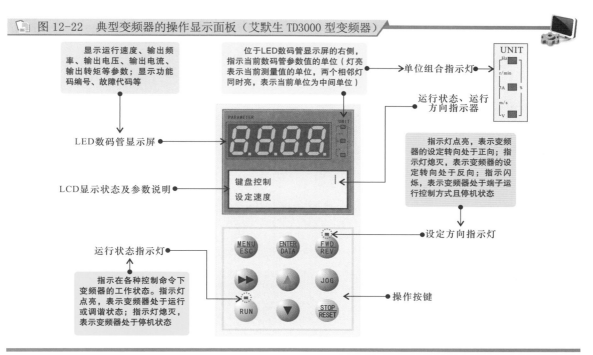

图 12-22　典型变频器的操作显示面板（艾默生 TD3000 型变频器）

显示运行速度、输出频率、输出电压、输出电流、输出转矩等参数；显示功能码编号、故障代码等

位于LED数码管显示屏的右侧，指示当前数码管参数值的单位（灯亮表示当前测量值的单位，两个相邻灯同时亮，表示当前单位为中间单位）

单位组合指示灯

运行状态、运行方向指示器

LED数码管显示屏

指示灯点亮，表示变频器的设定转向处于正向；指示灯熄灭，表示变频器的设定转向处于反向；指示闪烁，表示变频器处于端子运行控制方式且停机状态

LCD显示状态及参数说明

设定方向指示灯

运行状态指示灯

指示在各种控制命令下变频器的工作状态。指示灯点亮，表示变频器处于运行或调谐状态；指示灯熄灭，表示变频器处于停机状态

操作按键

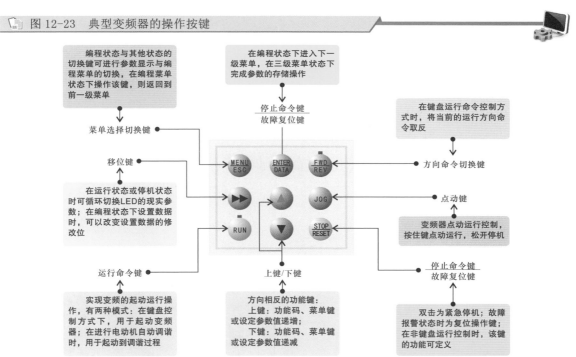

图 12-23　典型变频器的操作按键

编程状态与其他状态的切换键可进行参数显示与编程菜单的切换，在编程菜单状态下操作该键，则返回到前一级菜单

在编程状态下进入下一级菜单，在三级菜单状态下完成参数的存储操作

停止命令键
故障复位键

在键盘运行命令控制方式时，将当前的运行方向命令取反

菜单选择切换键

方向命令切换键

移位键

在运行状态或停机状态时可循环切换LED的现实参数；在编程状态下设置数据时，可以改变设置数据的修改位

点动键

变频器点动运行控制，按住键盘点动运行，松开停机

运行命令键

上键/下键

停止命令键
故障复位键

实现变频的起动运行操作，有两种模式：在键盘控制方式下，用于起动变频器；在进行电动机自动调谐时，用于起动到调谐过程

方向相反的功能键：
上键：功能码、菜单键或设定参数值递增
下键：功能码、菜单键或设定参数值递减

双击为紧急停机；故障报警状态时为复位操作键；在非键盘运行控制时，该键的功能可定义

231

　　一级菜单下包含 16 个功能项（F0 ～ F9、FA ～ FF）。二级菜单为 16 个功能项的子菜单项，每项中又分为多个功能码，分别代表不同功能的设定项。三级菜单为每个功能码的设定项，可在功能码设定范围内设定功能码的值，如图 12-25 所示。

　　正确设置典型变频器（艾默生 TD3000 型）的参数是确保变频器正常工作、充分发挥性能的前提，掌握基本参数设定的操作方法是操作变频器的关键环节。

图 12-24 典型变频器参数设定中的菜单功能

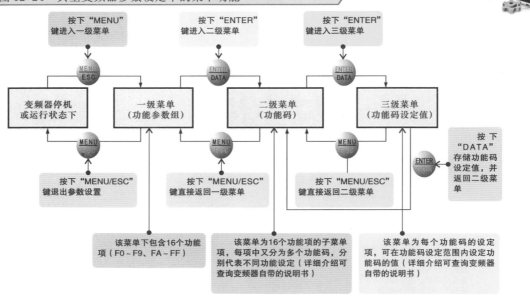

图 12-25 典型（艾默生 TD3000 型）变频器三级菜单操作示意图

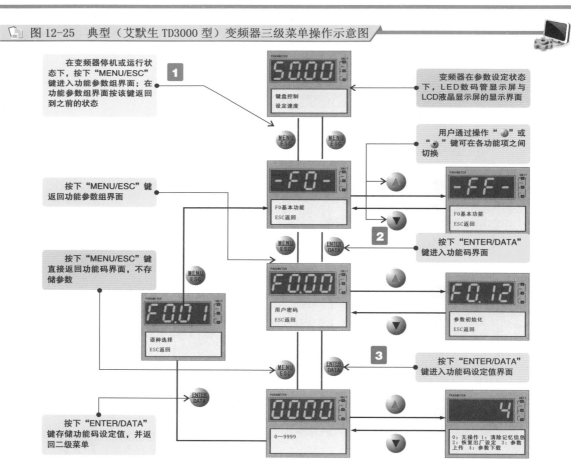

如图 12-26 所示，将额定功率为 21.5 kW 的电动机参数更改为 8.5kW 电动机参数。

| 提示说明 |

在变频器停机或运行状态下，按一下"MENU/ESC"键，即会进入第一级菜单，用户可选择所需要的参数组（功能项）。

选定相应的参数组（功能项），再按"MENU/ESC"键，便会进入第二级菜单，第二级菜单是第一级菜单的子选项菜单，主要提供针对16个功能项（第一级菜单）的功能码设定（如F0.00、F0.01、…、F0.12、F1.00、F1.01、…、F1.16）。

设定好功能码后，再按"MENU/ESC"键，便进入第三级菜单，第三级菜单是针对第二级菜单中功能码的参数设定项，这一级菜单又可看成是第二级菜单的子菜单。

由此，当使用操作面板设定变频器参数时，可在变频器停机或运行状态下，通过按"MENU/ESC"键进入相应的菜单级，选定相应的参数项和功能码后，进行功能参数设定，设定完成后，按"ENTER/DATA"存储键存储数据，或按"MENU/ESC"键返回上一级菜单。

图 12-26　电动机额定功率参数设定的操作方法和步骤

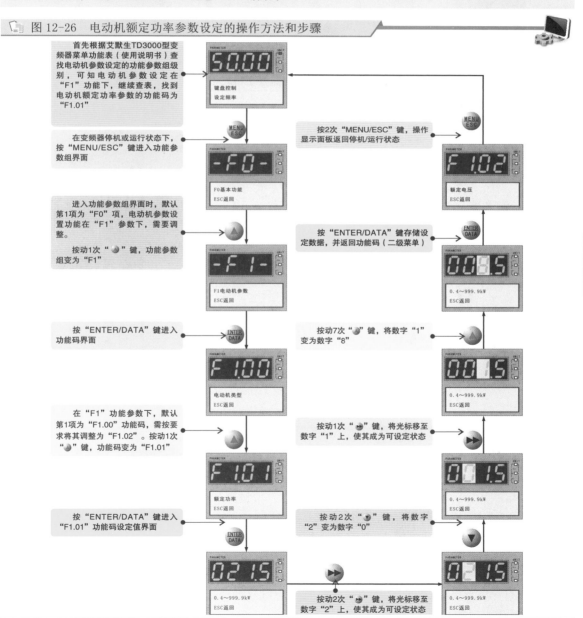

233

图 12-27 为电动机综合参数设定的操作方法和步骤。

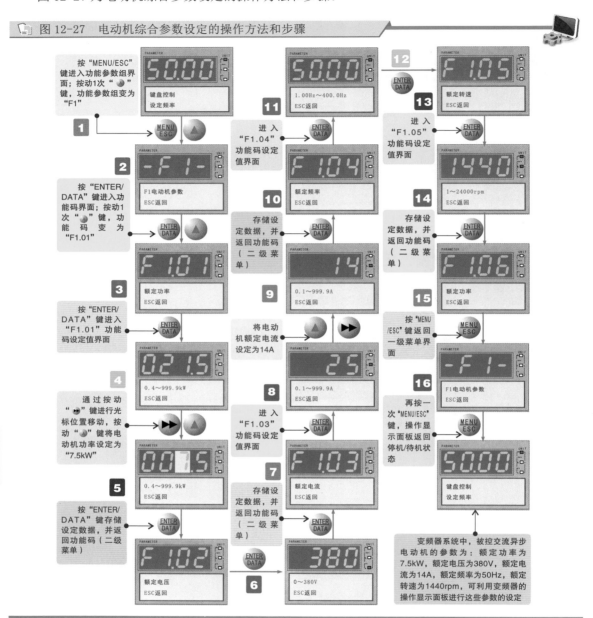

图 12-27　电动机综合参数设定的操作方法和步骤

234

|提示说明|

除了上述介绍的额定功率参数和电动机综合参数的操作外，还可对变频器的用户密码、变频器的辅助参数、变频器的开关量端子参数、变频器参数复制功能、变频器停机显示参数的切换等进行操作。操作方法与上述介绍的两种方法基本相同，这里不再叙述。

12.4　变频器的调试

变频器安装及接线完成后，必须对变频器进行细致的调试操作，确保变频器参数设置及其控制系统正确无误后才可投入使用。

下面以艾默生 TD3000 型变频器为操作样机介绍操作显示面板直接调试的方法。操作显示面板直接调试是指直接利用变频器上的操作显示面板，对变频器进行频率设定及控制指令输入等操作，从而达到调整变频器运行状态和测试的目的。

操作显示面板直接调试包括通电前的检查、上电检查、设置电动机参数、设置变频器参数及空载试运行调试等几个环节。

12.4.1　变频器通电前的检查

变频器通电前的检查是变频器调试操作前的基本环节，属于简单调试环节，主要是检查变频器和控制系统的接线及初始状态。图 12-28 为待调试的电动机变频器控制系统接线图。

图 12-28　待调试的电动机变频器控制系统接线图

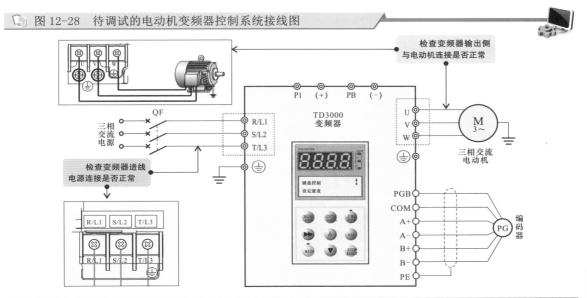

235

| 提示说明 |

变频器通电前的检查主要包括：◇确认电源供电的电压正确，输入供电回路中连接好断路器；◇确认变频器接地、电源电缆、电动机电缆、控制电缆连接正确可靠；◇确认变频器冷却通风通畅；◇确认接线完成后变频器的盖子盖好；◇确定当前电动机处于空载状态（电动机与机械负载未连接）。

另外，在通电前的检查环节中，明确被控电动机性能参数也是调试前的重要准备工作，可根据被控电动机的铭牌识读参数信息。该参数信息是变频器参数设置过程中的重要参考依据。

闭合断路器，使变频器通电，检查变频器是否有异常声响、冒烟、异味等情况；检查变频器操作显示面板有无故障报警信息，确认上电初始化状态正常。若有异常现象，应立即断开电源。

12.4.2　设置电动机参数信息

根据电动机铭牌参数信息在变频器中设置电动机的参数信息并自动调谐，如图 12-29 所示。

| 提示说明 |

电动机的自动调谐是变频器自动获得电动机准确性能参数的一种方法。在一般情况下，在采用变频器控制电动机的系统中，设定变频器控制运行方式前，应准确输入电动机的铭牌参数信息，变频器可根据参数信息匹配标准的电动机参数。但如果要获得更好的控制性能，则在设置完电动机参数信息后，可起动变频器自动调谐电动机，以获得被控电动机的准确参数。需要注意的是，在执行自动调谐前，必须确保电动机处于空载、停转状态。

图 12-29 设置电动机参数信息并自动调谐

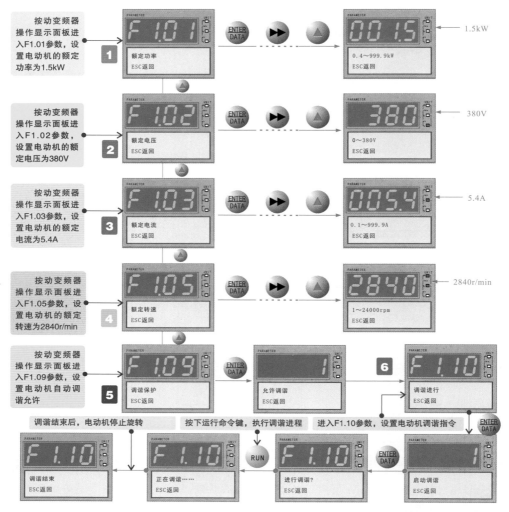

12.4.3 设置变频器参数信息

正确设置变频器的运行控制参数，即在"F0"参数组下设定如控制方式、频率设定方式、频率设定、运行选择等功能信息，如图 12-30 所示。

| 提示说明 |

设置电动机和变频器的参数应根据实际需求设置极限参数、保护参数及保护方式等，如最大频率、上限频率、下限频率、电动机过载保护、变频器过载保护等，具体设置方法可参考变频器中各项功能参数组、功能码含义。

12.4.4 借助变频器的操作显示面板空载调试

参数设置完成后，在电动机空载状态下，借助变频器的操作显示面板进行直接调试操作，如图 12-31 所示。

图 12-30 设置变频器的参数信息

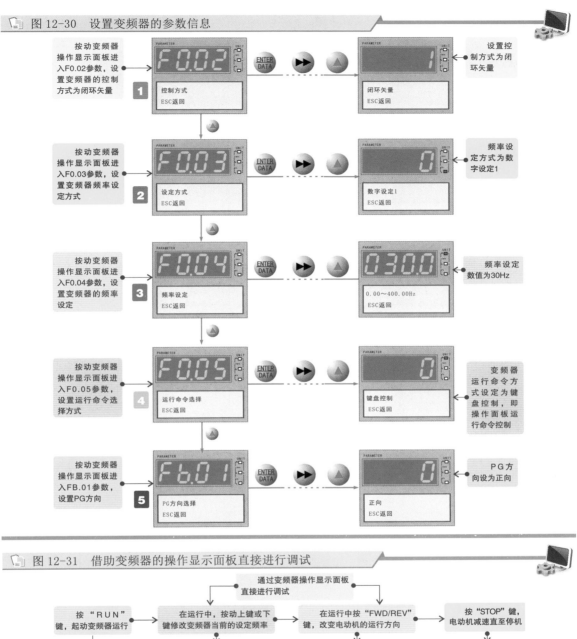

图 12-31 借助变频器的操作显示面板直接进行调试

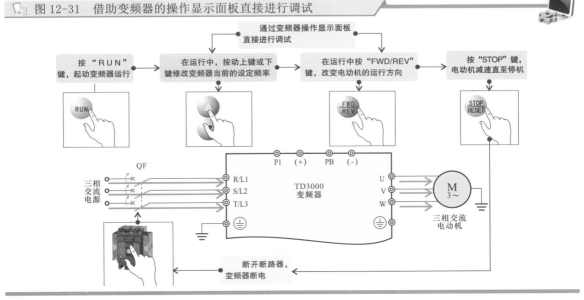

| 提示说明 |

在图 12-31 所示的控制关系下还可通过变频器的操作显示面板进行点动控制调试训练，如图 12-32 所示。在调试过程中，上电检查、电动机参数设置均与上述训练相同，不同的是设置变频器参数，除了设置变频器的参数信息外，还需设置变频器辅助参数（F2）。

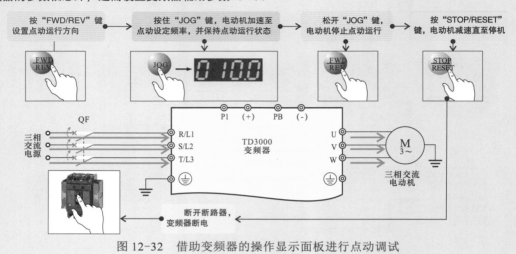

图 12-32　借助变频器的操作显示面板进行点动调试

第13章 PLC 技术与编程

13.1 PLC 的种类和结构

13.1.1 PLC 的种类特点

目前，PLC 在全世界的工业控制中被大范围采用。PLC 的生产厂商不断涌现，推出的产品种类繁多，功能各具特色。其中，美国的 AB 公司、通用电气公司，德国的西门子公司，法国的 TE 公司，日本的欧姆龙、三菱、富士等公司，都是目前市场上非常主流且极具有代表性的生产厂商。目前国内也自行研制、开发、生产出许多小型 PLC，应用于更多的有各类需求的自动化控制系统中。

在世界范围内（包括国内市场），西门子、三菱、欧姆龙、松下的产品占有率较高、普及应用较广，大致介绍一下这些典型 PLC 相关产品信息。

1 西门子 PLC

德国西门子（SIEMENS）公司的 PLC 系列产品在中国的推广较早，在很多的工业生产自动化控制领域，都曾有过经典的应用。从某种意义上说，西门子系列 PLC 决定了现代可编程序控制器发展的方向。

西门子公司为了满足用户的不同要求，推出了多种 PLC 产品，这里主要以西门子 S7 系列 PLC（包括 S7-200 系列、S7-300 系列和 S7-400 系列）产品为例介绍。

西门子 S7 系列 PLC 产品主要有 PLC 主机（CPU 模块）、电源模块（PS）、信号模块（SM）、通信模块（CP）、功能模块（FM）、接口模块（IM）等部分，如图 13-1 所示。

图 13-1 变频器的实物外形

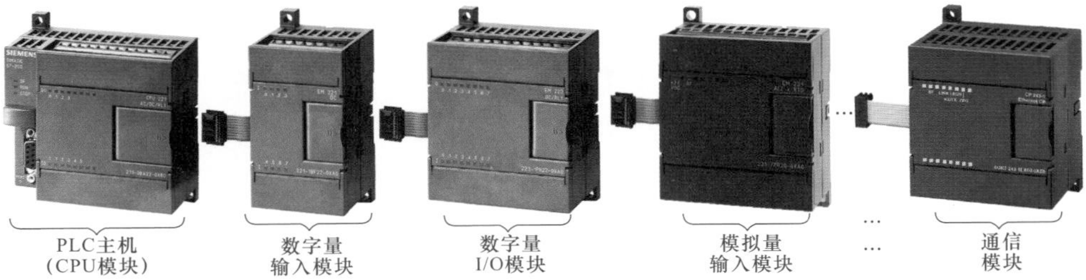

PLC主机（CPU模块）　　数字量输入模块　　数字量 I/O 模块　　模拟量输入模块　　…　　通信模块

（1）PLC 主机

PLC 的主机（也称 CPU 模块）是将 CPU、基本输入/输出和电源等集成封装在一个独立、紧凑的设备中，从而构成了一个完整的微型 PLC 系统。因此，该系列的 PLC 主机可以单独构成一个独立的控制系统，并实现相应的控制功能。

图 13-2 为几种典型西门子 PLC 主机的实物外形。

（2）电源模块（PS）

电源模块是指由外部为 PLC 供电的功能单元，在 S7-300 系列、S7-400 系列中比较多见。图 13-3 为几种西门子 PLC 电源模块实物外形。

图 13-2　几种典型西门子 PLC 主机的实物外形

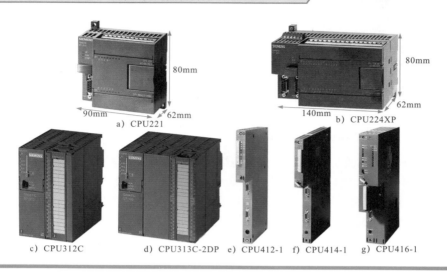

a) CPU221　　　　　　　　　b) CPU224XP

c) CPU312C　　　d) CPU313C-2DP　　e) CPU412-1　　f) CPU414-1　　g) CPU416-1

图 13-3　几种西门子 PLC 电源模块实物外形

a) PS305　　　　　b) PS307（5A）　　　　c) PS307（10A）　　　　d) PS407

| 提示说明 |

　　不同型号的 PLC 所采用的电源模块不相同，西门子 S7-300 系列 PLC 采用的电源模块主要有 PS305 和 PS307 两种，西门子 S7-400 系列 PLC 采用的电源模块主要有 PS405 和 PS407 两种。不同类型的电源模块，其供电方式也不相同，可根据产品附带的参数表了解。

（3）信号扩展模块

　　各类型的西门子 PLC 在实际应用中，为了实现更强的控制功能可以采用扩展 I/O 点的方法扩展其系统配置和控制规模，其中各种扩展用的 I/O 模块统称为信号扩展模块（SM）。不同类型的 PLC 所采用的信号扩展模块不同，但基本都包含了数字量扩展模块和模拟量扩展模块两种。图 13-4 为典型数字量扩展模块和模拟量扩展模块实物外形。

　　西门子各系列 PLC 中除本机集成的数字量 I/O 端子外，可连接数字量扩展模块（DI/DO）用以扩展更多的数字量 I/O 端子。

　　在 PLC 系统中，不能输入和处理连续的模拟量信号，但在很多自动控制系统中所控制的量为模拟量，因此为使 PLC 的数字系统可以处理更多的模拟量，除本机集成的模拟量 I/O 端子外，可连接模拟量扩展模块（AI/AO）用以扩展更多的模拟量 I/O 端子。

（4）通信模块（CP）

　　西门子 PLC 有很强的通信功能，除其 CPU 模块本身集成的通信接口外，还扩展连接通信模块，用以实现 PLC 与 PLC 之间、PLC 与计算机之间、PLC 与其他功能设备之间的通信。

图 13-4　典型数字量扩展模块和模拟量扩展模块实物外形

a) EM221（AC）　　b) SM321　　　　c) EM223（DC）　　d) SM323　　　e) SM422
S7-200系列PLC　　S7-300系列PLC　　S7-200系列PLC　　S7-300系列PLC　　S7-400系列PLC
数字量输入模块　　数字量输入模块　　数字量I/O输出模块　数字量I/O模块　　数字量输出模块

f) EM232　　　　g) EM235　　　　h) SM334　　　　i) SM431
S7-200系列PLC　　S7-200系列PLC　　S7-300系列PLC　　S7-400系列PLC
模拟量输入模块　　模拟量I/O模块　　模拟量I/O模块　　模拟量输入模块

图 13-5 为西门子 S7 系列常用的通信模块实物外形。不同型号的 PLC 可扩展不同类型或型号的通信模块，用以实现强大的通信功能。

图 13-5　西门子 S7 系列 PLC 常用的通信模块实物外形

a) EM277　　　　b) CP243-1　　　c) CP243-2　　　d) CP343-2　　　e) CP443
S7-200系列PLC　　S7-200系列PLC　　S7-200系列PLC　　S7-300系列PLC　　S7-400系列PLC
PROFIBUS-DP从站通信模块　工业以太网通信模块　AS-i接口模块　工业以太网通信模块　工业以太网通信模块

（5）功能模块（FM）

功能模块（FM）主要用于要求较高的特殊控制任务，西门子 PLC 中常用的功能模块主要有计数器模块、进给驱动位置控制模块、步进电动机定位模块、伺服电动机定位模块、定位和连续路径控制模块、闭环控制模块、称重模块、位置输入模块和超声波位置解码器等。图 13-6 为西门子 S7 系列 PLC 常用的功能模块实物外形。

图 13-6　西门子 S7 系列 PLC 常用的功能模块实物外形

a) 计数器模块　　b) 伺服电动机定位模块　c) 定位模块　　d) 闭环控制模块　　e) 称重模块
（FM352）　　　（FM3654）　　　　（FM357）　　　（FM455S）　　　（7MH4920）

（6）接口模块（IM）

接口模块（IM）用于组成多机架系统时连接主机架（CR）和扩展机架（ER），多应用于西门子 S7-300/400 系列 PLC 系统中。图 13-7 为西门子 S7-300/400 系列 PLC 常用的接口模块实物外形。

图 13-7　西门子 S7-300/400 系列 PLC 常用的接口模块实物外形

a）IM360　　　　　　　　b）IM361　　　　　　　　c）IM460
S7-300系列PLC　　　　　S7-300系列PLC　　　　　S7-400系列PLC
多机架扩展接口模块　　　多机架扩展接口模块　　　中央机架发送接口模块

（7）其他扩展模块

西门子 PLC 系统中，除上述的基本组成模块和扩展模块外，还有一些其他功能的扩展模块，该类模块一般作为某一系列 PLC 专用的扩展模块。例如，热电偶或热电阻扩展模块（EM231），该模块是专门与 S7-200（CPU224、CPU224XP、CPU226、CPU226XM）PLC 匹配使用的。它是一种特殊的模拟量扩展模块，可以直接连接热电偶（TC）或热电阻（RTD）以测量温度。该温度值可通过模拟量通道直接被用户程序访问。

2 三菱 PLC

三菱公司为了满足各行各业不同的控制需求，推出了多种系列型号的 PLC，如 Q 系列、AnS 系列、QnA 系列、A 系列和 FX 系列等，如图 13-8 所示。

图 13-8　三菱各系列型号的 PLC

三菱Q系列PLC　　　　　　三菱QnA系列PLC　　　　　　三菱FX系列PLC

同样，三菱公司为了满足用户的不同要求，也在 PLC 主机的基础上，推出了多种 PLC 产品，这里主要以三菱 FX 系列 PLC 产品为例进行介绍。

三菱 FX 系列 PLC 产品中，除了 PLC 基本单元（相当于我们上述的 PLC 主机）外，还包括扩展单元、扩展模块以及特殊功能模块等，这些产品可以结合构成不同的控制系统，如图 13-9 所示。

（1）基本单元

三菱 PLC 的基本单元是 PLC 的控制核心，也称为主单元，主要由 CPU、存储器、输入接口、输出接口及电源等构成，是 PLC 硬件系统中的必选单元。

图 13-10 为三菱 FX_{2N} 系列 PLC 的基本单元实物外形，其 I/O 点数在 256 点以内。

（2）扩展单元

扩展单元是一个独立的扩展设备，通常接在 PLC 基本单元的扩展接口或扩展插槽上，用于增加 PLC 的 I/O 点数及供电电流的装置，内部设有电源，但无 CPU，因此需要与基本单元同时使用。当扩展组合供电电流总容量不足时，就应在 PLC 硬件系统中增设扩展单元进行供电电流容量的扩展。

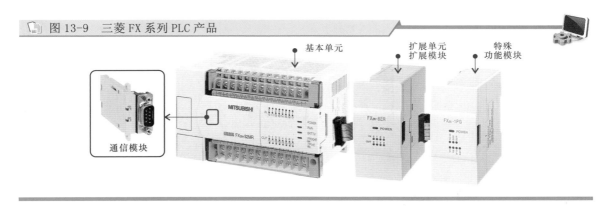

图 13-9 三菱 FX 系列 PLC 产品

图 13-10 三菱 FX₂ₙ 系列 PLC 的基本单元

（3）扩展模块

三菱 PLC 的扩展模块是用于增加 PLC 的 I/O 点数及改变 I/O 比例的装置，内部无电源和 CPU，因此需要与基本单元配合使用，并由基本单元或扩展单元供电，如图 13-11 所示。

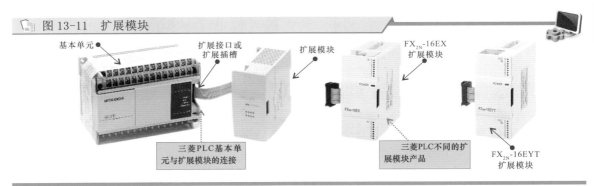

图 13-11 扩展模块

（4）特殊功能模块

特殊功能模块是 PLC 中的一种专用的扩展模块，如模拟量 I/O 模块、通信扩展模块、温度控制模块、定位控制模块、高速计数模块、热电偶温度传感器输入模块、凸轮控制模块等。

图 13-12 为几种特殊功能模块的实物外形。我们可以根据实际需要有针对性的对某种特殊功能模块产品进行详细了解，这里不再一一介绍。

3 松下 PLC

松下 PLC 是目前国内比较常见的 PLC 产品之一，其功能完善，性价比较高。

图 13-13 为松下 PLC 不同系列产品的实物外形图。松下 PLC 可分为小型的 FP-X、FP0、FP1、FPΣ、FP-e 系列产品；中型的 FP2、FP2SH、FP3 系列；大型的 EP5 系列等。

图 13-12　几种特殊功能模块产品的实物外形

a）模拟量输出模块
FX$_{2N}$-4DA

b）RS-485通信扩展板
FX$_{2N}$-485-BD

c）FX$_{3U}$-422-BD
通信扩展板
嵌入位置

d）脉冲输出模块
FX$_{2N}$-1PG

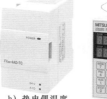

e）FX$_{2NC}$-232-ADP
通信适配器模块

f）定位控制模块
FX$_{2N}$-10GM

g）高速计数模块
FX$_{2N}$-1HC

h）热电偶温度
传感器输入模块
FX$_{2N}$-4AD-TC

i）凸轮控制模块
FX$_{2N}$-1RM

图 13-13　松下系列的 PLC 实物外形图

松下EP-X系列的PLC　　　　松下FP系列的PLC

| 提示说明 |

松下 PLC 的主要功能特点如下：

◇ 具有超高速处理功能，处理基本指令只需 0.32 μs，还可快速扫描。

◇ 程序容量大，容量可达到 32k 步。

◇ 具有广泛的扩展性，I/O 最多为 300 点。还可通过功能扩展插件、扩展 FP0 适配器，使扩展范围更进一步扩大。

◇ 可靠性和安全性保证，8 位密码保护和禁止上传功能，可以有效的保护系统程序。

◇ 通过普通 USB 电缆线（AB 型）即可与计算机实现连接。

◇ 部分产品具有指令系统，功能十分强大。

◇ 部分产品采用了可以识别 FP-BASIC 语言的 CPU 及多种智能模块，可以设计十分复杂的控制系统。

◇ FP 系列都配置通信机制，并且使用的应用层通信协议具有一致性，可以设计多级 PLC 网络控制系统。

4　欧姆龙 PLC

日本欧姆龙（OMRON）公司的 PLC 较早进入中国市场，开发了最大的 I/O 点数在 140 点以下的 C20P、C20 等微型 PLC ；最大 I/O 点数在 2048 点的 C2000H 等大型 PLC。图 13-14 为欧姆龙 PLC 系列产品的实物外形图，该公司产品被广泛用于自动化系统设计的产品中。

图 13-14　欧姆龙的 PLC 产品实物外形

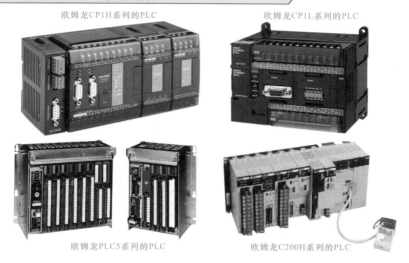

欧姆龙CP1H系列的PLC　　　　欧姆龙CP1L系列的PLC

欧姆龙PLC5系列的PLC　　　　欧姆龙C200H系列的PLC

┃提示说明┃

　　欧姆龙公司对可编程序控制器及其软件的开发有自己的特殊风格。例如，C2000H 大型 PLC 是将系统存储器、用户存储器、数据存储器和实际的输入输出接口、功能模块等，统一按绝对地址形式组成系统。它把数据存储和电器控制使用的术语合二为一。命名数据区为 I/O 继电器、内部负载继电器、保持继电器、专用继电器、定时器／计数器。

13.1.2　PLC 的结构特点

　　PLC 的含义全称是可编程序逻辑控制器。它是在继电器、接触器控制和计算机技术的基础上，逐渐发展起来的以微处理器为核心，集微电子技术、自动化技术、计算机技术、通信技术为一体，以工业自动化控制为目标的新型控制装置。

　　图 13-15 为典型西门子 PLC 拆开外壳后的内部结构图。PLC 内部主要由三块电路板构成，分别是 CPU 电路板、输入／输出接口电路板和电源电路板。

图 13-15　典型西门子 PLC 拆开外壳的结构图（西门子 S7-200 系列 PLC）

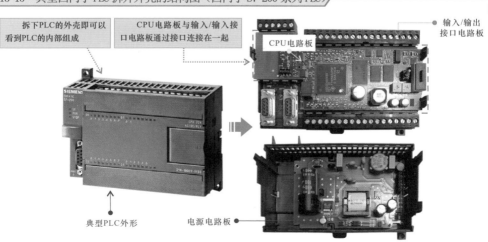

拆下PLC的外壳即可以看到PLC的内部组成

CPU电路板与输入/输入接口电路板通过接口连接在一起

CPU电路板

输入/输出接口电路板

典型PLC外形

电源电路板

1 CPU 电路板

CPU 电路板主要用于完成 PLC 的运算、存储和控制功能。图 13-16 为 CPU 电路板结构，可以看到，该电路板上设有微处理器芯片、存储器芯片、PLC 状态指示灯、输出 LED 指示灯、输入 LED 指示灯、模式选择转换开关、模拟量调节电位器、电感器、电容器、与输入 / 输出接口电路板连接的接口等。

图 13-16　CPU 电路板的结构

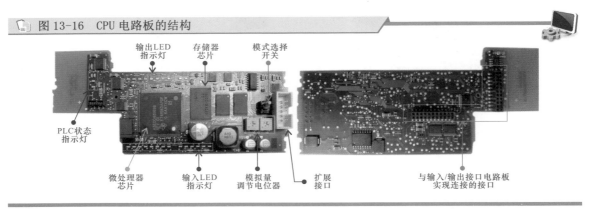

2 输入 / 输出接口电路板

输入 / 输出接口电路板主要用于对 PLC 输入、输出信号的处理。图 13-17 为输入 / 输出接口电路板结构。从图中可以看到，该电路板主要由输入接口、输出接口、电源输入接口、传感器输出接口、与 CPU 电路板的接口、与电源电路板的接口、RS-232/RS-485 通信接口、输出继电器、光耦合器等构成。

图 13-17　输入 / 输出接口电路板的结构

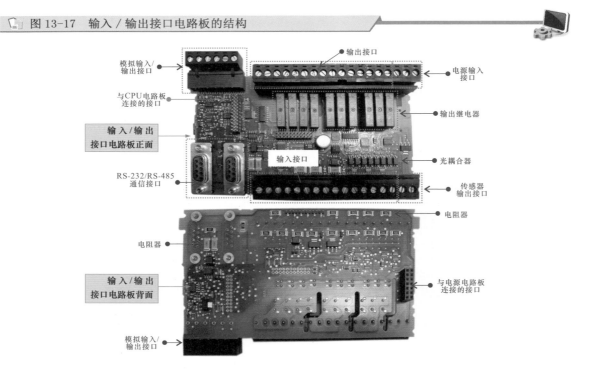

3 电源电路板

电源电路板主要用于为 PLC 内部各电路提供所需的工作电压。图 13-18 为电源电路板结构。从图中可以看到，该电路板主要由桥式整流堆、压敏电阻器、电容器、变压器、与输入 / 输出接口电路板的接口等构成。

图 13-18 输入 / 输出接口电路板的结构

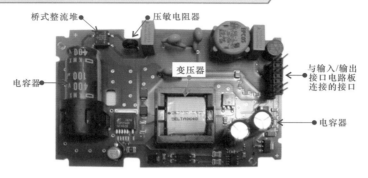

13.2 PLC 的技术特点与应用

13.2.1 PLC 的技术特点

图 13-19 为 PLC 的整机工作原理示意图。从图中可以看到，PLC 可以划分成 CPU 模块、存储器、通信接口、基本 I/O 接口、电源等 5 部分。

247

图 13-19 PLC 的整机工作原理示意图

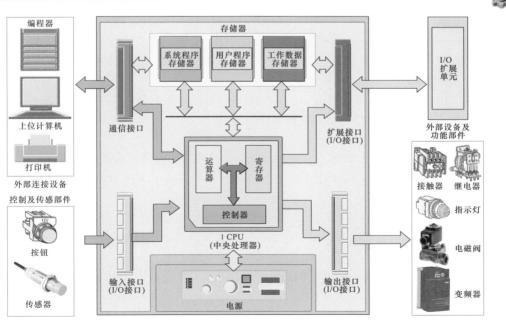

控制及传感部件发出的状态信息和控制指令通过输入接口（I/O 接口）送入到存储器的工作数

据存储器中。在 CPU 控制器的控制下，这些数据信息会从工作数据存储器中调入 CPU 的寄存器，与 PLC 认可的编译程序结合，由运算器进行数据分析、运算和处理。最终，将运算结果或控制指令通过输出接口传送给继电器、电磁阀、指示灯、蜂鸣器、电磁线圈、电动机等外部设备及功能部件。这些外部设备及功能部件即会执行相应的操作。

1 CPU

　　CPU（中央处理器）是 PLC 的控制核心，它主要由控制器、运算器和寄存器三部分构成。通过数据总线、控制总线和地址总线与其内部存储器及 I/O 接口相连。

　　CPU 的性能决定了 PLC 的整体性能。不同的 PLC 配有不同的 CPU，其主要作用是接收、存储由编程器输入的用户程序和数据，对用户程序进行检查、校验、编译，并执行用户程序。

2 存储器

　　PLC 的存储器一般分为系统程序存储器、用户程序存储器和工作数据存储器。其中，系统程序存储器为只读存储器（ROM），用于存储系统程序。系统程序是由 PLC 制造厂商设计编写的，用户不能直接读写和更改。一般包括系统诊断程序、输入处理程序、编译程序、信息传送程序、监控程序等。

　　用户程序存储器为随机存储器（RAM），用于存储用户程序。用户程序是用户根据控制要求，按系统程序允许的编程规则，用厂商提供的编程语言编写的程序。

　　当用户编写的程序存入后，CPU 会向存储器发出控制指令，从系统程序存储器中调用解释程序将用户编写的程序进行进一步的编译，使之成为 PLC 认可的编译程序。

　　工作数据存储器也为随机存储器（RAM），用来存储工作过程中的指令信息和数据。

3 通信接口

　　通信接口通过编程电缆与编程设备（计算机）连接或 PLC 与 PLC 之间连接，编程设备可通过编程电缆对 PLC 进行编程、调试、监视、试验和记录。

4 基本 I/O 接口

　　基本 I/O 接口是 PLC 与外部各设备联系的桥梁，可以分为 PLC 输入接口和 PLC 输出接口两种。

　　（1）输入接口

　　输入接口主要为输入信号采集部分，其作用是将被控对象的各种控制信息及操作命令转换成 PLC 输入信号，然后送给 CPU 的运算控制电路部分。

　　（2）输出接口

　　输出接口即开关量的输出单元，由 PLC 输出接口电路、连接端子和外部设备及功能部件构成，CPU 完成的运算结果由 PLC 该电路提供给被控负载，用以完成 PLC 主机与工业设备或生产机械之间的信息交换。

　　当 PLC 内部电路输出的控制信号，经输出接口电路（由光耦合器、晶体管或晶闸管或继电器、电阻器等构成）、PLC 输出接线端子后，送至外接的执行部件，用以输出开关量信号，控制外接设备或功能部件的状态。

　　PLC 的输出电路根据输出接口所用开关器件不同，主要有晶体管输出接口、晶闸管输出接口和继电器输出接口三种。

5 电源

　　PLC 内部配有一个专用开关式稳压电源，始终为各部分电路提供工作所需的电压，确保 PLC

工作的顺利进行。

PLC 电源部分主要是将外加的交流电压或直流电压转换成微处理器、存储器、I/O 接口电路等部分所需要的工作电压。图 13-20 为其工作过程示意图。

图 13-20　PLC 电源电路的工作过程示意图

图 13-20　PLC 电源电路的工作过程示意图

13.2.2　PLC 的技术应用

PLC 在近年来发展极为迅速，随着技术的不断更新其 PLC 的控制功能，数据采集、存储、处理功能，可编程、调试功能，通信联网功能、人机界面功能等也逐渐变得强大，使得 PLC 的应用领域得到进一步的急速扩展，广泛应用于各行各业的控制系统中。

目前，PLC 已经成为生产自动化、现代化的重要标志。众多生产厂商都投入到了 PLC 产品的研发中，PLC 的品种越来越丰富，功能越来越强大，应用也越来越广泛，无论是生产、制造还是管理、检验，都可以看到 PLC 的身影。

1　PLC 在电动机控制系统中的应用

PLC 应用于电动机控制系统中，用于实现自动控制，并且能够在不大幅度改变外接部件的前提下，仅修改内部的程序便实现多种多样的控制功能，使电气控制更加灵活高效。

图 13-21 为 PLC 在电动机控制系统中的应用示意图。

图 13-21　PLC 在电动机控制系统中的应用示意图

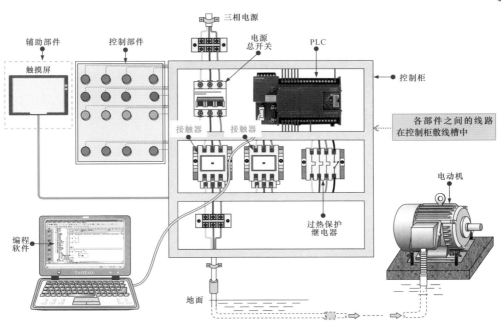

　　从图中可以看到，该系统主要是由操作部件、控制部件和电动机以及一些辅助部件构成的。

　　其中，各种操作部件用于为该系统输入各种人工指令，包括各种按钮开关、传感器件等；控制部件主要包括总电源开关（总断路器）、PLC、接触器、过热保护继电器等，用于输出控制指令和执行相应动作；电动机是将系统电能转换为机械能的输出部件，其执行的各种动作是该控制系统实现的最终目的。

2　PLC 在复杂机床设备中的应用

　　众所周知，机床设备是工业领域中的重要设备之一。正是由于其功能的强大、精密，使得对它的控制要求更高，普通的继电器控制虽然能够实现基本的控制功能，但早已无法满足其安全可靠、高效的管理要求。使用 PLC 对机床设备进行控制，不仅提高自动化水平，在实现相应的切削、磨削、钻孔、传送等功能中更具有突出的优势。

　　图 13-22 为 PLC 在复杂机床设备中的应用示意图。从图中可以看到，该系统主要是由操作部件、控制部件和机床设备构成的。

图 13-22　典型机床的 PLC 控制系统

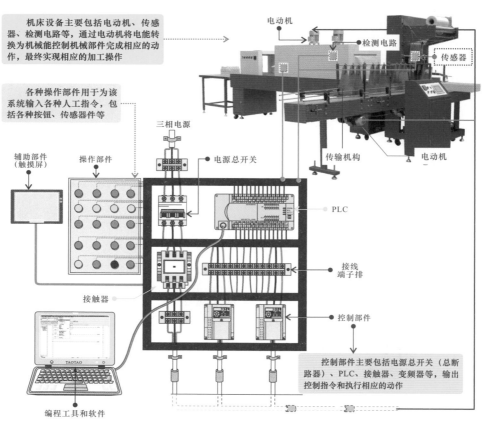

　　其中，各种操作部件用于为该系统输入各种人工指令，包括各种按钮开关、传感器件等；控制部件主要包括电源总开关（总断路器）、PLC、接触器、变频器等，用于输出控制指令和执行相应动作；机床设备主要包括电动机、传感器、检测电路等，通过电动机将系统电能转换为机械能输出，从而控制机械部件完成相应的动作，最终实现相应的加工操作。

3 PLC 在复杂机床设备中的应用

PLC 在自动化生产制造设备中主要用来实现自动控制功能。PLC 在电子元器件加工、制造设备中作为控制中心，使元件的输送定位驱动电动机、加工深度调整电动机、旋转电动机和输出电动机能够协调运转，相互配合实现自动化工作。

PLC 在自动化生产制造设备中的应用如图 13-23 所示。

图 13-23 PLC 在自动化生产制造设备中的应用

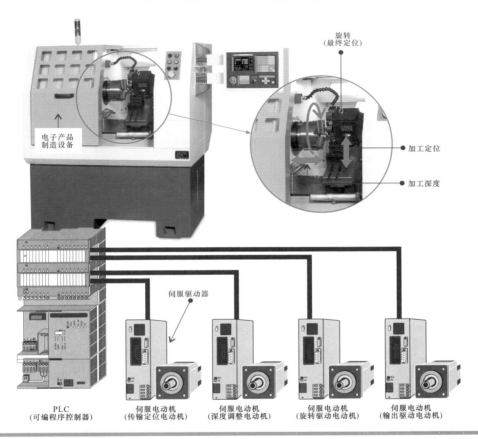

4 PLC 在民用生产生活中的应用

PLC 不仅在电子、工业生产中广泛应用，在很多民用生产生活领域中也得到的迅速发展。如常见的自动门系统、汽车自动清洗系统、水塔水位自动控制系统、声光报警系统、流水生产线、农机设备控制系统、库房大门自动控制系统、蓄水池进出水控制系统等，都可由 PLC 控制、管理实现自动化功能。

13.3 PLC 编程

13.3.1 PLC 的编程语言

PLC 作为一种可编程序控制器，各种控制功能的实现都是通过内部预先编好的程序实现的，而控制程序的编写就需要使用相应的编程语言来实现。

不同品牌和型号的 PLC 都有各自的编程语言。例如，三菱公司的 PLC 产品有自己的编程语言，西门子公司的 PLC 产品也有自己的语言。但不管什么类型的 PLC，基本上都包含梯形图和语句表两种基础编程语言。

1 PLC 梯形图

PLC 梯形图是 PLC 程序设计中最常用的一种编程语言。它继承了继电器控制线路的设计理念，采用图形符号的连通图形式直观形象地表达电气线路的控制过程，与电气控制线路非常类似，易于理解，是广大电气技术人员最容易接受和使用的编程语言。

图 13-24 为电气控制线路与 PLC 梯形图的对应关系。

图 13-24 电气控制线路与 PLC 梯形图的对应关系

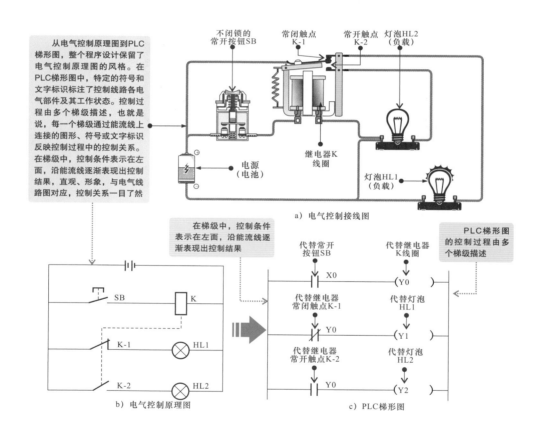

从电气控制原理图到PLC梯形图，整个程序设计保留了电气控制原理图的风格。在PLC梯形图中，特定的符号和文字标识标注了控制线路各电气部件及其工作状态。控制过程由多个梯级描述，也就是说，每一个梯级通过能流线上连接的图形、符号或文字标识反映控制过程中的控制关系。在梯形图中，控制条件表示在左面，沿能流线逐渐表现出控制结果，直观、形象，与电气线路图对应，控制关系一目了然

a）电气控制接线图

在梯级中，控制条件表示在左面，沿能流线逐渐表现出控制结果

PLC梯形图的控制过程由多个梯级描述

b）电气控制原理图

c）PLC 梯形图

│ 提示说明 │

搞清 PLC 梯形图可以非常快速地了解整个控制系统的设计方案（编程），洞悉控制系统中各电气部件的连接和控制关系，为控制系统的调试、改造提供帮助，若控制系统出现故障，从 PLC 梯形图入手也可准确快捷地做出检测分析，有效完成对故障的排查。可以说，PLC 梯形图在电气控制系统的设计、调试、改造及检修中具有重要的意义。

梯形图主要是由母线、触点、线圈构成的。其中，梯形图中两侧的竖线为母线；触点和线圈是梯形图中的重要组成元素，如图 13-25 所示。

图 13-25　梯形图的结构和特点

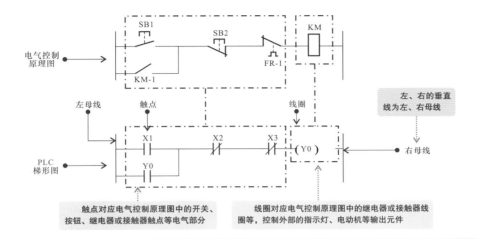

触点对应电气控制原理图中的开关、
按钮、继电器或接触器触点等电气部分

线圈对应电气控制原理图中的继电器或接触器线
圈等，控制外部的指示灯、电动机等输出元件

| 提示说明 |

　　PLC 梯形图的内部是由许多不同功能元件构成的。它们并不是真正的硬件物理元件，而是由电子电路和存储器组成的软元件，如 X 代表输入继电器，是由输入电路和输入映像寄存器构成的，用于直接输入给 PLC 的物理信号；Y 代表输出继电器，是由输出电路和输出映像寄存器构成的，用于从 PLC 直接输出物理信号；T 代表定时器、M 代表辅助继电器、C 代表计数器、S 代表状态继电器、D 代表数据寄存器，都是由存储器组成的，用于 PLC 内部的运算。

　　由于 PLC 生产厂商的不同，PLC 梯形图中所定义的触点符号、线圈符号及文字标识等所表示的含义都会有所不同。例如，三菱公司生产的 PLC 就要遵循三菱 PLC 梯形图编程标准，西门子公司生产的 PLC 就要遵循西门子 PLC 梯形图编程标准，如图 13-26 所示。

三菱PLC梯形图基本标识和符号

继电器符号	继电器标识	符号
╱	常开触点	X0	┤├
╲	常闭触点	X1	┤╱├
▯	线圈	Y0	—(Y1)

西门子PLC梯形图基本标识和符号

继电器符号	继电器标识	符号
╱	常开触点	I0.0	┤├
╲	常闭触点	I0.1	┤╱├
▯	线圈	Q0.0	—( )

图 13-26　PLC 梯形图基本标识和符号

2　PLC 语句表

　　PLC 语句表是另一种重要的编程语言，形式灵活、简洁，易于编写和识读，深受很多电气工程技术人员的欢迎。因此，无论是 PLC 的设计，还是 PLC 的系统调试、改造、维修，都会用到 PLC 语句表。

　　PLC 语句表是指运用各种编程指令实现控制对象控制要求的语句表程序。针对 PLC 梯形图直观形象的图示化特色，PLC 语句表正好相反，编程最终以"文本"的形式体现。图 13-27 是用 PLC 梯形图和 PLC 语句表编写的同一个控制系统的程序。

📖 图 13-27 用 PLC 梯形图和 PLC 语句表编写的同一个控制系统的程序

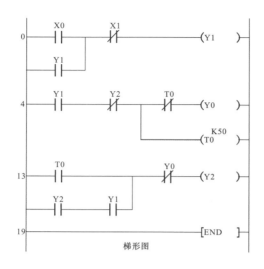

PLC 语句表虽没有 PLC 梯形图直观、形象，但表达更加精练、简洁。如果了解了 PLC 语句表和 PLC 梯形图的含义后，就会发现 PLC 语句表和 PLC 梯形图是一一对应的。

如图 13-28 所示，PLC 语句表是由序号、操作码和操作数构成的。

📖 图 13-28 PLC 语句表的结构组成和特点

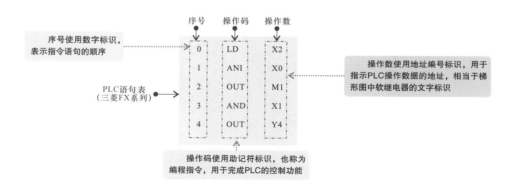

| 提示说明 |

不同厂商生产的 PLC，其语句表使用的助记符（编程指令）也不相同，对应语句表使用的操作数（地址编号）也有差异，具体可参考 PLC 的编程说明，见表 13-1。

表 13-1　PLC 梯形图基本标识和符号

三菱FX系列常用操作码（助记符）		西门子S7-200系列常用操作码（助记符）	
名称	符号	名称	符号
读指令（逻辑段开始-常开触点）	LD	读指令（逻辑段开始-常开触点）	LD
读反指令（逻辑段开始-常闭触点）	LDI	读反指令（逻辑段开始-常闭触点）	LDN
输出指令（驱动线圈指令）	OUT	输出指令（驱动线圈指令）	=
与指令	AND	与指令	A
与非指令	ANI	与非指令	AN
或指令	OR	或指令	O
或非指令	ORI	或非指令	ON
电路块与指令	ANB	电路块与指令	ALD
电路块或指令	ORB	电路块或指令	OLD
置位指令	SET	置位指令	S
复位指令	RST	复位指令	R
进栈指令	MPS	进栈指令	LPS
读栈指令	MRD	读栈指令	LRD
出栈指令	MPP	出栈指令	LPP
上升沿脉冲指令	PLS	上升沿脉冲指令	EU
下降沿脉冲指令	PLF	下降沿脉冲指令	ED
三菱FX系列常用操作数		西门子S7-200系列常用操作数	
名称	符号	名称	符号
输入继电器	X	输入继电器	I
输出继电器	Y	输出继电器	Q
定时器	T	定时器	T
计数器	C	计数器	C
辅助继电器	M	通用辅助继电器	M
状态继电器	S	特殊标志继电器	SM
		变量存储器	V
		顺序控制继电器	S

13.3.2　PLC 的编程方式

PLC 所实现的各项控制功能是根据用户程序实现的。各种用户程序需要编程人员根据控制的具体要求编写。通常，PLC 用户程序的编程方式主要有软件编程和手持式编程器编程。

1　软件编程

软件编程是指借助 PLC 专用的编程软件编写程序。采用软件编程的方式需将编程软件安装在匹配的计算机中，在计算机上根据编程软件的使用规则编写具有相应控制功能的 PLC 控制程序（梯形图程序或语句表程序），最后借助通信电缆将编写好的程序写入 PLC 内部即可。图 13-29 为 PLC 的软件编程方式。

2　编程器编程

编程器编程是指借助 PLC 专用的编程器设备直接在 PLC 中编写程序。在实际应用中，编程器多为手持式编程器，具有体积小、质量轻、携带方便等特点，在一些小型 PLC 的用户程序编制、现场调试、监视等场合应用十分广泛。

如图 13-30 所示，编程器编程是一种基于指令语句表的编程方式。首先需要根据 PLC 的规格、型号选配匹配的编程器，然后借助通信电缆将编程器与 PLC 连接，通过操作编程器上的按键直接向 PLC 中写入语句表指令。

📖 图 13-29 　PLC 的软件编程方式

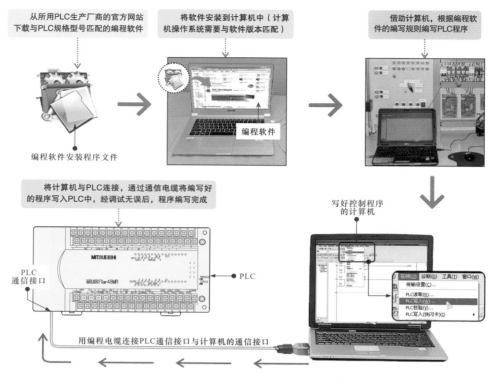

从所用PLC生产厂商的官方网站下载与PLC规格型号匹配的编程软件

编程软件安装程序文件

将软件安装到计算机中（计算机操作系统需要与软件版本匹配）

编程软件

借助计算机，根据编程软件的编写规则编写PLC程序

将计算机与PLC连接，通过通信电缆将编写好的程序写入PLC中，经调试无误后，程序编写完成

PLC
通信接口

MITSUBISHI

PLC

用编程电缆连接PLC通信接口与计算机的通信接口

写好控制程序的计算机

┃提示说明┃

　　不同类型 PLC 可采用的编程软件不相同，甚至有些相同品牌不同系列 PLC 可用的编程软件也不相同。表 13-2 为几种常用 PLC 可用的编程软件汇总。随着 PLC 的不断更新换代，对应的编程软件及版本都有不同的升级和更换，在实际选择编程软件时，应首先按品牌和型号对应查找匹配的编程软件。

表 13-2 　几种常用 PLC 可用的编程软件汇总

PLC的品牌	编辑软件	
三菱	GX-Developer	三菱通用
	FXGP-WIN-C	FX系列
	Gx Work2(PLC综合编程软件)	Q、QnU、L、FX等系列
西门子	STEP 7-Micro/WIN	S7-200
	STEP7 V系列	S7-300/400
松下	FPWIN-GR	
欧姆龙	CX-Programmer	
施耐德	unity pro XL	
台达	WPLSoft或ISPSoft	
AB	Logix5000	

🔲 图 13-30　PLC 的编程器编程

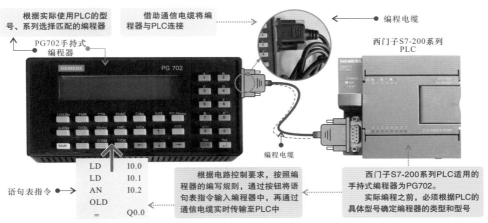

根据实际使用PLC的型号、系列选择匹配的编程器

借助通信电缆将编程器与PLC连接

PG702手持式编程器

编程电缆

西门子S7-200系列PLC

语句表指令

LD	I0.0
LD	I0.1
AN	I0.2
OLD	
=	Q0.0

根据电路控制要求，按照编程器的编写规则，通过按钮将语句表指令输入编程器中，再通过通信电缆实时传输至PLC中

西门子S7-200系列PLC适用的手持式编程器为PG702。
实际编程之前，必须根据PLC的具体型号确定编程器的类型和型号

编程电缆

│ 提示说明 │

不同品牌或不同型号 PLC 所采用的编程器类型不相同，在将指令语句表程序写入 PLC 时，应注意选择合适的编程器。表 13-3 为各种 PLC 对应匹配的手持式编程器型号汇总。

表 13-3　各种 PLC 对应匹配的手持式编程器型号汇总

PLC		手持式编程器型号
三菱 (MISUBISHI)	F/F1/F2系列	F1-20P-E、GP-20F-E、GP-80F-2B-E
		F2-20P-E
	FX系列	FX-20P-E
西门子 (SIEMENS)	S7-200系列	PG702
	S7-300/400系列	一般采用编程软件进行编程
欧姆龙 (OMRON)	C**P/C200H系列	C120—PR015
	C**P/C200H/C1000H/C2000H系列	C500—PR013、C500—PR023
	C**P系列	PR027
	C**H/C200H/C200HS/C200Ha/CPM1/CQM1系列	C200H—PR 027
光洋（KOYO）	KOYO SU—5/SU—6/SU—6B系列	S—01P—EX
	KOYO SR21系列	A—21P

257

第 **14** 章 机电设备的自动化应用控制

14.1 工业电气设备的自动化控制

14.1.1 工业电气控制电路的特点

工业电气设备是指使用在工业生产中所需要的设备，随着技术的发展和人们生活水平的提升，工业电气设备的种类越来越多，例如机床设备、电梯控制设备、货物升降机设备、电动葫芦、给排水控制设备等。

不同工业电气设备所选用的控制器件、功能部件、连接部件以及电动机等基本相同，但根据选用部件数量的不同以及对不同器件间的不同组合，便可以实现不同的功能。图 14-1 为典型工业电气设备的电气控制电路。

图 14-1 典型工业电气设备的电气控制电路

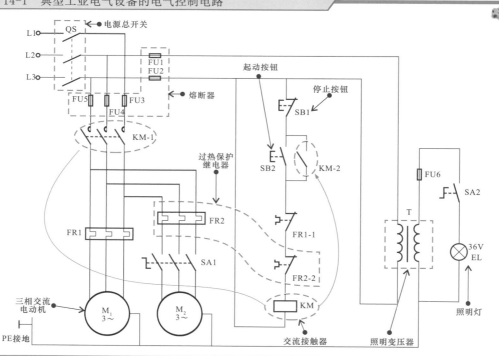

典型工业电气设备的电气控制电路主要是由电源总开关、熔断器、过热保护继电器、转换开关、交流接触器、起动按钮（不闭锁的常开按钮）、停止按钮、照明灯、三相交流电动机等部件构成的。我们根据该电气控制电路图通过连接导线将相关的部件进行连接后，即构成了工业电气设备

的电气控制电路，如图 14-2 所示。

图 14-2 典型工业电气设备及控制电路的主要部件及实物连接图

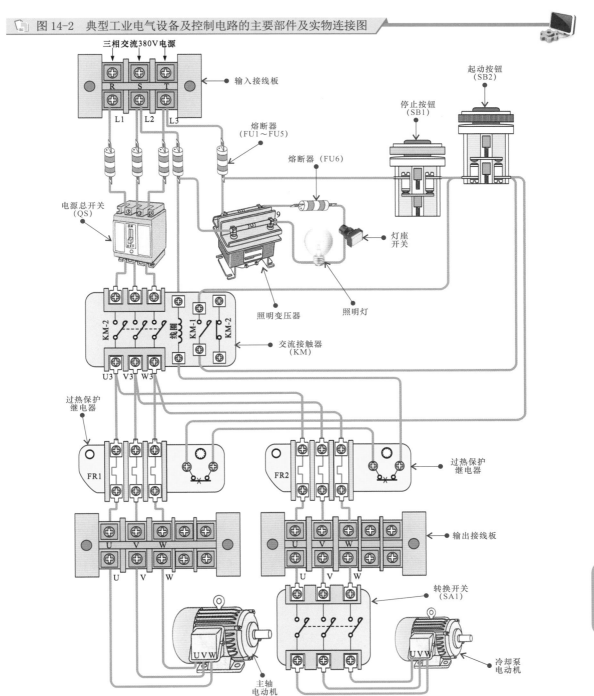

14.1.2 工业电气控制电路的控制过程

工业电气设备是依靠起动按钮、停止按钮、转换开关、交流接触器、过热保护继电器等控制部件来对电动机进行控制，再由电动机带动电气设备中的机械部件运作，从而实现对电气设备的控制，图 14-3 为典型工业电气设备的电气控制图。

图 14-3 典型工业电气设备的电气控制图

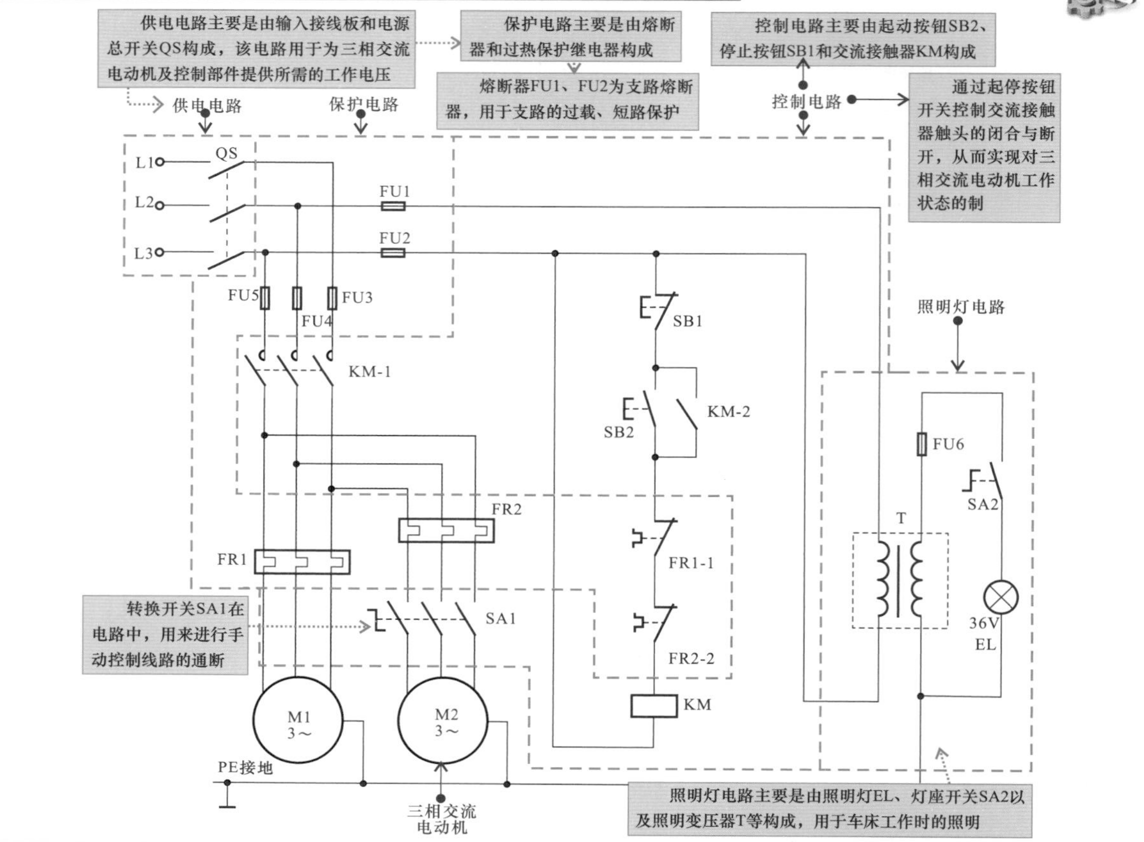
供电电路主要是由输入接线板和电源总开关QS构成，该电路用于为三相交流电动机及控制部件提供所需的工作电压
保护电路主要是由熔断器和过热保护继电器构成
控制电路主要由起动按钮SB2、停止按钮SB1和交流接触器KM构成
熔断器FU1、FU2为支路熔断器，用于支路的过载、短路保护
供电电路
保护电路
控制电路
通过起停按钮开关控制交流接触器触头的闭合与断开，从而实现对三相交流电动机工作状态的制
照明灯电路
转换开关SA1在电路中，用来进行手动控制线路的通断
PE接地
三相交流电动机
照明灯电路主要是由照明灯EL、灯座开关SA2以及照明变压器T等构成，用于车床工作时的照明
L1
L2
L3
QS
FU1
FU2
FU3
FU4
FU5
KM-1
KM-2
SB1
SB2
FR1
FR2
FR1-1
FR2-2
KM
SA1
M1 3～
M2 3～
FU6
SA2
T
36V EL

该电气控制电路可以划分为供电电路、保护电路、控制电路、照明灯电路等，各电路之间相互协调，通过控制部件最终实现合理地对各电气设备进行控制。

1 主轴电动机的起动过程

当控制主轴电动机起动时，需要先合上电源总开关 QS，接通三相电源，如图 14-4 所示，然后按下起动按钮 SB2，其内部常开触点闭合，此时交流接触器 KM 线圈得电。

当交流接触器 KM 线圈得电后，常开辅助触头 KM-2 闭合自锁，使 KM 线圈保持得电。常开主触头 KM-1 闭合，电动机 M1 接通三相电源，开始运转。

2 冷却泵电动机的控制过程

通过电气控制图可知，只有在主轴电动机 M1 得电运转后，转换开关 SA1 才能起作用，才可以对冷却泵电动机 M2 进行控制，如图 14-5 所示。

转换开关 SA1 在断开状态时，冷却泵电动机 M2 处于待机状态；转换开关 SA1 闭合，冷却泵电动机 M2 接通三相电源，开始起动运转。

3 照明灯的控制过程

在该电路中，照明灯的 36 V 供电电压是由照明变压器 T 二次侧输出的。

照明灯 EL 的亮 / 灭状态，受灯座开关 SA2 的控制，在需要照明灯时，可将 SA2 旋至接通的状态，此时照明变压器二次侧为通路，照明灯 EL 亮。

将 SA2 旋至断开的状态，照明灯处于灭的状态。

图 14-4 主轴电动机的起动过程

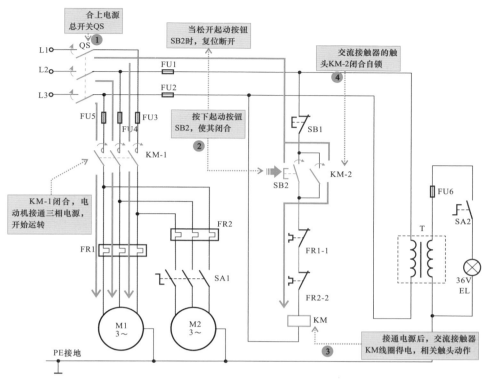

合上电源
总开关QS

当松开起动按钮
SB2时，复位断开

交流接触器的触
头KM-2闭合自锁

按下起动按钮
SB2，使其闭合

KM-1闭合，电
动机接通三相电源，
开始运转

接通电源后，交流接触器
KM线圈得电，相关触头动作

图 14-5 冷却泵电动机的控制过程

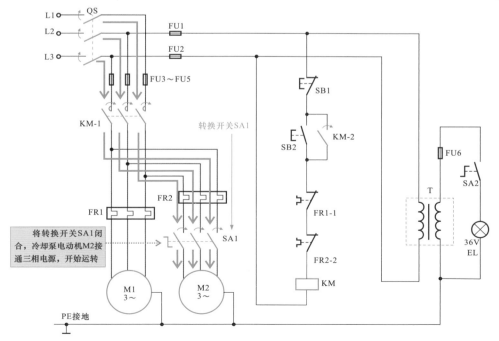

将转换开关SA1闭
合，冷却泵电动机M2接
通三相电源，开始运转

4 电动机的停机过程

若是需要对该电路进行停机操作时，按下停止按钮 SB1，切断电路的供电电源，此时交流接触器 KM 线圈失电，其触点全部复位。

常开主触头 KM-1 复位断开，切断电动机供电电源，停止运转。

常开触助触头 KM-2 复位断开，解除自锁功能。

14.1.3 供水电路的自动化控制

带有继电器的电动机供水控制电路一般用于供水电路中，这种电路通过液位检测传感器检测水箱内水的高度，当水箱内的水量过低时，电动机带动水泵运转，向水箱内注水；当水箱内的水量过高时，则电动机自动停止运转，停止注水。

图 14-6 为带有继电器的电动机供水控制电路的电路图。从图中可以看到，带有继电器的电动机供水控制电路主要由供电电路、保护电路、控制电路和三相交流电动机等构成。

图 14-6 带有继电器的电动机供水控制电路的电路图

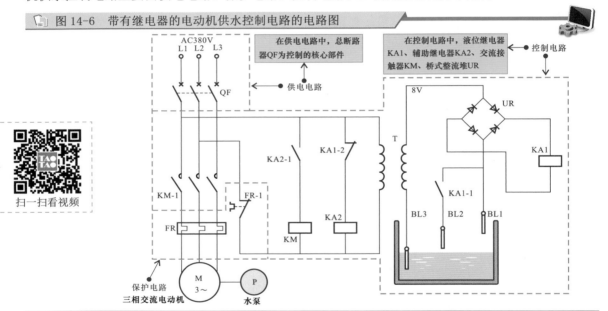

扫一扫看视频

1 低水位时电动机的运行供水过程

合上总断路器 QF，接通三相电源，如图 14-7 所示，当水位处于电极 BL1 以下时，各电极之间处于开路状态。

辅助继电器 KA2 线圈得电，相应的触点进行动作。

由图 14-7 可知，当辅助继电器 KA2 线圈得电后，常开触头 KA2-1 闭合，交流接触器 KM 线圈得电，常开主触头 KM-1 闭合，电动机接通三相电源，三相交流电动机带动水泵运转，开始供水。

2 高水位时电动机的停止供水过程

当水位处于电极 BL1 以上时，由于水的导电性，各电极之间处于通路状态，如图 14-8 所示。此时 8V 交流电压经桥式整流堆 UR 整流后，为液位继电器 KA1 线圈供电。

其常开触头 KA1-1 闭合；常闭触头 KA1-2 断开，使辅助继电器 KA2 线圈失电。

辅助继电器 KA2 线圈失电，常开触头 KA2-1 复位断开；交流接触器 KM 线圈失电，常开主触头 KM-1 复位断开，电动机切断三相电源，停止运转，供水作业停止。

图 14-7 低水位时电动机的运行供水过程

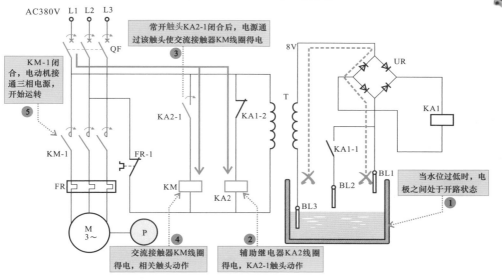

图 14-8 高水位时电动机的停止供水过程

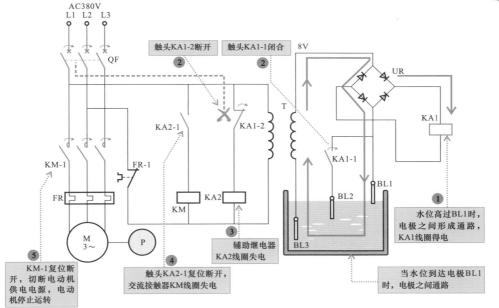

14.1.4 升降机的自动化控制

货物升降机的自动运行控制电路主要是通过一个控制按钮控制升降机自动在两个高度进行升降作业（例如两层楼房），即将货物提升到固定高度，等待一段时间后，升降机会自动下降到规定的高度，以便进行下一次提升搬运。

图 14-9 为典型货物升降机的自动运行控制电路。由图中可以看到，该电路主要由供电电路、保护电路、控制电路、三相交流电动机和货物升降机等构成。

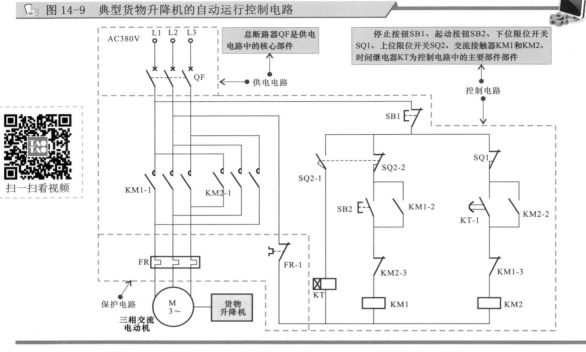

图 14-9　典型货物升降机的自动运行控制电路

扫一扫看视频

1　货物升降机的上升过程

若要上升货物升降机时，首先合上总断路器 QF，接通三相电源，如图 14-10 所示，然后按下起动按钮 SB2，此时交流接触器 KM1 线圈得电，相应触头动作。

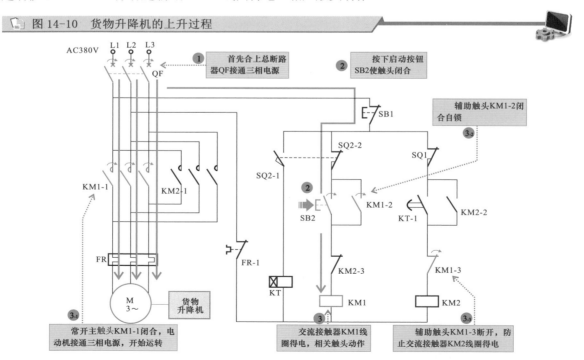

图 14-10　货物升降机的上升过程

常开辅助触头 KM1-2 闭合自锁，使 KM1 线圈保持得电。

常开主触头 KM1-1 闭合，电动机接通三相电源，开始正向运转，货物升降机上升。

常闭辅助触头 KM1-3 断开，防止交流接触器 KM2 线圈得电。

2 货物升降机上升至 SQ2 时的停机过程

当货物升降机上升到规定高度时，上位限位开关 SQ2 动作，（即 SQ2-1 闭合，SQ2-2 断开），如图 14-11 所示。

常开触头 SQ2-1 闭合，时间继电器 KT 线圈得电，进入定时计时状态。

常闭触头 SQ2-2 断开，交流接触器 KM1 线圈失电，触点全部复位。

常开主触头 KM1-1 复位断开，切断电动机供电电源，停止运转。

图 14-11 货物升降机上升至 SQ2 时停机过程

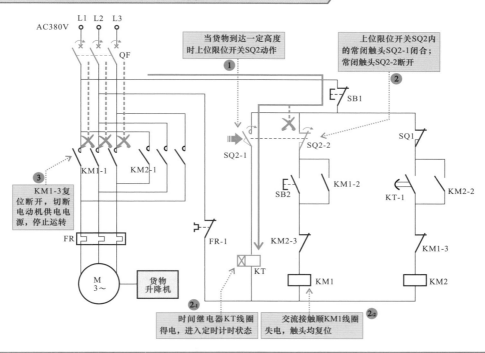

3 货物升降机的下降过程

当时间达到时间继电器 KT 设定的时间后，其触头进行动作，常开触头 KT-1 闭合，使交流接触器 KM2 线圈得电，如图 14-12 所示。由图中可知，交流接触器 KM2 线圈得电，常开辅助触头 KM2-2 闭合自锁，维持交流接触器 KM2 的线圈一直处于得电的状态。

常开主触头 KM2-1 闭合，电动机反向接通三相电源，开始反向旋转，货物升降机下降。常闭辅助触头 KM2-3 断开，防止交流接触器 KM1 线圈得电。

4 货物升降机下降至 SQ1 时的停机过程

如图 14-13 所示，货物升降机下降到规定的高度后，下位限位开关 SQ1 动作，常闭触头断开，此时交流接触器 KM2 线圈失电，触头全部复位。

常开主触头 KM2-1 复位断开，切断电动机供电电源，停止运转。

常开辅助触头 KM2-2 复位断开，解除自锁功能；常闭辅助触头 KM2-3 复位闭合，为下一次的上升控制做好准备。

图 14-12 货物升降机的下降过程

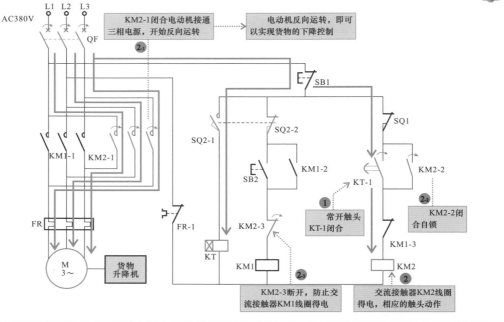

图 14-13 货物升降机下降至 SQ1 时的停机过程

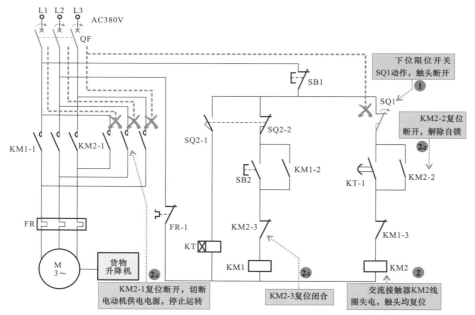

5 工作时的停机过程

当需停机时，按下停止按钮 SB1，交流接触器 KM1 或 KM2 线圈失电。

交流接触器 KM1 和 KM2 线圈失电后，相关的触头均进行复位。

常开主触头 KM1-1 或 KM2-2 复位断开，切断电动机的供电电源，停止运转。

常开辅助触头 KM1-2 或 KM2-2 复位断开，解除自锁功能。

常闭辅助触头 KM1-3 或 KM2-3 复位闭合，为下一次动作做准备。

14.2 农机设备的自动化控制

14.2.1 农机电气控制电路的特点

农业电气设备是指使用在农业生产中所需要的设备，例如排灌设备、农产品加工设备、养殖和畜牧设备等，农业电气设备由很多控制器件、功能部件、连接部件组成，根据选用部件种类和数量的不同以及对不同器件间的不同组合连接方式，便可以实现不同的功能。图 14-14 为典型的农机电气控制电路（农业抽水设备的控制电路）。

图 14-14 典型的农机电气控制电路（农业抽水设备的控制电路）

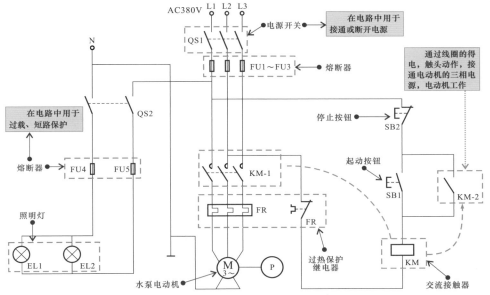

典型农业电气设备的电气控制电路主要是由电源开关（QS）、熔断器（FU）、启动按钮（SB）、停止按钮（SB）、交流接触器（KM）、过热保护继电器（FR）、照明灯（EL）、水泵电动机（三相交流电动机）等部件构成的，我们根据该电气控制电路图通过连接导线将相关的部件进行连接后，即构成了农业电气设备的电气控制电路，如图 14-15 所示。

14.2.2 农机电气控制电路的控制过程

农业电气设备是依靠起动按钮、停止按钮、交流接触器、电动机等对相应的设备进行控制，从而实现相应的功能。图 14-16 为典型农机设备的电气控制图。该主要是由供电电路、保护电路、控制电路、照明灯电路及水泵电动机等部分构成的。

1 水泵电动机的起动过程

当需要起动水泵电动机时，应先合上电源总开关 QS，接通三相电源，如图 14-17 所示，然后按下起动按钮 SB1，使触头闭合，此时交流接触器 KM 线圈得电。

交流接触器 KM 线圈得电，常开辅助触头 KM-2 闭合自锁。

图 14-15　典型农业抽水设备控制电路的主要部件及实物连接图

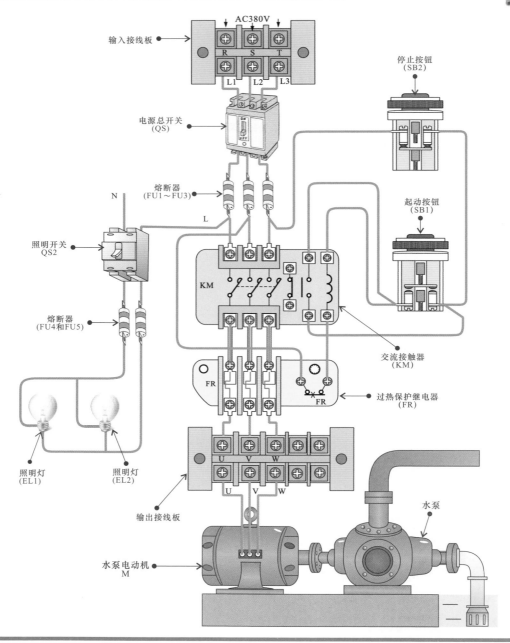

AC380V

输入接线板

R　S　T

L1　L2　L3

电源总开关
(QS)

熔断器
(FU1~FU3)

N

L

照明开关
QS2

KM

熔断器
(FU4和FU5)

FR

FR

照明灯
(EL1)

照明灯
(EL2)

输出接线板

U　V　W

U　V　W

水泵电动机
M

停止按钮
(SB2)

起动按钮
(SB1)

交流接触器
(KM)

过热保护继电器
(FR)

水泵

　　常开主触头 KM-1 闭合，电动机接通三相电源，起动运转，水泵电动机带动水泵电动机开始工作，完成水泵电动机的起动过程。

2　水泵电动机的停机过程

　　需要停机时，可按下停止按钮 SB2，使停止按钮内部的触头断开，切断供电电路的电源，此时交流接触器 KM 线圈失电，常开辅助触头 KM-2 复位断开，解除自锁。

　　常开主触头 KM-1 复位闭合，切断电动机供电电源，停止运转。

图 14-16　典型农业设备的电气控制图

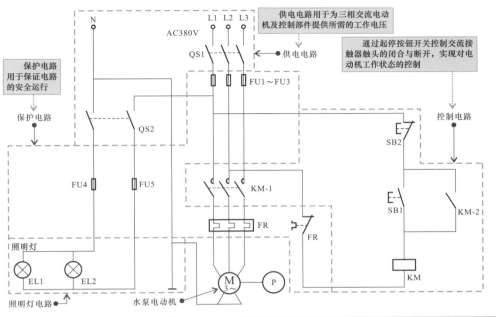

供电电路用于为三相交流电动机及控制部件提供所需的工作电压

通过起停按钮开关控制交流接触器触头的闭合与断开，实现对电动机工作状态的控制

保护电路用于保证电路的安全运行

图 14-17　水泵电动机的起动过程

① 合上电源总开关接通三相电源

松开起动按钮后，该按钮复位断开

② 按下起动按钮使SB1闭合

④ 触头KM-2闭合自锁

④ 关常开主触头KM-1闭合，电动机接通三相电源起动运转

③ 交流接触器KM线圈得电，相应的触头动作

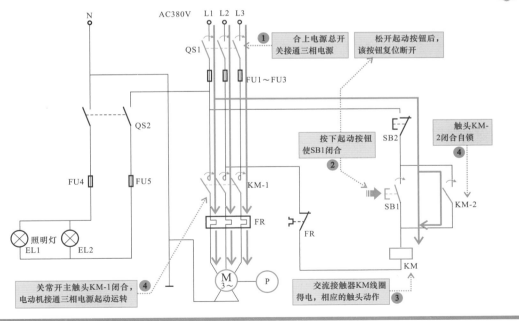

3　照明灯的控制过程

在对该电路中的电气设备进行控制的同时若是需要照明时，可以合上电源开关 QS2 照明灯 EL1、EL2 接通电源，开始点亮；若不需要照明时，可关闭电源总开关 QS2，使照明灯熄灭。

14.2.3 禽蛋孵化设备的自动化控制

禽蛋孵化恒温箱控制电路是指控制恒温箱内的温度保持恒定温度值，当恒温箱内的温度降低时，自动起动加热器进行加热工作；当恒温箱内的温度达到预定的温度时，自动停止加热器工作，从而保证恒温箱内温度的恒定。

图 14-18 为典型禽蛋孵化恒温箱控制电路。该电路主要由供电电路、温度控制电路和加热器控制电路等构成。

图 14-18 典型禽蛋孵化恒温箱控制电路

扫一扫看视频

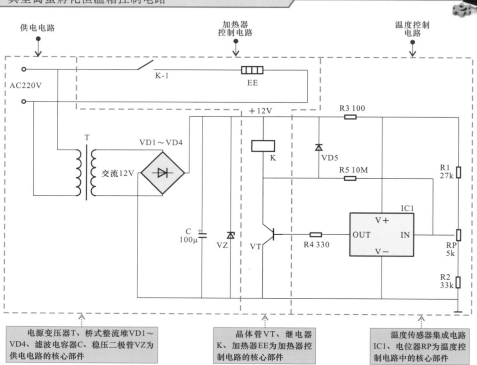

| 电源变压器T、桥式整流堆VD1～VD4、滤波电容器C、稳压二极管VZ为供电电路的核心部件 | 晶体管VT、继电器K、加热器EE为加热器控制电路的核心部件 | 温度传感器集成电路IC1、电位器RP为温度控制电路中的核心部件 |

| 提示说明 |

电源变压器 T、桥式整流堆 VD1～VD4、滤波电容器 C、稳压二极管 VZ、温度传感器集成电路 IC1、电位器 RP、晶体管 VT、继电器 K、加热器 EE 等为禽蛋孵化恒温箱温度控制的核心部件。

IC1 是一种温度检测传感器与接口电路集于一体的集成电路，IN（输入）端为启控温度设定端。当 IC1 检测的环境温度达到设定启控温度时 OUT（输出）端输出高电平，起到控制的作用。

1 禽蛋孵化恒温箱的加热过程

在对禽蛋孵化恒温箱进行加热控制时，应先通过电位器 RP 预先调节好禽蛋孵化恒温箱内的温控值。然后接通电源，如图 14-19 所示，交流 220V 电压经电源变压器 T 降压后，由二次侧输出交流 12V 电压。交流 12V 电压经桥式整流堆 VD1～VD4 整流、滤波电容器 C 滤波、稳压二极管 VZ 稳压后，输出稳定的 +12V 直流电压，为温度控制电路供电。

如图 14-20 所示，当禽蛋孵化恒温箱内的温度低于电位器 RP 预先设定的温控值时，温度传感器集成电路 IC1 的 OUT 端输出高电平，晶体管 VT 导通。此时，继电器 K 线圈得电。常开触头 K-1 闭合，接通加热器 EE 的供电电源，加热器 EE 开始加热工作。

图 14-19 禽蛋孵化恒温箱的供电过程

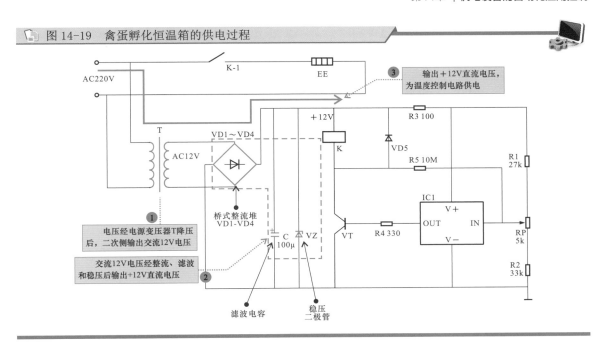

图 14-20 禽蛋孵化恒温箱的加热过程

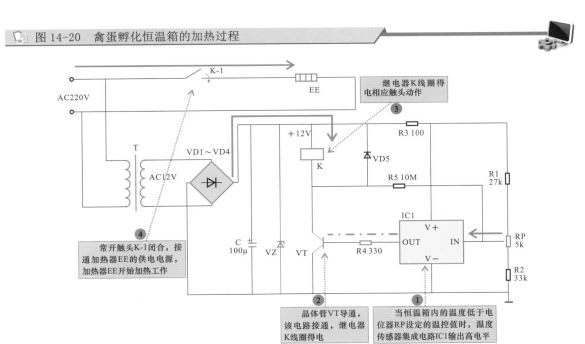

271

2 禽蛋孵化恒温箱的停止加热过程

当禽蛋孵化恒温箱内的温度上升至电位器 RP 预先设定的温控值时，温度传感器集成电路的 OUT 端输出低电平。此时晶体管 VT 截止，继电器 K 线圈失电。

常开触头 K-1 复位断开，切断加热器 EE 的供电电源，加热器 EE 停止加热工作。

| 提示说明 |

加热器停止加热一段时间后，禽蛋孵化恒温箱内的温度缓慢下降，当禽蛋孵化恒温箱内的温度再次低于电位器 RP 预先设定的温控值时，温度传感器集成电路 IC1 的 OUT 端再次输出高电平。

晶体管 VT 再次导通。继电器 K 线圈再次得电：常开触头 K-1 闭合，再次接通加热器 EE 的供电电源，加热器 EE 开始加热工作。

如此反复循环，来保证禽蛋孵化恒温箱内的温度恒定。

14.2.4　排灌设备的自动化控制

排灌自动控制电路是指在进行农田灌溉时能够根据排灌渠中水位的高低自动控制排灌电动机的起动和停机，从而防止了排灌渠中无水而排灌电动机仍然工作的现象，进而起到保护排灌电动机的作用。

图 14-21 为典型农田排灌自动控制电路。该电路主要由供电电路、保护电路、检测电路、控制电路和三相交流电动机（排灌电动机）等构成。

图 14-21　典型农田排灌自动控制电路

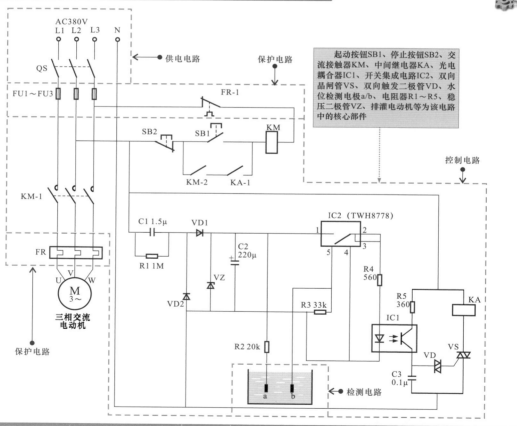

1　农田排灌电动机的起动过程

合上电源总开关 QS，接通三相电源，如图 14-22 所示，相线 L2 与零线 N 间的交流 220V 电压经电阻器 R1 和电容器 C1 降压，整流二极管 VD1、VD2 整流，稳压二极管 VZ 稳压，滤波电容器 C2 滤波后，输出 +9V 直流电压。

图 14-22 开关集成电路 IC2 导通过程

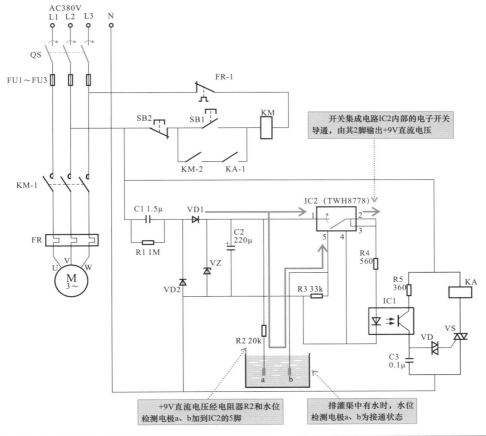

该电路中的供电电压准备好后，当排灌渠中有水时，+9V 直流电压一路直接加到开关集成电路 IC2 的 1 脚，另一路经电阻器 R2 和水位检测电极 a、b 加到 IC2 的 5 脚，此时开关集成电路 IC2 内部的电子开关导通，由其 2 脚输出 +9V 电压。

如图 14-23 所示，开关集成电路 IC2 的 2 脚输出的 +9V 电压经电阻器 R4 加到光耦合器 IC1 的发光二极管上。

光耦合器 IC1 的发光二极管导通发光后照射到光敏晶体管上，光敏晶体管导通，并由发射极发出触发信号触发双向触发二极管 VD 导通，进而触发双向晶闸管 VS 导通。

双向晶闸管 VS 导通后，中间继电器 KA 线圈得电，相应的触点动作。

常开触头 KA-1 闭合，为交流接触器 KM 线圈得电实现自锁功能做好准备。

按下起动按钮 SB1 后，触头闭合，交流接触器 KM 线圈得电，相应触头动作。

常开辅助触头 KM-2 闭合，与中间继电器 KA 闭合的常开触头 KA-1 组合，实现自锁功能；常开主触头 KM-1 闭合，排灌电动机接通三相电源，起动运转。

排灌电动机运转后，带动排水泵进行抽水，来对农田进行灌溉作业。

2 农田排灌电动机的自动停机过程

当排水泵抽出水进行农田灌溉后，排水渠中的水位逐渐降低，水位降至最低时，水位检测电极 a 与电极 b 由于无水而处于开路状态，断开电路，此时，开关集成电路 IC2 内部的电子开关复位断开。

📖 图 14-23　中间继电器 KA 线圈得电及触点动作过程

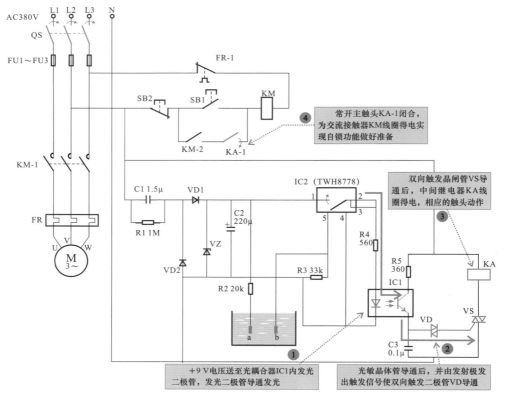

AC380V L1 L2 L3 N

QS

FU1~FU3

FR-1

SB2 SB1 KM

KM-2 KA-1

④ 常开主触头KA-1闭合，为交流接触器KM线圈得电实现自锁功能做好准备

KM-1

C1 1.5μ VD1 IC2（TWH8778）

双向触发晶闸管VS导通后，中间继电器KA线圈得电，相应的触点动作

R1 1M C2 220μ

FR VZ R4 560 ③

R5 360 KA

VD2 R3 33k IC1

R2 20k VD VS

M 3~

a b C3 0.1μ ②

① +9 V电压送至光耦合器IC1内发光二极管，发光二极管导通发光

光敏晶体管导通后，并由发射极发出触发信号使双向触发二极管VD导通

光耦合器 IC1、双向触发二极管 VD、双向晶闸管 VS 均截止，中间继电器 KA 线圈失电。

中间继电器 KA 线圈失电后，常开触头 KA-1 复位断开，切断交流接触器 KM 的自锁功能，交流接触器 KM 线圈失电，相应的触点复位。

常开辅助触头 KM-2 复位断开，解除自锁功能。

常开主触头 KM-1 复位断开，切断排灌电动机的供电电源，排灌电动机停止运转。

3　农田排灌电动机的手动停机过程

在对该家业电气设备进行控制的过程中，若需要进行手动对排灌电动机停止运转时，可按下停止按钮 SB2，切断供电电源，停止按钮 SB2 内触头断开后，交流接触器 KM 线圈失电，相应的触头均复位。

常开辅助触头 KM-2 复位断开，解除自锁功能。

常开主触头 KM-1 复位断开，切断排灌电动机的供电电源，排灌电动机停止运转。

第15章 变频电路的综合控制应用

15.1 制冷设备的变频控制综合应用

15.1.1 制冷设备中的变频电路

变频制冷设备是指由变频器或变频电路对变频压缩机、水泵（电动机）的起动、运行等进行控制的制冷设备，如变频电冰箱、变频空调器、中央空调、冷库等。

变频电路是变频制冷设备中特有的电路模块，其主要的功能就是为压缩机或水泵提供驱动信号，用来调节压缩机或电动机的转速，实现制冷剂的循环，完成热交换的功能。

图 15-1 为典型变频空调器的电路关系示意图。从图中可看出，该变频空调器主要由室内机和室外机两部分组成。室外机电路部分接收由室内机电路部分发送来的控制信号，并对其进行处理后经变频电路控制变频压缩机启动、运行，再由压缩机控制管路中的制冷剂循环，从而实现空气温度调节功能。

其中变频电路和变频压缩机位于室外机机组中，电源电路为其变频电路提供所需的工作电压，并通过控制电路进行控制，从而输出驱动变频压缩机的变频驱动信号，使变频压缩机起动、运行，从而达到制冷或制热的效果。

| 提示说明 |

从图 15-1 可以看到，变频电路和变频压缩机位于空调器室外机机组中。变频电路在室外机控制电路控制、电源电路供电两大条件下，输出驱动变频压缩机的变频驱动信号，使变频压缩机起动、运行，从而达到制冷或制热的效果。

图 15-2 为典型变频空调器中变频电路板的实物外形。从图中可以看到，变频电路主要是由智能功率模块、光耦合器、连接插件或接口等组成的。

| 提示说明 |

随着变频技术的发展，应用于变频调器中的变频电路也日益完善，很多新型变频空调器中的变频电路不仅具有智能功率模块的功能，而且还将一些外部电路集成到一起，如有些变频电路集成了电源电路，有些则将集成有 CPU 控制模块，还有些则将室外机控制电路与变频电路集成在一起，称为模块控制电路一体化电路等。

在变频电路中，智能功率模块是电路中的核心部件，其通常为一只体积较大的集成电路模块，内部包含变频控制电路、驱动电流、过电压/过电流检测电路和功率输出电路（逆变器），一般安装在变频电路背部或边缘部分，如图 15-3 所示。图 15-4 为智能功率模块（STK621-410）的内部结构简图。

| 提示说明 |

变频电路中常用的变频模块主要有 PS21564-P/SP、PS21865/7/9-P/AP、PS21964/5/10-AT/AT、PS21765/7、PS21246、FSBS15CH60 等几种，这几种变频模块受微处理器输出的控制信号的控制，通过将控制信号放大、逆变后，对空调器的压缩机电动机进行驱动控制。

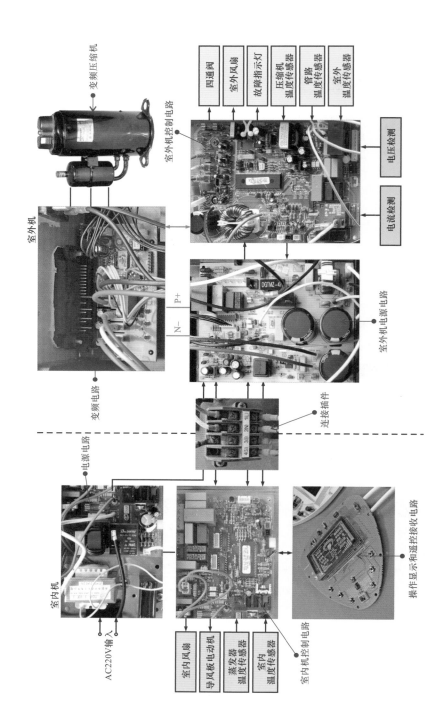

图 15-1　典型工业电气设备的电气控制电路

图 15-2　制冷设备中变频电路的结构组成

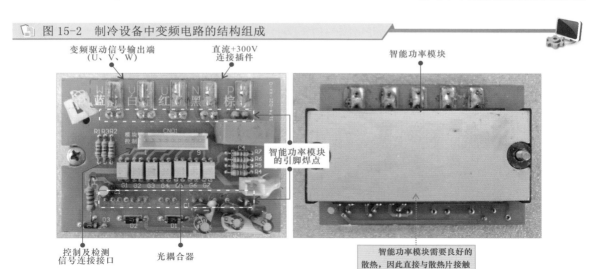

变频驱动信号输出端
(U、V、W)

直流+300V
连接插件

智能功率模块

智能功率模块
的引脚焊点

控制及检测
信号连接接口

光耦合器

智能功率模块需要良好的
散热，因此直接与散热片接触

图 15-3　变频电路中智能功率模块的实物外形

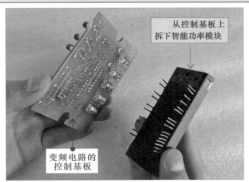

从控制基板上
拆下智能功率模块

变频电路的
控制基板

智能功率模块上标
识有型号和引脚标识

图 15-4　STK621-410 型智能功率模块的内部结构简图

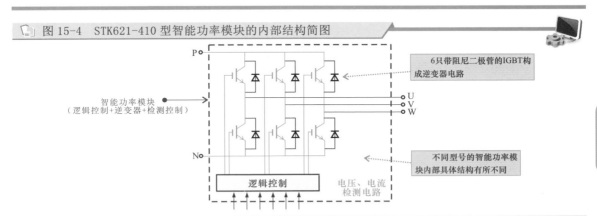

6只带阻尼二极管的IGBT构
成逆变器电路

智能功率模块
（逻辑控制+逆变器+检测控制）

不同型号的智能功率模
块内部具体结构有所不同

逻辑控制

电压、电流
检测电路

277

图 15-5 为海信 KFR5001LW/BP 型变频空调器的变频电路原理图。该变频电路是由控制电路、变频模块和变频压缩机构成，其中 CN01 的 1 脚为变频模块反馈的故障信号传输端，当变频模块出现过热、过流、短路等情况时，便由 CN01 的 1 脚将故障信号传输给室外机控制电路，实施保护。

| 提示说明 |

　　PM30CTM060 型变频功率模块，共有 20 个引脚，主要由 4 个逻辑控制电路、6 个功率输出 IGBT、6 个阻尼二极管构成。

图 15-5　海信 KFR5001LW/BP 型变频空调器的变频电路原理图

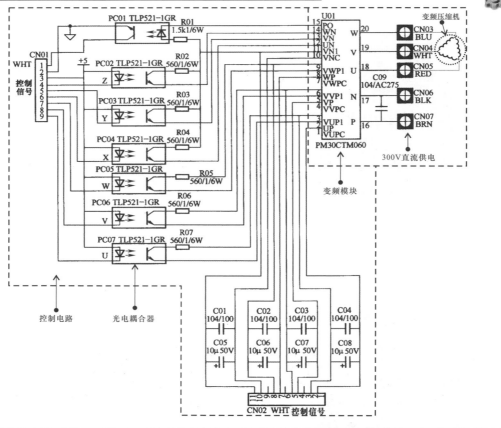

15.1.2　制冷设备中的变频控制过程

　　制冷设备中的变频电路不同于传统的驱动电路，它主要是通过改变输出电流的频率和电压，来调节压缩机或水泵中的电动机转速。采用变频电路控制的制冷设备，工作效率更高，更加节约能源。下面以典型变频空调器的变频电路为例，介绍一下制冷设备中变频电路的控制过程。图 15-6 为变频空调器中变频电路的流程框图。

图 15-6　变频空调器中变频电路的流程框图

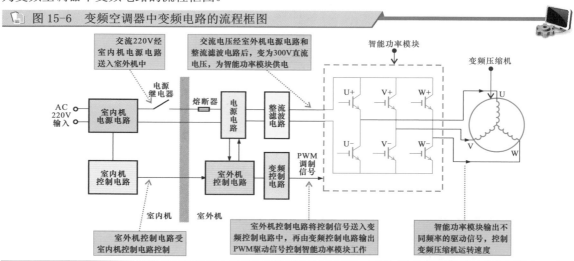

智能功率模块在控制信号的作用下，将供电部分送入的300 V直流电压逆变为不同频率的交流电压（变频驱动信号）加到变频压缩机的三相绕阻端，使变频压缩机起动，进行变频运转，压缩机驱动制冷剂循环，进而达到冷热交换的目的，如图15-7所示。

图 15-7 变频压缩机电动机的结构和驱动方式

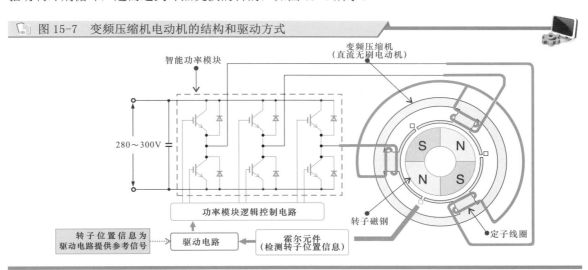

在变频压缩机电动机（直流无刷电动机）的定子上装有霍尔元件，用以检测转子磁极的旋转位置，为驱动电路提供参考信号，将该信号送入智能控制电路中，与提供给定子线圈的电流相位保持一定关系，再由功率模块中的6个晶体管进行控制，按特定的规律和频率转换，实现变频压缩机电动机速度的控制。

┃提示说明┃

在变频空调器中，当室温较高时，控制电路识别到该信号后（由室内温度传感器检测），输出的脉冲信号宽度较宽，该信号控制逆变电路中的半导体器件导通时间变长，从而使输出的信号频率升高，变频压缩机处于高速运转状态，空调器中制冷循环加速，使室内温度下降；当室内温度下降到设定温度时，控制电路便输出宽度较窄的脉冲信号，该信号控制逆变电路中的半导体器件导通时间变短，输出信号频率降低，压缩机转速下降，空调器中制冷循环变得平缓，从而维持室内温度在某一范围内。

在变频压缩机工作过程中，温度到达设定要求时，变频电路控制压缩机处于低速运转运转状态，进入节能状态，而且有效避免了频繁起动、停机造成的大电流损耗，这就是变频空调器的节能原理。

15.1.3 海信 KFR—4539（5039）LW/BP 型变频空调器中的变频电路

图 15-8 为海信 KFR—4539（5039）LW/BP 型变频空调器中的变频电路，该变频电路主要由控制电路、过电流检测电路、变频模块和变频压缩机构成。

在图 15-8 中，电源供电电路输出的 +15V 直流电压分别送入变频模块 IC2（PS21246）的 2 脚、6 脚、10 脚和 14 脚中，为变频模块提供所需的工作电压。

变频模块 PS21246 的 22 脚为 +300V 电压输入端，为 IC2 的 IGBT 提供工作电压。

室外机控制电路中的微处理器 CPU 为变频模块 IC2（PS21246）的 1 脚、5 脚、9 脚、18 ～ 21 脚提供控制信号，控制变频模块内部逻辑电路工作。

控制信号经变频模块 IC2（PS21246）内部电路逻辑控制后，由 23 ～ 25 脚输出变频驱动信号，分别加到变频压缩机的三相绕组端。

变频压缩机在变频驱动信号的驱动下起动运转。

过电流检测电路对变频电路进行检测和保护，当变频模块内部的电流值过高时，便将过电流检测信号送往微处理器中，由微处理器对室外机电路实施保护控制。

图 15-8 海信 KFR—4539（5039）LW/BP 型变频空调器中的变频电路

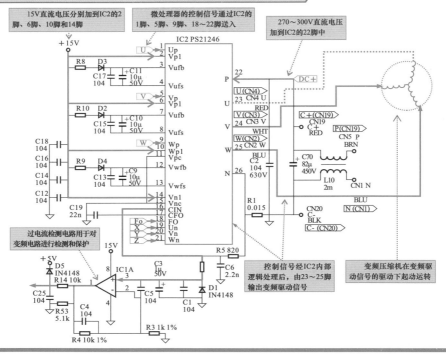

15V直流电压分别加到IC2的2
脚、6脚、10脚和14脚

微处理器的控制信号通过IC2的
1脚、5脚、9脚、18～22脚送入

270～300V直流电压
加到IC2的22脚中

过电流检测电路用于对
变频电路进行检测和保护

控制信号经IC2内部
逻辑处理后，由23～25脚
输出变频驱动信号

变频压缩机在变频驱
动信号的驱动下起动运转

| 提示说明 |

　　变频模块 PS21246 的内部主要由 HVIC1、HVIC2、HVIC3 和 LVIC 4 个逻辑控制电路，6 个 IGBT 和 6 个阻尼二极管等部分构成，如图 15-9 所示。+300V 的 P 端为 IGBT 提供电源电压，供电电路为逻辑控制电路提供 +5V 的工作电压，U、V、W 端为直流无刷电动机绕组提供驱动电流。

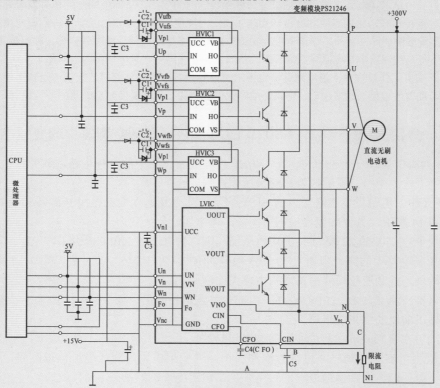

图 15-9　变频模块 PS21246 的内部结构

15.1.4 海信 KFR—25GW/06BP 型变频空调器中的变频电路

图 15-10 为海信 KFR—25GW/06BP 型变频空调器中的变频电路。该电路采用智能变频模块作为变频电路对变频压缩机进行调速控制，同时智能变频模块的电流检测信号会送到微处理器中，由微处理器根据信号保护变频模块。变频电路满足供电等工作条件后，由室外机控制电路中的微处理器（MB90F462—SH）为变频模块 IPM201（PS21564）提供控制信号，经变频模块 IPM201（PS21564）内部电路的逻辑控制后，为变频压缩机提供变频驱动信号，驱动变频压缩机起动运转。

图 15-10 海信 KFR—25GW/06BP 型变频空调器的变频电路

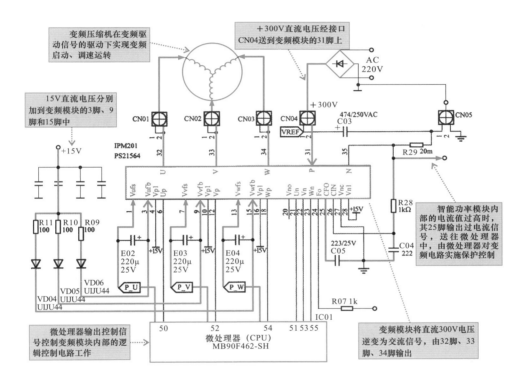

电源供电电路输出的 +15V 直流电压分别送入变频模块 IPM201（PS21564）的 3 脚、9 脚和 15 脚中，为变频模块提供所需的工作电压。

交流 220V 电压经桥式整流堆输出 +300V 直流电压，经接口 CN04 加到变频模块 IPM201（PS21564）的 31 脚，为 IPM201 的 IGBT 提供工作电压。

室外机控制电路微处理器 CPU 为变频模块 PM201（PS21564）的 1 脚、6 脚、7 脚、12 脚、13 脚、18 脚、21～23 脚提供控制信号，控制变频模块内部的逻辑控制电路工作。

控制信号经 PS21564 内部电路的逻辑控制后，由 32～34 脚输出变频驱动信号，经接口加到变频压缩机的三相绕组端。变频压缩机在变频驱动信号的驱动下起动运转。

过电流检测电路对变频驱动电路进行检测和保护，当变频模块内部的电流值过高时，将过电流检测信号送往微处理器中，由微处理器对室外机电路实施保护控制。

图 15-11 为 PS21564 智能功率模块的实物外形、引脚排列、内部结构及引脚功能。

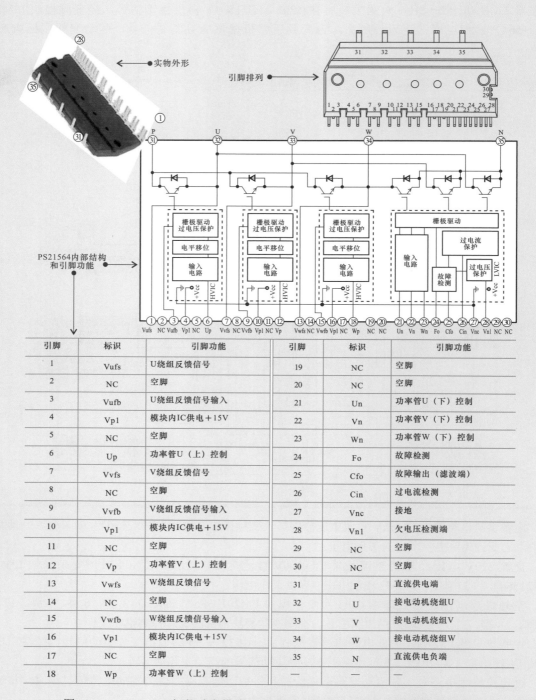

图 15-11　PS21564 智能功率模块的外形、引脚排列、内部结构及引脚功能

引脚	标识	引脚功能	引脚	标识	引脚功能
1	Vufs	U绕组反馈信号	19	NC	空脚
2	NC	空脚	20	NC	空脚
3	Vufb	U绕组反馈信号输入	21	Un	功率管U（下）控制
4	Vp1	模块内IC供电＋15V	22	Vn	功率管V（下）控制
5	NC	空脚	23	Wn	功率管W（下）控制
6	Up	功率管U（上）控制	24	Fo	故障检测
7	Vvfs	V绕组反馈信号	25	Cfo	故障输出（滤波端）
8	NC	空脚	26	Cin	过电流检测
9	Vvfb	V绕组反馈信号输入	27	Vnc	接地
10	Vp1	模块内IC供电＋15V	28	Vn1	欠电压检测端
11	NC	空脚	29	NC	空脚
12	Vp	功率管V（上）控制	30	NC	空脚
13	Vwfs	W绕组反馈信号	31	P	直流供电端
14	NC	空脚	32	U	接电动机绕组U
15	Vwfb	W绕组反馈信号输入	33	V	接电动机绕组V
16	Vp1	模块内IC供电＋15V	34	W	接电动机绕组W
17	NC	空脚	35	N	直流供电负端
18	Wp	功率管W（上）控制	—	—	—

15.2 电动机设备中的变频控制综合应用

15.2.1 电动机设备中的变频电路

电动机变频控制系统是指由变频控制电路实现对电动机的起动、运转、变速、制动和停机等各种控制功能的电路。电动机变频控制系统主要是由变频控制箱（柜）和电动机构成的，如图 15-12 所示。

图 15-12 典型电动机变频控制系统示意图

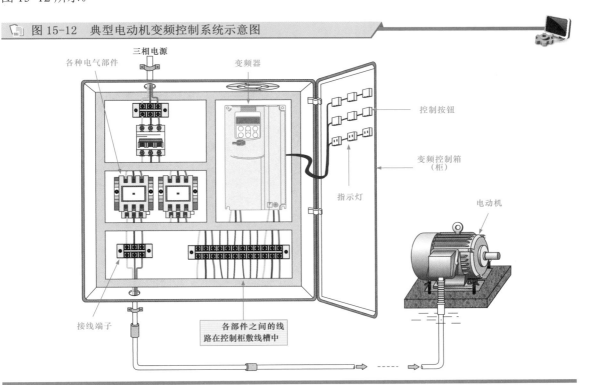

从图 15-12 中可以看到，电动机变频控制系统中的各种控制部件（如变频器、接触器、继电器、控制按钮等）都安装在变频控制箱（柜）中，这些部件通过一定连接关系实现特定控制功能，用以控制电动机的状态。

从控制关系和功能来说，不论控制系统是简单还是复杂，是大还是小，电动机的变频控制系统都可以划分为主电路和控制电路两大部分。图 15-13 为典型电动机变频控制系统的连接关系。

在该连接关系图中，可看出不同控制功能的变频控制系统，其主电路部分大体都是相同的，所不同的主要体现在控制电路部分，选用不同的控制部件，并与主电路建立不同的连接关系，即可实现多种多样的控制功能，这也是该类控制系统的主要特点之一。

15.2.2 电动机设备中的变频控制过程

图 15-14 为典型三相交流电动机的点动、连续运行变频调速控制电路。该电路主要是由主电路和控制电路两大部分构成的。

主电路部分主要包括主电路总断路器 QF1、变频器内部的主电路（三相桥式整流电路、中间波电路、逆变电路等部分）、三相交流电动机等。

控制电路部分主要包括控制按钮 SB1 ～ SB3、继电器 K1/K2、变频器的运行控制端 FR、内置过热保护端 KF 以及三相交流电动机运行电源频率给定电位器 RP1/RP2 等。

图 15-13　典型电动机变频控制系统的连接关系

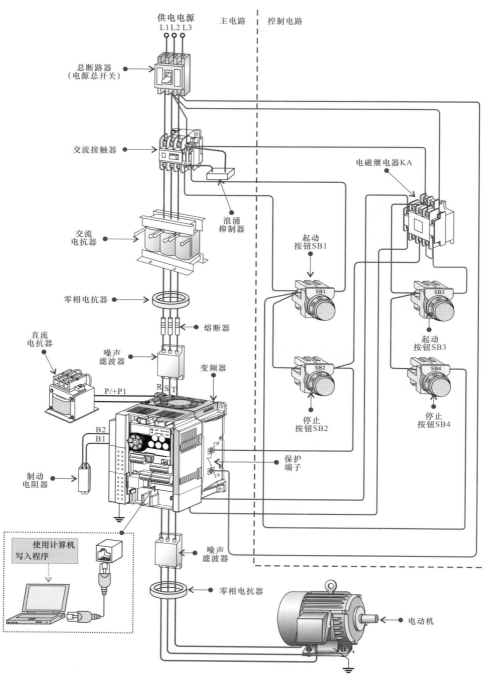

　　控制按钮用于控制继电器的线圈，从而控制变频器电源的通断，进而控制三相交流电动机的起动和停止；同时继电器触头控制频率给定电位器有效性，通过调整电位器控制三相交流电动机的转速。

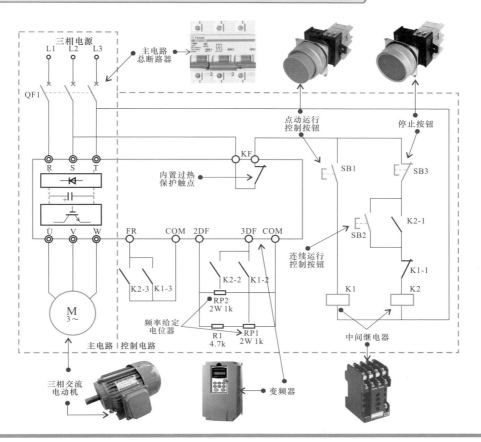

图 15-14　典型三相交流电动机的点动、连续运行变频调速控制电路

1　点动运行控制过程

图 15-15 为三相交流电动机的点动、连续运行变频调速控制电路的点动运行起动控制过程。合上主电路的总断路器 QF1，接通三相电源，变频器主电路输入端 R、S、T 得电，控制电路部分也接通电源进入准备状态。

当按下点动控制按钮 SB1 时，继电器 K1 线圈得电，常闭触头 K1-1 断开，实现联锁控制，防止继电器 K2 得电；常开触头 K1-2 闭合，变频器的 3DF 端与频率给定电位器 RP1 及 COM 端构成回路，此时 RP1 电位器有效，调节 RP1 电位器即可获得三相交流电动机点动运行时需要的工作频率；常开触头 K1-3 闭合，变频器的 FR 端经 K1-3 与 COM 端接通。

变频器内部主电路开始工作，U、V、W 端输出变频电源，电源频率按预置的升速时间上升至与给定对应的数值，三相交流电动机得电运行。

| 提示说明 |

电动机运行过程中，若松开按钮开关 SB1，则继电器 K1 线圈失电，常闭触头 K1-1 复位闭合，为继电器 K2 工作做好准备；常开触头 K1-2 复位断开，变频器的 3DF 端与频率给定电位器 RP1 触头被切断；常开触头 K1-3 复位断开，变频器的 FR 端与 COM 端断开，变频器内部主电路停止工作，三相交流电动机失电停转。

📷 图 15-15　点动运行起动控制过程

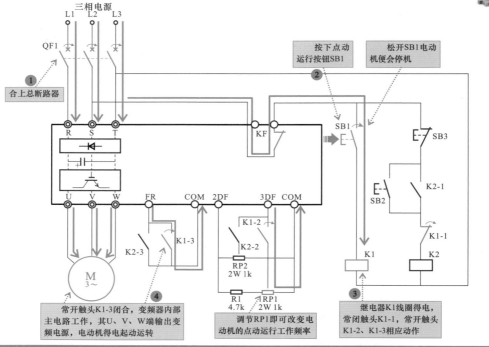

① 合上总断路器

② 按下点动运行按钮SB1

松开SB1电动机便会停机

④ 常开触头K1-3闭合，变频器内部主电路工作，其U、V、W端输出变频电源，电动机得电起动运转

调节RP1即可改变电动机的点动运行工作频率

③ 继电器K1线圈得电，常闭触头K1-1，常开触头K1-2、K1-3相应动作

2　连续运行控制过程

图 15-16 为三相交流电动机的点动、连续运行变频调速控制电路的连续运行起动控制过程。

📷 图 15-16　连续运行起动控制过程

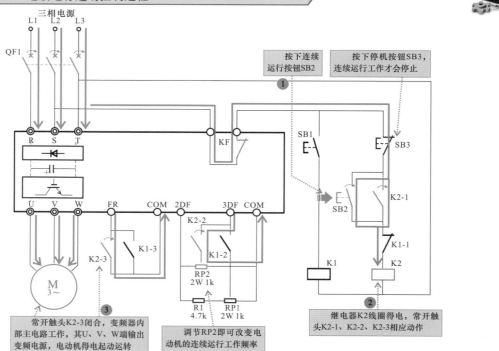

① 按下连续运行按钮SB2

按下停机按钮SB3，连续运行工作才会停止

③ 常开触头K2-3闭合，变频器内部主电路工作，其U、V、W端输出变频电源，电动机得电起动运转

调节RP2即可改变电动机的连续运行工作频率

② 继电器K2线圈得电，常开触头K2-1、K2-2、K2-3相应动作

当按下连续控制按钮 SB2 时，继电器 K2 线圈得电，常开触头 K2-1 闭合，实现自锁功能（当手松开按钮 SB2 后，继电器 K2 仍保持得电）；常开触头 K2-2 闭合，变频器的 3DF 端与频率给定电位器 RP2 及 COM 端构成回路，此时 RP2 电位器有效，调节 RP2 电位器即可获得三相交流电动机连续运行时需要的工作频率；常开触头 K2-3 闭合，变频器的 FR 端经 K2-3 与 COM 端接通。

变频器内部主电路开始工作，U、V、W 端输出变频电源，电源频率按预置的升速时间上升至与给定对应的数值，三相交流电动机得电起动运行。

| 提示说明 |

变频电路所使用的变频器都具有过热、过载保护功能，若电动机出现过载、过热故障时，变频器内置过热保护触头（KF）便会断开，将切断继电器线圈供电，变频器主电路断电，三相交流电动机停转，起到过热保护的功能。

15.2.3 单水泵恒压供水的变频控制过程

图 15-17 为单水泵恒压供水变频控制原理示意图。在实际恒压供水系统中，一般在管路中安装有压力传感器，由压力传感器检测管路中水的压力大小，并将压力信号转换为电信号，送至变频器中，通过变频器来对水泵电动机进行控制，进而对供水量进行控制，以满足工业设备对水量的需求。

图 15-17 单水泵恒压供水变频控制原理示意图

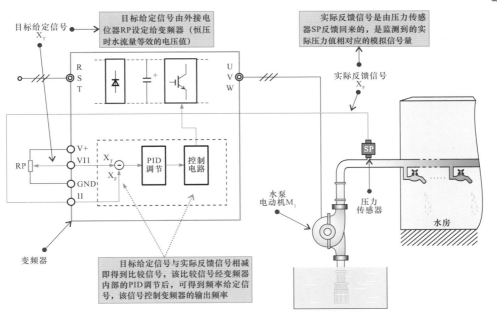

当用水量减少，供水能力大于用水需求时，水压上升，实际反馈信号 X_F 变大，目标给定信号 X_T 与 X_F 的差减小，该比较信号经 PID 处理后的频率给定信号变小，变频器输出频率下降，水泵电动机 M_1 转速下降，供水能力下降。

当用水量增加，供水能力小于用水需求时，水压下降，实际反馈信号 X_F 减小，目标给定信号 X_T 与 X_F 的差增大，PID 处理后的频率给定信号变大，变频器输出频率上升，水泵电动机 M_1 转速上升，供水能力提高，直到压力大小等于目标值、供水能力与用水需求之间达到平衡为止，即实现恒压供水。

| 提示说明 |

对供水系统进行控制，流量是最根本的控制对象，而管道中水的压力就可作为控制流量变化的参考变量。若要保持供水系统中某处压力的恒定，只需保证该处的供水量同用水量处于平衡状态即可，即实现恒压供水。

图 15-18 为典型的单水泵恒压供水变频控制电路。从图中可以看到，该电路主要是由主电路和控制电路两大部分构成的，其中主电路包括变频器、变频供电接触器 KM1、KM2 的主触头 KM1-1、KM2-1，工频供电接触器 KM3 的主触头 KM3-1，压力传感器 SP 以及水泵电动机等部分；控制电路则主要是由变频供电起动按钮 SB1、变频供电停止按钮 SB2、变频运行起动按钮 SB3、变频运行

图 15-18　单水泵恒压供水变频控制电路

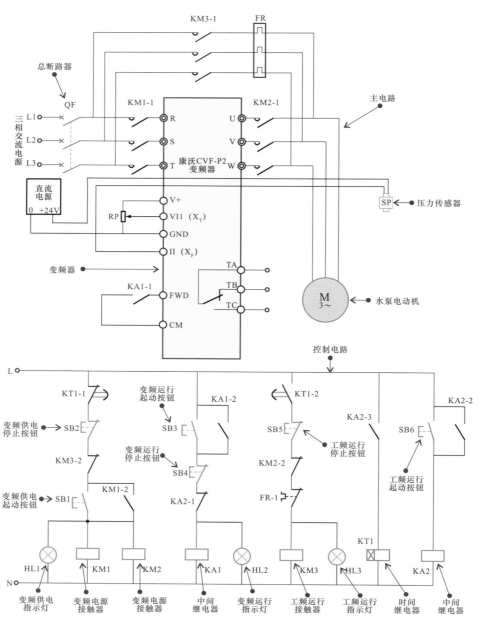

停止按钮 SB4、工频运行停止按钮 SB5、工频运行起动控制按钮 SB6、中间继电器 KA1、KA2、时间继电器 KT1 及接触器 KM1、KM2、KM3 及其辅助触头等部分组成。

1 水泵电动机变频控制过程

图 15-19 为水泵电动机在变频器控制下的工作过程。首先合上总断路器 QF，按下变频供电起动按钮 SB1，交流接触器 KM1、KM2 线圈同时得电，变频供电指示灯 HL1 点亮；交流接触器

图 15-19 水泵电动机在变频器控制下的工作过程

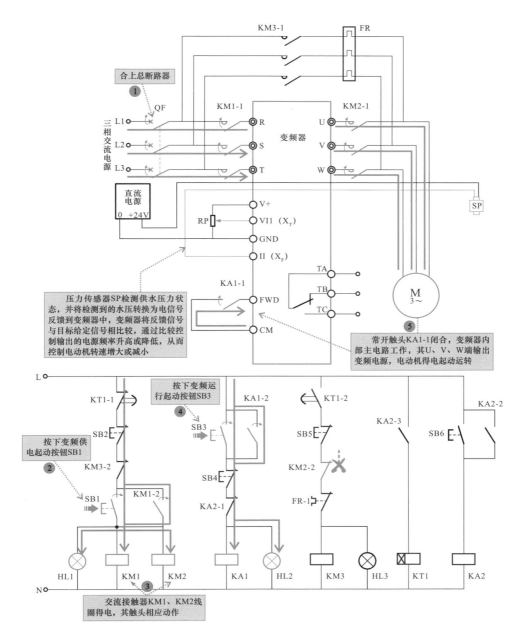

KM1 的常开辅助触头 KM1-2 闭合自锁，常开主触头 KM1-1 闭合，变频器的主电路输入端 R、S、T 得电；交流接触器 KM2 的常闭辅助触头 KM2-2 断开，防止交流接触器 KM3 线圈得电（起联锁保护作用），常开主触头 KM2-1 闭合，变频器输出端与电动机相连，为变频器控制电动机运行做好准备。

然后按下变频运行起动按钮 SB3，中间继电器 KA1 线圈得电，同时变频运行指示灯 HL2 点亮；中间继电器 KA1 的常开辅助触头 KA1-2 闭合自锁，常开辅助触头 KA1-1 闭合，变频器 FWD 端子与 CM 端子短接，变频器接收到起动指令（正转），内部主电路开始工作，U、V、W 端输出变频电源，经 KM2-1 后加到水泵电动机的三相绕组上。水泵电动机开始起动运转，将蓄水池中的水通过管道送入水房，进行供水。

水泵电动机工作时，供水系统中的压力传感器 SP 检测供水压力状态，并将检测到的水压转换为电信号反馈到变频器端子 II（X_F）上，变频器将反馈信号与初始目标设定端子 VI1（X_T）给定信号相比较，将比较信号经变频器内部 PID 调节处理后得到频率给定信号，用于控制变频器输出的电源频率升高或降低，从而控制电动机转速增大或减小。

| 提示说明 |

若需要变频控制线路停机时，按下变频运行停止按钮 SB4 即可。若需要对变频电路进行检修或长时间不使用控制电路时，需按下变频供电停止按钮 SB2 以及断开总断路器 QF，切断供电电路。

2 水泵电动机工频控制过程

该控制电路具有工频 - 变频转换功能，当变频线路维护或故障时，可将工作模式切换到工频运行状态。图 15-20 为水泵电动机在工频控制下的工作过程。

首先按下工频运行起动按钮 SB6，中间继电器 KA2 线圈得电，其常开触头 KA2-2 闭合自锁；常闭触头 KA2-1 断开，中间继电器 KA1 线圈失电，所有触头均复位，其中 KA1-1 复位断开，切断变频器运行端子回路，变频器停止输出，同时变频运行指示灯 HL2 熄灭。

中间继电器 KA2 的常开触头 KA2-3 闭合，时间继电器 KT1 线圈得电，其延时断开触头 KT1-1 延时一段时间后断开，交流接触器 KM1、KM2 线圈均失电，所有触头均复位，主电路中将变频器与三相交流电源断开，同时变频电路供电指示灯 HL1 熄灭。

时间继电器 KT1 的延时闭合的触头 KT1-2 延时一段时间后闭合，工频运行接触器 KM3 线圈得电，同时，工频运行指示灯 HL3 点亮。

工频运行接触器 KM3 的常闭辅助触头 KM3-2 断开，防止交流接触器 KM2、KM1 线圈得电（起联锁保护作用）；常开主触头 KM3-1 闭合，水泵电动机接入工频电源，开始运行。

| 提示说明 |

在变频器控制电路中，进行工频 / 变频切换时需要注意：①电动机从变频控制电路切出前，变频器必须停止输出；②当变频运行切换到工频运行时，需采用同步切换的方法，即切换前变频器输出频率应达到工频（50Hz），切换后延时 0.2 ～ 0.4s，此时电动机的转速应控制在额定转速的 80% 以内；③当由工频运行切换到变频运行时，应保证变频器的输出频率与电动机的运行频率一致，以减小冲击电流。

图 15-20 水泵电动机在工频控制下的工作过程

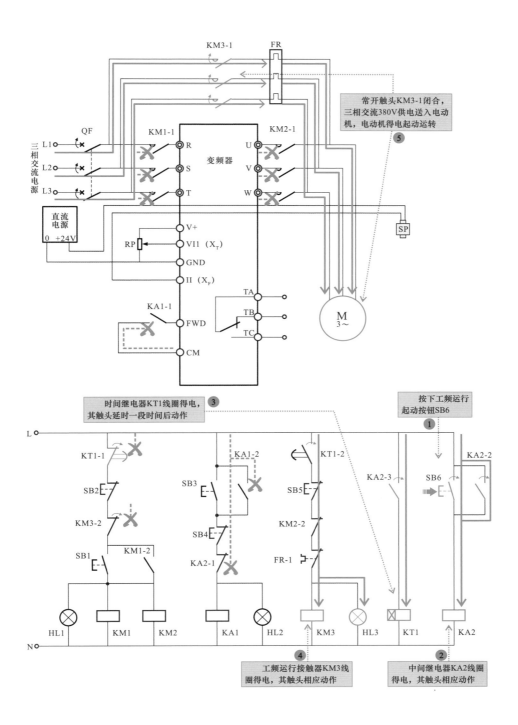

常开触头KM3-1闭合，三相交流380V供电送入电动机，电动机得电起动运转 **5**

时间继电器KT1线圈得电，其触头延时一段时间后动作 **3**

按下工频运行起动按钮SB6 **1**

工频运行接触器KM3线圈得电，其触头相应动作 **4**

中间继电器KA2线圈得电，其触头相应动作 **2**

16.1 PLC 控制的控制特点

16.1.1 传统电动机控制与 PLC 电动机控制

电动机控制系统主要是通过电气控制部件来实现对电动机的起动、运转、变速、制动和停机等；PLC 控制电路则是由大规模集成电路与可靠元件相结合，通过计算机控制方式实现了对电动机的控制。

传统电动机控制系统主要是指由继电器、接触器、控制按钮、各种开关等电气部件构成的电动机控制线路，其各项控制功能或执行动作都是由相应的实际存在的电气物理部件来实现的，各部件缺一不可，如图 16-1 所示。

图 16-1 传统电动机顺序起／停控制系统

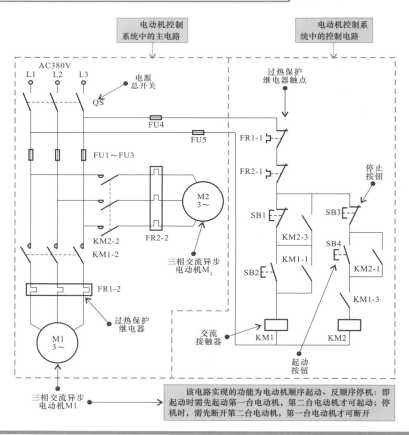

在 PLC 电动机控制系统中，则主要用 PLC 控制方式取代了电气部件之间复杂的连接关系。电动机控制系统中各主要控制部件和功能部件都直接连接到 PLC 相应的接口上，然后根据 PLC 内部程序的设定，即可实现相应的电路功能，如图 16-2 所示。

图 16-2 由 PLC 控制的电动机顺序起 / 停控制系统

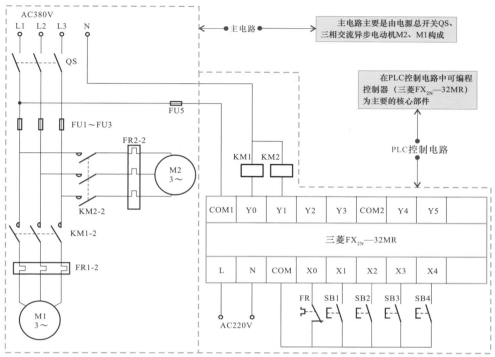

在该电路中，PLC 可编程控制器采用的是三菱 FX_{2N}—32MR 型 PLC。控制部件和执行部件分别连接到 PLC 输入接口相应的 I/O 接口上，它是根据 PLC 控制系统设计之初建立的 I/O 分配表进行连接分配的，其所连接接口名称也将对应于 PLC 内部程序的编程地址编号。由 PLC 控制的电动机顺序起 / 停控制系统的 I/O 分配表见表 16-1。

表 16-1 由三菱 FX_{2N}—32MR 型 PLC 控制的电动机顺序起 / 停控制系统的 I/O 分配表

输入信号及地址编号			输出信号及地址编号		
名称	代号	输入点地址编号	名称	代号	输出点地址编号
热继电器	FR1-1、FR2-1	X0	电动机M1交流接触器	KM1	Y0
M1停止按钮	SB1	X1	电动机M2交流接触器	KM2	Y1
M1起动按钮	SB2	X2			
M2停止按钮	SB3	X3	根据该表可了解PLC内部梯形图程序与I/O接口外接部件的对应关系		
M2起动按钮	SB4	X4			

结合以上内容可知，电动机的 PLC 控制系统是指由 PLC 作为核心控制部件实现对电动机的起动、运转、变速、制动和停机等各种控制功能的控制线路。

由图 16-3 可以看到，该系统将电动机控制系统与 PLC 控制电路进行结合，主要是由操作部件、控制部件和电动机以及一些辅助部件构成的。

其中，各种操作部件用于为该系统输入各种人工指令，包括各种按钮开关、传感器件等；控制部件主要包括总电源开关（总断路器）、PLC、接触器、过热保护继电器等，用于输出控制指令和执行相应动作；电动机是将系统电能转换为机械能的输出部件，其执行的各种动作是该控制系统实现的最终目的。

图 16-3　典型电动机的 PLC 控制系统结构示意图

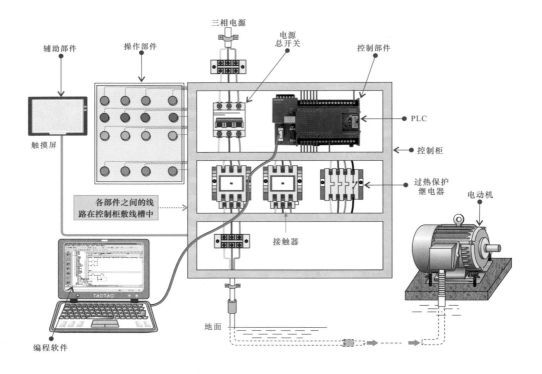

16.1.2　工业设备中的 PLC 控制特点

PLC 控制电路中用 PLC 程序取代了电气部件之间复杂的连接关系。

图 16-4 为传统电镀流水线的功能示意图和控制电路。在操作部件和控制部件的作用下，电动葫芦可实现在水平方向平移重物，并能够在设定位置（限位开关）处进行自动提升和下降重物的动作。

图 16-5 为 PLC 控制的电镀流水线系统。整个电路主要由 PLC 控制器、与 PLC 输入接口连接的控制部件（SB1 ～ SB4、SQ1 ～ SQ4、FR）、与 PLC 输出接口连接的执行部件（KM1 ～ KM4）等构成。

从图中可以看到，电路所使用的电气部件没有变化，添加的 PLC 取代了电气部件之间的连接线路，极大地简化了电路结构，方便了实际部件的安装。

图 16-6 为 PLC 电路与传统控制电路的对应关系。PLC 电路中外部的控制部件和执行部件都是通过 PLC 控制器预留的 I/O 接口连接到 PLC 上的，各部件之间没有复杂的连接关系。

| 提示说明 |

在图 16-6 中，为了方便读者了解，我们在梯形图各编程元件下方标注了其对应在传统控制系统中相应的按钮、交流接触器的触点、线圈等的字母标识（实际梯形图中是没有的）。学习时可对照标识，更容易理解。

控制部件和执行部件是根据 PLC 控制系统设计之初建立的 I/O 分配表进行连接分配的，其所连接的接口名称也将对应于 PLC 内部程序的编程地址编号，具体见表 16-2。

图 16-4 传统电镀流水线的功能示意图和控制电路

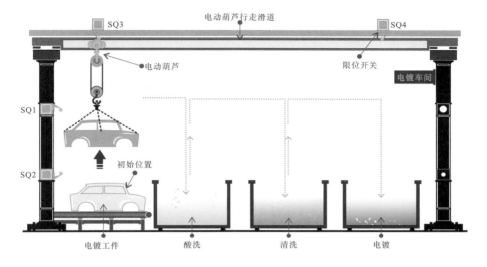

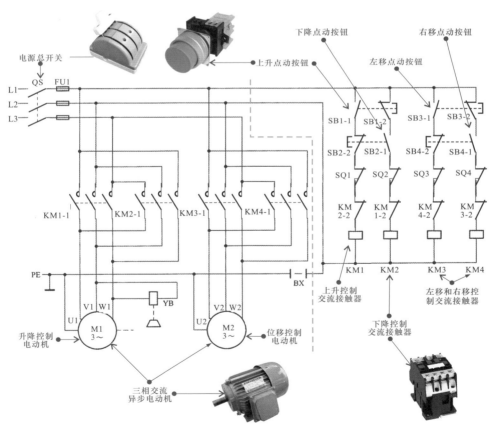

图 16-5　由 PLC 控制的电镀流水线系统

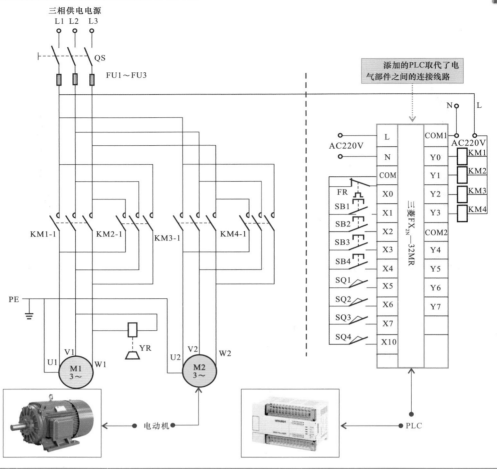

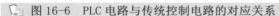

图 16-6　PLC 电路与传统控制电路的对应关系

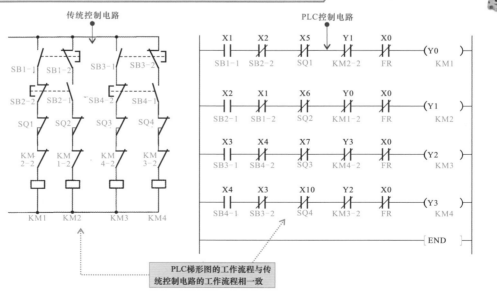

表16-2 由三菱 FX_{2N}—32MR 型 PLC 控制的电镀流水线控制系统 I/O 分配表

输入信号及地址编号			输出信号及地址编号		
名称	代号	输入点地址编号	名称	代号	输出点地址编号
电动葫芦上升点动按钮	SB1	X1	电动葫芦上升接触器	KM1	Y0
电动葫芦下降点动按钮	SB2	X2	电动葫芦下降接触器	KM2	Y1
电动葫芦左移点动按钮	SB3	X3	电动葫芦左移接触器	KM3	Y2
电动葫芦右移点动按钮	SB4	X4	电动葫芦右移接触器	KM4	Y3
电动葫芦上升限位开关	SQ1	X5			
电动葫芦下降限位开关	SQ2	X6			
电动葫芦左移限位开关	SQ3	X7			
电动葫芦右移限位开关	SQ4	X10			

16.2 PLC 控制技术的应用

16.2.1 通风报警 PLC 控制系统

图 16-7 为由三菱 PLC 控制的通风报警 PLC 控制电路。该电路主要是由风机运行状态检测传感器 A、B、C、D，三菱 PLC，红色、绿色、黄色三个指示灯等构成的。

图 16-7 三菱 PLC 控制的通风报警控制电路

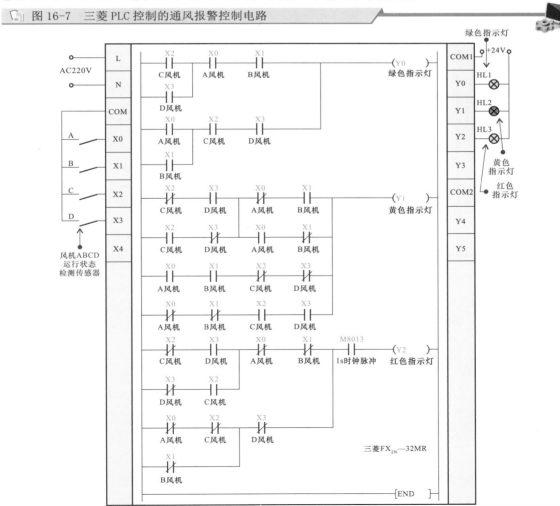

　　风机 A、B、C、D 运行状态传感器和指示灯分别连接 PLC 相应的 I/O 接口上，所连接的接口名称对应 PLC 内部程序的编程地址编号，由设计之初确定的 I/O 分配表设定，见表 16-3。

表 16-3　三菱 PLC 控制的通风报警控制电路的 I/O 地址编号（三菱 FX_{2N} 系列 PLC）

输入信号及地址编号			输出信号及地址编号		
名称	代号	输入点地址编号	名称	代号	输出点地址编号
风机A运行状态检测传感器	A	X0	通风良好指示灯（绿）	HL1	Y0
风机B运行状态检测传感器	B	X1	通风不佳指示灯（黄）	HL2	Y1
风机C运行状态检测传感器	C	X2	通风太差指示灯（红）	HL3	Y2
风机D运行状态检测传感器	D	X3			

　　在通风系统中，4 台电动机驱动 4 台风机运转，为了确保通风状态良好，设有通风报警系统，即由绿、黄、红指示灯对电动机的运行状态进行指示。当 3 台以上风机同时运行时，绿色指示灯亮，表示通风状态良好；当 2 台电动机同时运转时，黄色指示灯亮，表示通风不佳；当仅有一台风机运转时，红色指示灯亮起，并闪烁发出报警指示，警告通风太差。

　　图 16-8 为由三菱 PLC 控制的通风报警控制电路中绿色指示灯点亮的控制过程。

图 16-8　三菱 PLC 控制的通风报警控制电路中绿色指示灯点亮的控制过程

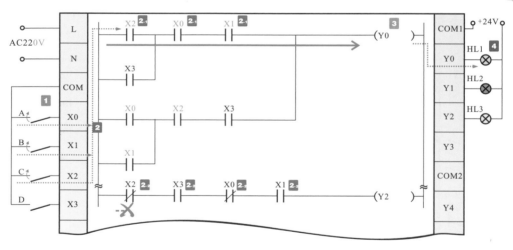

　　当 3 台以上风机均运转时，风机 A、B、C、D 传感器中至少有 3 只传感器闭合，向 PLC 中送入传感信号。根据 PLC 内控制绿色指示灯的梯形图程序可知，X0 ～ X3 任意三个输入继电器触点闭合，总有一条程序能控制输出继电器 Y0 线圈得电，使 HL1 得电点亮。例如，当 A、B、C 3 个传感器获得运转信息而闭合时。

　　1 当风机 A、B、C 传感器测得风机运转信息闭合时，常开触点闭合。

　　2 PLC 内相应输入继电器触点动作。

　　　　2₁ 将 PLC 内输入继电器 X0、X1、X2 的常开触点闭合。

　　　　2₂ 同时，输入继电器 X0、X1、X2 的常闭触点断开，使输出继电器 Y1、Y2 线圈不可得电。

　　2₁ → **3** 输出继电器 Y0 线圈得电。

　　4 控制 PLC 外接绿色指示灯 HL1 点亮，指示目前通风状态良好。

　　图 16-9 为由三菱 PLC 控制的通风报警控制电路中黄色指示灯、红色指示灯点亮的控制过程。当 2 台风机运转时，风机 A、B、C、D 传感器中至少有 2 只传感器闭合，向 PLC 中送入传感信号。

根据 PLC 内控制黄灯的梯形图程序可知，X0 ~ X3 任意两个输入继电器触点闭合，总有一条程序能控制输出继电器 Y1 线圈得电，从而使 HL2 得电点亮。例如，当 A、B 两个传感器获得运转信息而闭合时。

图 16-9 　三菱 PLC 控制的通风报警控制电路中黄灯、红灯点亮的控制过程

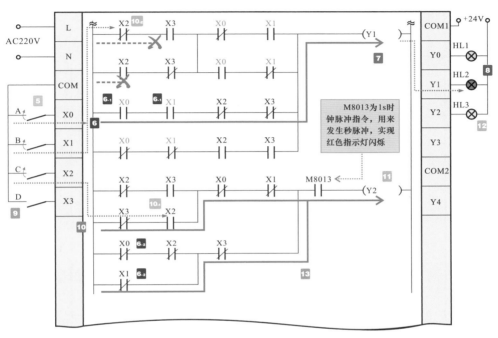

⑤ 当风机 A、B 传感器测得风机运转信息闭合时，常开触点闭合。

⑥ PLC 内相应输入继电器触点动作。

⑥.₁ 将 PLC 内输入继电器 X0、X1 的常开触点闭合。

⑥.₂ 同时，输入继电器 X0、X1 的常闭触点断开，使输出继电器 Y2 线圈不可得电。

⑥.₁ → ⑦ 输出继电器 Y1 线圈得电。

⑧ 控制 PLC 外接黄色指示灯 HL2 点亮，指示目前通风状态不佳。

　　当少于 2 台风机运转时，风机 A、B、C、D 传感器中无传感器闭合或仅有 1 只传感器闭合，向 PLC 中送入传感信号。根据 PLC 内控制红灯的梯形图程序可知，X0 ~ X3 任意 1 个输入继电器触点闭合或无触点闭合送入信号，总有一条程序能控制输出继电器 Y2 线圈得电，从而使 HL3 得电点亮。例如，当仅 C 传感器获得运转信息而闭合时。

⑨ 当风机 C 传感器测得风机运转信息闭合时，其常开触点闭合。

⑩ PLC 内相应输入继电器触点动作。

⑩.₁ 将 PLC 内输入继电器 X2 的常开触点闭合。

⑩.₂ 同时，输入继电器 X2 的常闭触点断开，使输出继电器 Y0、Y1 线圈不可得电。

⑩.₁ → ⑪ 输出继电器 Y2 线圈得电。

⑫ 控制 PLC 外接红色指示灯 HL3 点亮。同时，在 M8013 的作用下发出 1s 时钟脉冲，使红色指示灯闪烁，发出报警指示目前通风太差。

⑬ 当无风机运转时，风机 A、B、C、D 传感器都不动作，PLC 内梯形图程序中 Y2 线圈得电，控制红色指示灯 HL3 点亮，在 M8013 控制下闪烁发出报警。

16.2.2　交通信号灯PLC控制系统

图16-10为由三菱PLC控制的交通信号灯控制电路。该电路主要是由启动开关、三菱FX系列PLC、南北和东西两组交通信号灯（绿色、黄色、红色）等构成的。

图16-10　三菱PLC控制的交通信号灯控制电路

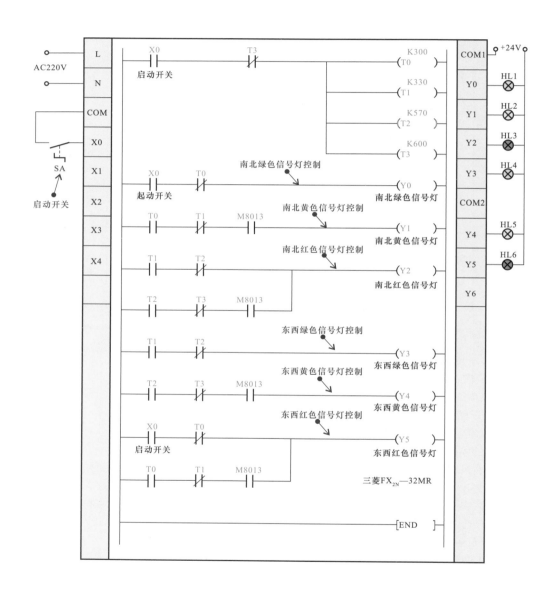

由三菱PLC控制的交通信号灯控制电路的基本功能为：当按下启动开关SA，交通信号灯控制系统启动，南北绿色信号灯点亮，红色信号灯熄灭；东西绿色信号灯熄灭，红色信号灯点亮，南北方向车辆通行。

30s后，南北黄色信号灯和东西红色信号灯同时以5Hz频率闪烁3s后，南北黄色信号灯熄灭，红色信号灯点亮；东西绿色信号灯点亮，红色信号灯熄灭，东西方向车辆通行。

24s 后，东西的黄色信号灯和南北的红色信号灯同时以 5Hz 频率闪烁 3s 后，再切换成南北车辆通行。如此往复，南北和东西的信号灯以 60s 为周期循环，控制车辆通行。

表 16-4 为三菱 PLC 控制的交通信号灯控制电路的 I/O 地址编号。

表 16-4　三菱 PLC 控制的交通信号灯控制电路的 I/O 地址编号

输入信号及地址编号			输出信号及地址编号		
名称	代号	输入点地址编号	名称	代号	输出点地址编号
启动开关	SA	X0	南北绿色信号灯	HL1	Y0
			南北黄色信号灯	HL2	Y1
			南北红色信号灯	HL3	Y2
			东西绿色信号灯	HL4	Y3
			东西黄色信号灯	HL5	Y4
			东西红色信号灯	HL6	Y5

| 提示说明 |

为了清晰地了解控制电路的控制关系，可先理清交通信号灯的时序关系，如图 16-11 所示。

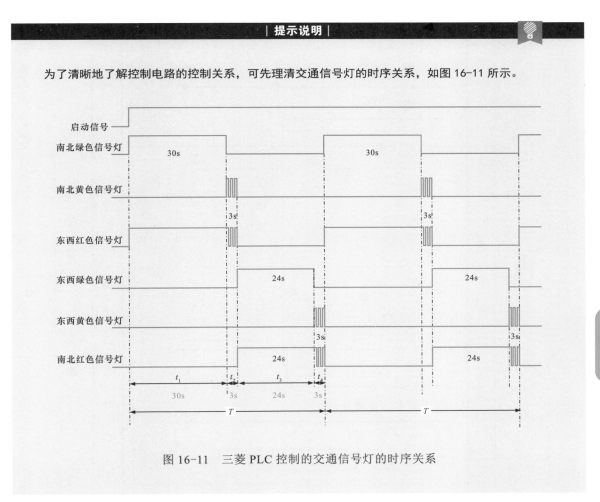

图 16-11　三菱 PLC 控制的交通信号灯的时序关系

交通信号灯的控制过程可结合 PLC 内部梯形图程序实现，当输入设备输入启动信号后，程序识别、执行和输出控制信号，控制输出设备实现电路功能，如图 16-12 所示。

图 16-12　三菱 PLC 控制的交通信号灯控制电路的控制过程

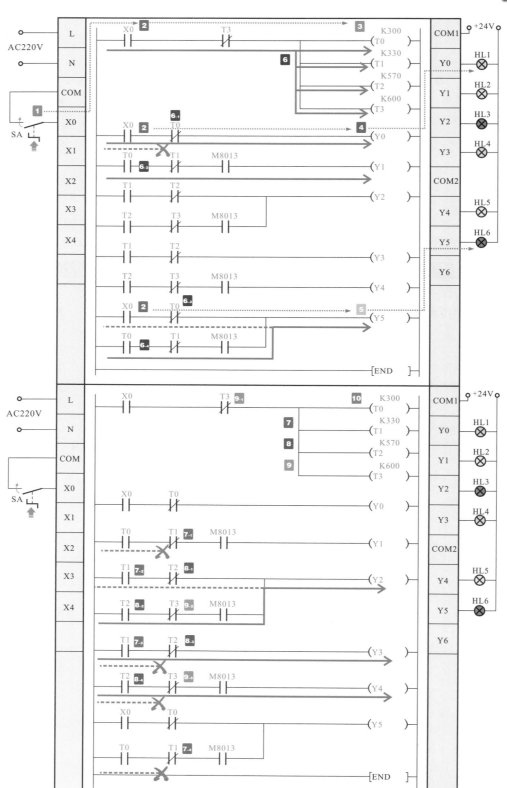

1 将启动开关 SA 转换到启动位置，即常开触点闭合。

2 经 PLC 接口向内部送入启动信号，输入继电器 X0 常开触点闭合。

2 → 3 四个定时器 T0、T1、T2、T3 线圈均得电开始计时。

2 → 4 控制输出继电器 Y0 线圈得电，南北绿色信号灯 HL1 点亮。

2 → 5 控制输出继电器 Y5 线圈得电，东西红色信号灯 HL6 同时点亮。此时，南北方向车辆通行。

6 当绿灯点亮 30s 后，T0 计时时间到，常开触点闭合，常闭触点断开。

  6-1 控制输出继电器 Y0 线圈的常闭触点 T0 断开，南北绿色信号灯 HL1 熄灭。

  6-2 控制输出继电器 Y1 线圈脉冲控制程序的常开触点 T0 闭合，南北黄色信号灯 HL2 以 5Hz 频率闪烁。

  6-3 控制输出继电器 Y5 线圈的常闭触点 T0 断开。

  6-4 控制输出继电器 Y5 线圈脉冲控制程序的常开触点 T0 闭合，东西红色信号灯 HL6 由点亮变为以 5Hz 频率闪烁。

7 经过 3s 后，定时器 T1 计时时间到，常开触点闭合，常闭触点断开。

  7-1 控制输出继电器 Y1 线圈的常闭触点 T1 断开，南北黄色信号灯 HL2 熄灭。

  7-2 控制输出继电器 Y2 线圈的常开触点 T1 闭合，南北红色信号灯 HL3 点亮。

  7-3 控制输出继电器 Y5 线圈的常闭触点 T1 断开，东西红色信号灯 HL6 熄灭。

  此时，东西方向车辆通行。

8 经过 24s 后，定时器 T2 计时时间到，常开触点闭合，常闭触点断开。

  8-1 控制输出继电器 Y2 线圈的常闭触点断开。

  8-2 控制输出继电器 Y2 线圈的常开触点闭合，南北红色信号灯 HL3 开始闪烁。

  8-3 控制输出继电器 Y3 线圈的常闭触点断开，东西绿色信号灯熄灭。

  8-4 控制输出继电器 Y4 线圈的常开触点闭合，东西黄色信号灯开始闪烁。

9 经过 3s 后，定时器 T3 计时时间到，常开触点闭合，常闭触点断开。

  9-1 控制四只定时器复位的常闭触点 T3 断开。

  9-2 控制输出继电器 Y2 线圈的常闭触点 T3 断开，南北红色信号灯熄灭。

  9-3 控制输出继电器 Y4 线圈的常闭触点 T3 断开，东西黄色信号灯熄灭。

9-1 → 10 所有定时器复位并重新开始定时，一个新的循环周期开始。

16.2.3 工控机床的 PLC 控制系统

图 16-13 为由西门子 S7-200 系列 PLC 控制的工控机床电路（C650 型卧式车床）。

表 16-5 为西门子 S7-200 系列 PLC 控制的 C650 型卧式车床控制电路的 I/O 地址分配表。

表 16-5 C650 型卧式车床 PLC（西门子 S7-200 系列）控制电路中的 I/O 地址分配表

输入信号及地址编号			输出信号及地址编号		
名称	代号	输入点地址编号	名称	代号	输出点地址编号
停止按钮	SB1	I0.0	主轴电动机M1正转接触器	KM1	Q0.0
点动按钮	SB2	I0.1	主轴电动机M2反转接触器	KM2	Q0.1
正转起动按钮	SB3	I0.2	切断电阻接触器	KM3	Q0.2
反转起动按钮	SB4	I0.3	冷却泵接触器	KM4	Q0.3
冷却泵起动按钮	SB5	I0.4	快速电动机接触器	KM5	Q0.4
冷却泵停止按钮	SB6	I0.5	电流表接入接触器	KM6	Q0.5
速度继电器正转触点	KS1	I0.6			

结合 PLC 梯形图程序分析西门子 S7-200 系列 PLC 控制的 C650 型卧式车床的控制电路控制过程如图 16-14 所示。

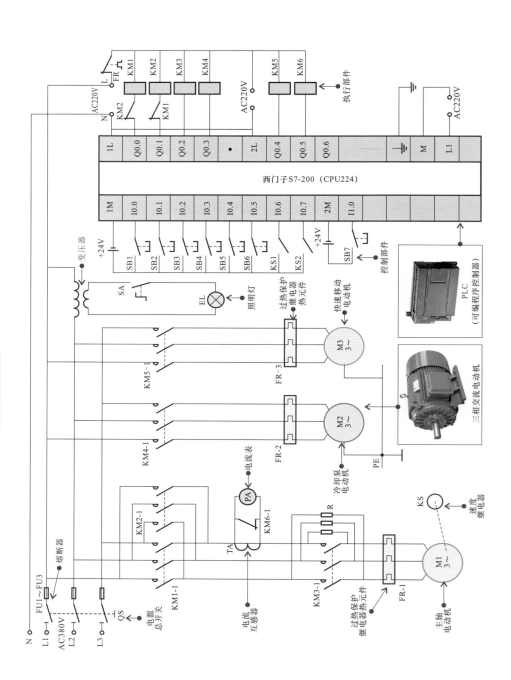

图 16-13 由西门子 S7-200 系列 PLC 控制的 C650 型卧式车床控制电路

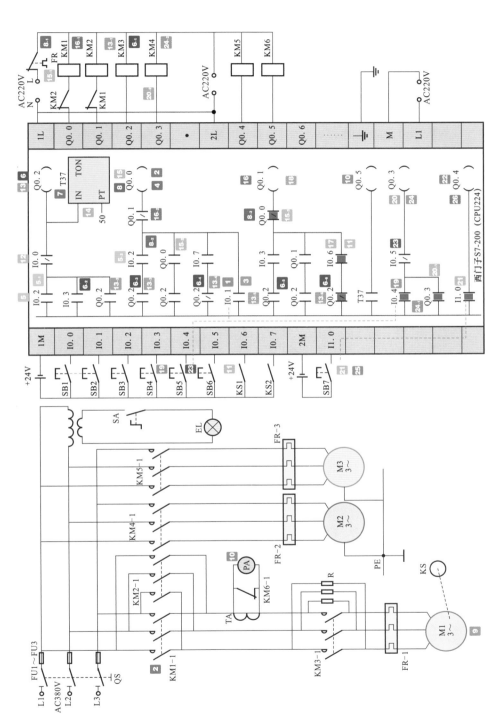

图16-14 PLC控制的C650型卧式车床控制电路的控制过程

1 按下点动按钮 SB2，PLC 程序中的输入继电器常开触点 I0.1 置"1"，即常开触点 I0.1 闭合。

1→2 输出继电器 Q0.0 线圈得电，控制 PLC 外接主轴电动机 M1 的正转接触器 KM1 线圈得电，带动主电路中的主触点闭合，接通电动机 M1 正转电源，电动机 M1 正转起动。

3 松开点动按钮 SB2，PLC 程序中的输入继电器常开触点 I0.1 复位置"0"，即常开触点 I0.1 断开。

3→4 输出继电器 Q0.0 线圈失电，控制 PLC 外接主轴电动机 M1 的正转接触器 KM1 线圈失电释放，电动机 M1 停转。

上述控制过程使主轴电动机 M1 完成一次点动控制循环。

5 按下正转起动按钮 SB3，将 PLC 程序中的输入继电器常开触点 I0.2 置"1"。

  5₁ 控制输出继电器 Q0.2 的常开触点 I0.2 闭合。
  5₂ 控制输出继电器 Q0.0 的常开触点 I0.2 闭合。

5₁→6 输出继电器 Q0.2 线圈得电。

  6₁ PLC 外接接触器 KM3 线圈得电，带动主触点闭合。
  6₂ 自锁常开触点 Q0.2 闭合，实现自锁功能。
  6₃ 控制输出继电器 Q0.0 的常开触点 Q0.2 闭合。
  6₄ 控制输出继电器 Q0.0 的常闭触点 Q0.2 断开。
  6₅ 控制输出继电器 Q0.1 的常开触点 Q0.2 闭合。
  6₆ 控制输出继电器 Q0.1 制动线路中的常闭触点 Q0.2 断开。

5₂→7 定时器 T37 线圈得电，开始 5s 计时。计时时间到，定时器延时闭合常开触点 T37 闭合。

5₂+6₃→8 输出继电器 Q0.0 线圈得电。

  8₁ PLC 外接接触器 KM1 线圈得电吸合。
  8₂ 自锁常开触点 Q0.0 闭合，实现自锁功能。
  8₃ 控制输出继电器 Q0.1 的常闭触点 Q0.0 断开，实现互锁，防止 Q0.1 得电。

6₁+8₁→9 电动机 M1 短接电阻器 R 正转起动。

7→10 输出继电器 Q0.5 线圈得电，PLC 外接接触器 KM6 线圈得电吸合，带动主电路中常闭触点断开，电流表 PA 投入使用。

主轴电动机 M1 反转起动运行的控制过程与上述过程大致相同，可参照上述分析进行了解。

11 主轴电动机正转起动，转速上升至 130r/min 以上后，速度继电器的正转触点 KS1 闭合，将 PLC 程序中的输入继电器常开触点 I0.6 置"1"，即常开触点 I0.6 闭合。

12 按下停止按钮 SB1，将 PLC 程序中的输入继电器常闭触点 I0.0 置"0"，即梯形图中的常闭触点 I0.0 断开。

12→13 输出继电器 Q0.2 线圈失电。

  13₁ PLC 外接接触器 KM3 线圈失电释放。
  13₂ 自锁常开触点 Q0.2 复位断开，解除自锁。
  13₃ 控制输出继电器 Q0.0 中的常开触点 Q0.2 复位断开。
  13₄ 控制输出继电器 Q0.0 制动线路中的常闭触点 Q0.2 复位闭合。
  13₅ 控制输出继电器 Q0.1 中的常开触点 Q0.2 复位断开。
  13₆ 控制输出继电器 Q0.1 制动线路中的常闭触点 Q0.2 复位闭合。

12→14 定时器线圈 T37 失电。

13₃→15 输出继电器 Q0.0 线圈失电。

  15₁ PLC 外接接触器 KM1 线圈失电释放，带动主电路中常开触点复位断开。
  15₂ 自锁常开触点 Q0.0 复位断开，解除自锁。
  15₃ 控制输出继电器 Q0.1 的互锁常闭触点 Q0.0 闭合。

11+13₄+15₃→16 输出继电器 Q0.1 线圈得电。

  16₁ 控制 PLC 外接接触器 KM2 线圈得电，电动机 M1 串电阻 R 反接起动。
  16₂ 控制输出继电器 Q0.0 的互锁常闭触点 Q0.1 断开，防止 Q0.0 得电。

16-1→**17** 当电动机转速下降至 130 r/min 以下时，速度继电器正转触点 KS1 断开，PLC 程序中的输入继电器常开触点 I0.6 复位置 "0"，即常开触点 I0.6 断开。

17→**18** 输出继电器 Q0.1 线圈失电，PLC 外接接触器 KM2 线圈失电释放，其触点全部复位，电动机停转，反接制动结束。

19 按下冷却泵起动按钮 SB5，PLC 程序中的输入继电器常开触点 I0.4 置 "1"，即 PLC 梯形图程序中的常开触点 I0.4 闭合。

19→**20** 输出继电器线圈 Q0.3 得电。

　　　20-1 自锁常开触点 Q0.3 闭合，实现自锁功能。

　　　20-2 PLC 外接接触器 KM4 线圈得电吸合，带动主电路中主触点闭合，冷却泵电动机 M2 起动，
　　　　　提供冷却液。

21 按下刀架快速移动点动按钮 SB7，PLC 程序中的输入继电器常开触点 I1.0 置 "1"，即常开触点 I1.0 闭合。

21→**22** 输出继电器线圈 Q0.4 得电，PLC 外接接触器 KM5 线圈得电吸合，带动主电路中主触点闭合，快速移动电动机 M3 启动，带动刀架快速移动。

23 按下冷却泵停止按钮 SB6，PLC 程序中的输入继电器常闭触点 I0.5 置 "0"，即 PLC 梯形图程序常闭触点 I0.5 断开。

23→**24** 输出继电器线圈 Q0.3 失电。

　　　24-1 自锁常开触点 Q0.3 复位断开，解除自锁。

　　　24-2 PLC 外接接触器 KM4 线圈失电释放，其所有触点复位，主电路中主触点断开，冷却泵电动机 M2 停转。

25 松开刀架快速移动点动按钮 SB7，PLC 程序中的输入继电器常闭触点 I1.0 置 "0"，即常闭触点 I1.0 断开。

25→**26** 输出继电器线圈 Q0.4 失电，PLC 外接接触器 KM5 线圈失电释放，主电路中主触点断开，快速移动电动机 M3 停转。

视频二维码清单

温馨提示:
翻到相应页码扫
描二维码，即可
观看视频！

1. 导线敷设要求

在敷设导线时，室内导线间的最小距离要符合表1中的要求，绝缘导线至建筑物间的最小距离要符合表2中的要求。

表1　室内绝缘导线间最小距离

固定点距离 /m	室内配线导线最小间距 /mm
≤ 1.5	35
1.5~3	50
3~6	70
>6	100

表2　绝缘导线至建筑物间的最小距离

布线位置		最小距离 /mm
水平敷设时垂直距离	在阳台、平台上和跨越屋顶	2500
	窗户上	300
	在窗户下	800
垂直敷设时	至阳台、窗户的水平距离	600
	导线至墙壁和构件的距离	35

使用明线进行敷设时也应符合设计规范，具体要求可参见表3。

表 3　明线敷设的距离要求

固定方式	导线截面积 /mm²	固定点最大距离 /m	线间最小距离 /mm	与地面最小距离 /m	
				水平布线	垂直布线
槽板	≤ 4	0.05	——	2	1.3
卡钉	≤ 10	0.20	——	2	1.3
夹板	≤ 10	0.80	25	2	1.3
绝缘子（瓷柱）	≤ 16	3.0	50	2	1.3（2.7）
绝缘子（瓷瓶）	16~25	3.0	100	2.5	1.8（2.7）

注：括号内数值为室外敷设要求。

2. 线管的选择

室内导线与线缆选择完成后，需要选择穿导线使用的线管，保证导线的截面积不超过线管截面积的 40%，从而保证线路的正常散热。

如选择截面积为 2.5mm² 的导线，则应选择管径为 16mm 的线管；如选择截面积为 4mm² 的导线，则应选择管径为 19mm 的线管。这些都是按照需要穿入 3 根导线进行计算的，相关数据参考表 4。

3. 导线的选择

在电工中常用的导线为铜芯线。根据其截面积的不同，其允许长期工作的电流也不同，见表 5。

表4 截面积、数量不同导线选择线管的管径

导线的截面积 /mm²	线管的不同管径 /mm								
	导线的根数								
	2	3	4	5	6	7	8	9	10
1.0	13	16	16	19	19	25	25	25	25
1.5	13	16	19	19	25	25	25	25	25
2.0	16	16	19	19	25	25	25	25	25
2.5	16	16	19	25	25	25	25	25	32
3.0	16	16	19	25	25	25	25	25	32
4.0	16	19	25	25	25	25	32	32	32
5.0	16	19	25	25	25	25	32	32	32
6.0	16	19	25	25	25	32	32	32	32
8.0	19	25	25	32	32	32	38	38	38
10	25	25	32	32	38	38	38	51	51
16	25	32	32	38	38	51	51	51	64
20	25	32	38	38	51	51	51	64	64
25	32	38	38	51	51	64	64	64	64
35	32	38	51	51	64	64	64	64	76
50	38	51	64	64	64	64	76	76	76
70	38	51	64	64	76	76	76	—	—
95	51	64	64	76	76	—	—	—	—

表5 导线截面积不同温度下允许的最大载流量

线径（大约值）/mm²	铜线温度 /℃			
	60	75	85	90
	最大载流量 /A			
2.5	20	20	25	25
4	25	25	30	30
6	30	35	40	40
8	40	50	55	55
14	55	65	70	75
22	70	85	95	95
30	85	100	100	110
38	95	115	125	130
50	110	130	145	150
60	125	150	165	170
70	145	175	190	195
80	165	200	215	225
100	195	230	250	260

在敷设时或敷设完成后，导线会因为自身重量及外力的作用，发生断线的故障。有时发生断线的原因还与敷设方式及支持点相关。当负荷很小时，如果按导线的载流量选择导线的截面积，其导线会因为选择截面积太小而不能满足导线的机械强度，容易发生断线故障。因此，导线的负荷小时，可根据导线的机械强度选

择导线的截面积。

室内配线线芯的最小允许截面积见表 6。

表 6 室内配线线芯的最小允许截面积

敷设方式	固定点的间距 /mm	绝缘铜线最小截面积 /mm²
瓷夹配线	≤ 60	1
瓷柱配线	≤ 150	1
	≤ 200	1.5
绝缘子配线	≤ 300	1.5
	≤ 600	2.5
塑料护套配线	≤ 20	0.5
钢管或塑料管配线	—	1.0

常用塑料绝缘硬导线、软导线，橡胶绝缘导线的规格、性能及应用见表 7~ 表 9。

表 7 常见塑料绝缘硬线的规格、性能及应用

型号	名称	截面积 /mm²	应　　用
BV	铜芯塑料绝缘导线	0.8~95	常用于家装电工中的明敷和暗敷用导线，最低敷设温度不低于 −15℃
BLV	铝芯塑料绝缘导线	0.8~95	
BVR	铜芯塑料绝缘软导线	1~10	固定敷设，用于安装时要求柔软的场合，最低敷设温度不低于 −15℃
BVV	铜线塑料绝缘护套圆形导线	1~10	固定敷设于潮湿的室内和机械防护要求高的场合（卫生间），可用于明敷和暗敷
BLVV	铝芯塑料绝缘护套圆形导线	1~10	

（续）

型号	名称	截面积 /mm²	应 用
BV-105	铜芯耐热 105℃塑料绝缘导线	0.8~95	固定敷设于高温环境的场所（厨房），可明敷和暗敷，最低敷设温度不低于 −15℃
BVVB	铜芯塑料绝缘护套平行线	1~10	适用于照明线路敷设用
BLVVB	铝芯塑料绝缘护套平行线		

表 8　常见塑料绝缘软线的规格、性能及应用

型号	名称	截面积 /mm²	应 用
RV	铜芯塑料绝缘软线	0.2~2.5	可供各种交流、直流移动电器、仪表等设备接线用，也可用于照明设置的连接，安装环境温度不低于 −15℃
RVB	铜芯塑料绝缘平行软线		
RVS	铜芯塑料绝缘绞形软线		
RV-105	铜芯耐热 105℃塑料绝缘软线		该导线用途与 RV 等导线相同，不过该导线可应用与 45℃以上的高温环境
RVV	铜芯塑料绝缘护套圆形软线		该导线用途与 RV 等导线相同，还可以用于潮湿和机械防护要求较高，以及经常移动和弯曲的场合
RVVB	铜芯塑料绝缘护套平行软线		可供各种交流、直流移动电器、仪表等设备接线用，也可用于照明设置的连接，安装环境温度不低于 −15℃

4. 配线施工

有关施工场所（如电缆施工、电线管施工、线渠施工、平面形保护层施工等）及各种配线方法见表10~ 表13。

表 9　常见橡胶绝缘导线的规格、性能及应用

型号	名称	截面积/mm²	应用
BX BLX	铜芯橡胶绝缘导线 铝芯橡胶绝缘导线	2.5~10	适用于交流、照明装置的固定敷设
BXR	铜芯橡胶绝缘软导线		适用于室内安装及要求柔软的场合
BXF BLXF	铜芯氯丁橡胶导线 铝芯氯丁橡胶导线		适用于交流电气设备及照明装置用
BXHF BLXHF	铜芯橡胶绝缘护套导线 铝芯橡胶绝缘护套导线		适用于敷设在较潮湿的场合，可用于明敷和暗敷

表 10　设施场所及配线方法

施工场所 配线方法	露出场所			隐蔽场所						房墙外	
				可查场所			不可查场所				
	干燥场所	潮湿场所	有水场所	干燥场所	潮湿场所	有水场所	干燥场所	潮湿场所	有水场所	雨线内	雨线外
绝缘子牵引配线	◎	◎	◎	◎	◎	◎				※	※
金属管配线	◎	◎	◎	◎	◎	◎	◎	◎	◎	◎	◎
合成树脂管配线　除外CD管	◎	◎	◎	◎	◎	◎	◎	◎	◎	◎	◎
合成树脂管配线　CD管	●	●	●	●	●	●	●	●	●	●	●
金属线管配线	○			○							
合成树脂线管配线	○			○							
金属软管配线　一种	△			△							
金属软管配线　两种	◎	◎	◎	◎	◎	◎	◎	◎	◎		
金属线渠配线	◎			◎							
母线渠配线	◎			◎							

（续）

施工场所 配线方法	露出场所			隐蔽场所						房墙外	
				可查场所			不可查场所				
	干燥场所	潮湿场所	有水场所	干燥场所	潮湿场所	有水场所	干燥场所	潮湿场所	有水场所	雨线内	雨线外
地面线渠配线							☆				
单元线渠配线				○			☆				
照明线渠配线	○			○							
平面形保护层配线				◇							
电缆配线	◎	◎	◎	◎	◎	◎	◎	◎	◎	◎	◎

注：◎表示可使用。使用电压加在 300V 以下可施工。

※ 表示限于露出场所，可施工。

●表示除去直接埋入混凝土施工，如果容纳电线的是不燃火有自消、难燃性的线管，或线渠时，可施工。

△表示使用电压超过 300V 时，只要是连到电动机的短小部分时，可施工。

☆表示只要是使用电压在 300V 以下，在混凝土等的地面内，可施工。

◇表示如果对地电压是 150V 以下，可施工。

表 11 使用电缆的低压室内配线的施工方法

施工方法	特征	支持	变曲	敷设方法
乙烯基外装电缆	使用 2~3 根乙烯基绝缘电线并加以乙烯基外装的电缆。与其他施工比较，作业轻便而且经济，可广泛用于所有场合。有圆形（VVR）与扁形（VVF）	沿着营造材料的侧面或下边敷设时再 2m 以下（在人触及不到的地方垂直敷设时在 6m 以下）	不能损伤被覆，其弯曲部分的半径原则上去电缆半径的 6 倍以上（对于单芯线 8 倍以上）	不可敷设在有重物的压力或有明显机械冲击的场所。但若采取适当措施不受此限制

（续）

施工方法	特征	支持	变曲	敷设方法
混凝土直接埋设电缆	使用强化耐冲击性的混凝土直埋电缆，可直接埋设在混凝土内。绝缘体是乙烯基，叫 CB-VV，绝缘体是聚乙烯，叫 CB-EV	原则上使用电缆沿着钢筋，而且用绑扎线等以 1m 以内的间隔固定于钢筋	以乙烯基外装电缆配线为准	距离钢筋头 3cm 以上，要离开门框窗框及焊接装配的技术零件等 10cm 以上
铅皮电缆铝皮电缆	用于管路式地下配线，有铅或铝的外皮	以乙烯基外装电缆配线为准	不能损伤被覆层，其弯曲部分的半径原则上为电缆加工外径的 12 倍以上	以乙烯基外装电缆配线为准。但是对钢带铠装铅皮电缆或铁丝铠装铅皮电缆等，防护装置可以省略
橡此绝缘软电缆	主要用于移动电线，在施工时按右项办理	沿着营造材料或机架敷设时，1m 以下	必须不损伤被覆层	以乙烯基外装电缆配线为准
MI 电缆	因有耐燃性耐热性耐气候性，用于火力发电厂或铸造工厂等高温场所的配线	以乙烯基外装电缆配线为准	注意勿损伤金属制外装层，其弯曲部内侧的半径是电缆外径的 6 倍以上	在承受重物的压力或明显的机械冲击的场所，要有适当的防护措施

表 12　使用电线管的低压室内配线的施工方法

名称	合成树脂管	金属管	电线软管
特性	一般是用硬质乙烯基管，与金属管比较绝缘优良不必担心漏电。除去部分药品外，耐腐蚀性也好。重量轻施工方便，但机械强度及耐热性差	使用厚钢薄钢金属管及无螺纹电线管的施工方法，耐机械冲击及重物压力	一种金属制电线软管或两种金属制的电线软管。后者与电缆或金属管一样可在所有场所施工
电线	① 必须是绝缘电线（除外室外用乙烯基绝缘电线（OW）线）② 必须是绞线（除外短管或直径在 3.2mm 以下的）		
连接点	管内不可有电线连接点		
管及附属品的选定	① 适用于电气用品管理法的② 管的厚度在 2mm 以上（除外 CD 管）	① 适用于电气用品管理法的② 埋入混凝土的管厚在 1.2mm 以上，除此以外为 1mm 以上	① 适用电气用品管理法的② 一种金属制电线软管厚度在 0.8mm 以上
管的标称管径	接近内径的偶数值	厚钢为接近内径的偶数值，薄钢为接近外径的奇数值	一种金属制电线软管为接近内径的奇数值
标准长度	4m	3.66m	一种：10m、15m、30m两种：100m、50m、20m
敷设方法	① 管与管或管与箱盒的插入深度取管外径的 1.2 倍以上（使用粘合剂时 8 倍）以上，而且插接要牢固② 管的支持点之间距离要在 1.5m 以下	① 管与管、管与箱盒或与其他附属品要用螺纹连接② 管支持点之间距离在 2m 以下	① 管的互相连接用连管接头，管或箱或其他附属品的连接用连接器，必须牢固而且在电气上完全接通② 管支持点之间的距离，沿着营造材料的侧面或下边，在水平方向敷设时取 1m 以下（其他为 2m）

表 13　接地施工

接地施工的种类	机械器具的区分	接地电阻值		接地线的选择
A 类接地施工	① 高压或超高压 ② 避雷器	10Ω 以下		直径 2.6mm 以上的软铜线或与此同等以上的
B 类接地施工	高压或超高压与低压电路结合的变压器低压侧的中点	150/I 以下（I：高压侧的 1 线对地短路电流值）		① 直径 4mm 以上的软铜线或与此同等以上的 ② 对于 15kV 以下的超高压或高压变压器，选择直径 2.6mm 以上的软铜线
C 类接地施工	使用电压超过 300V 低压用机具	10Ω 以下	但是电路发生接地时，设有 0.5s 内自动切断电路的装置为 500Ω 以下	直径 1.6mm 以上的软铜线或与此同等以上的
D 类接地施工	使用电压在 300V 以上的低压用机具	100Ω 以下		

5. 电动机常识

（1）直流电动机

直流电动机的型号是指电动机的类型、系列及产品代号等，通常情况下采用的是大写英文字母和数字表示，如图 1 所示。直流电动机常用字符代号对照表见表 14。

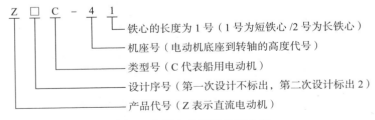

图 1　直流电动机型号的含义

表14　直流电动机常用字符代号对照

型号	名　称	型号	名　称
Z	直流电动机	ZTD	电梯用直流电动机
ZK	高速直流电动机	ZU	龙门刨用直流电动机
ZYF	幅压直流电动机	ZKY	空气压缩机用直流电动机
ZY	永磁（铝镍钴）直流电动机	ZWJ	挖掘机用直流电动机
ZYT	永磁（铁氧体）直流电动机	ZKJ	矿井卷扬机直流电动机
ZYW	稳速永磁（铝镍钴）直流电动机	ZG	辊道用直流电动机
ZTW	稳速永磁（铁氧体）直流电动机	ZZ	轧机主传动直流电动机
ZW	无槽直流电动机	ZZF	轧机辅传动直流电动机
ZT	广调直流电动机	ZDC	电铲用起重直流电动机
ZLT	他励直流电动机	ZZJ	冶金起重直流电动机
ZLB	并励直流电动机	ZZT	轴流式直流通风电动机
ZLC	串励直流电动机	ZDZY	正压型直流电动机
ZLF	复励直流电动机	ZA	增安型直流电动机
ZWH	无换向器直流电动机	ZB	防爆型直流电动机
ZX	空心杯直流电动机	ZM	脉冲直流电动机
ZN	印刷绕组直流电动机	ZS	试验用直流电动机
ZYJ	减速永磁直流电动机	ZL	录音机永磁直流电动机
ZYY	石油井下用永磁直流电动机	ZCL	电唱机永磁直流电动机
ZJZ	静止整流电源供电直流电动机	ZW	玩具直流电动机
ZJ	精密机床用直流电动机	FZ	纺织用直流电动机

（2）单相交流电动机

在单相交流电动机的名牌上标识有单相交流电动机的型号、额定转速、额定功率、额定电压、额定电流、额定频率、绝缘等级、防护等级、执行标准、出厂日期、编号和制造单位等。

型号是指电动机的类型、系列及产品代号等，通常情况下采用的是大写英文字母和数字表示，如图2所示。

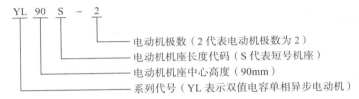

图2　单相交流电动机型号的含义

单相交流电动机的系列代号常用英文字母表示，不同的字母表示单相交流电动机的不同特点，表15所列为单相交流电动机常用系列代号对照。

表15　单相交流电动机常用系列代号对照

字母代号	名　称	字母代号	名　称
YL	双值电容单相异步电动机	YC	单相电容起动异步电动机
YY	单相电容运转异步电动机		

绝缘等级是指单相交流电动机绝缘材料的耐热等级，即所承受温度能力的水平，用字母 E、B、F、H 等字母表示。表16所列为绝缘等级代码所对应的耐热温度值。

表16　绝缘等级代码所对应的耐热温度值

绝缘等级代码	E	B	F	H
耐热温度 /℃	120	130	155	180

防护等级是指单相交流电动机外壳保护电动机内部电路及旋转部位的能力。防护等级用 IPmn 表示，其中，IP 是国际通用的防护等级代码；第一个数字 m 表示电动机防护固体的能力，0~6 共 7 个级别，见表 17；第二个数字 n 表示电动机防液体能力，0~8 共 9 个级别，级别越高防护能力越强，见表 18。

表 17　单相交流电动机防护固体能力

数字代号	0	1	2	3	4	5	6
防护物体的最小尺寸	没有专门防护措施	防护物体直径为50mm	防护物体直径为12mm	防护物体直径为2.5mm	防护物体直径为1mm	防尘	严密防尘

表 18　单相交流电动机防护液体能力

数字代号	0	1	2	3	4	5	6	7	8
防护进水的能力	没有专门的防护措施	可防护滴水	水平方向夹角15℃滴水	60℃方向内的淋水	可任何方向溅水	可防护一定压力的喷水	具有一定强度的喷水	可防护一定压力的浸水	可防护长期浸在水里

（3）三相交流电动机

三相交流电动机的型号一般由三相交流电动机系列代号、机座中心高度、机座长度代码、铁心长度代码、极数和环境代码六部分组成，通常情况下采用的是大写英文字母和数字表示，如图 3 所示。

三相交流电动机的系列代号常用英文字母表示，不同的字母表示三相交流电动机的不同特点，表 19 所列为三相交流电动机常用系列代号对照。

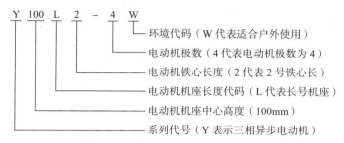

图 3　三相交流电动机型号的含义

表 19　三相交流电动机常用系列代号对照

字母代号	名　　称	字母代号	名　　称
Y	基本系列	YBCJ	隔爆型采煤机用
YA	增安型	YBCS	隔爆型齿轮减速
YACJ	增安型齿轮减速	YBCT	隔爆型采煤机用水冷
YACT	增安型电磁调速	YBD	隔爆型电磁调速
YAD	增安型多速	YBDF	隔爆型多速
YADF	增安型电动阀门用	YBEG	隔爆型电动阀门用
YAH	增安型高滑差率	YBEJ	隔爆型杠杆式制动
YAQ	增安型高起动转矩	YBEP	隔爆型附加制动器制动
YAR	增安型绕线转子	YBGB	隔爆型旁磁式制动
YATD	增安型电梯用	YBH	隔爆型管道泵用
YB	隔爆型	YBHJ	隔爆型高转差率
YBB	隔爆型	YBI	隔爆型回柱绞车用
YBC	隔爆型耙斗式装岩机用	YBJ	隔爆型装岩机用

（续）

字母代号	名　称	字母代号	名　称
YBK	隔爆型绞车用	YCT	电磁调速
YBLB	隔爆型矿用	YD	多速
YBPG	隔爆型立交深井泵用	YDF	电动阀门用
YBPJ	隔爆型高压屏蔽式	YDT	通风机用多速
YBPL	隔爆型泥浆屏蔽式	YEG	制动（杠杆式）
YBPL	隔爆型制冷屏蔽式	YEJ	制动（附加制动器式）
YBPT	隔爆型特殊屏蔽式	YEP	制动（旁磁式）
YBQ	隔爆型高起动转矩	YEZ	锥形转子制动
YBR	隔爆型绕线转子	YG	辊道用
YBS	隔爆型运输机用	YGB	管道泵用
YBT	隔爆型轴流局部扇风机	YGT	滚筒用
YBTD	隔爆型电梯用	YH	高转差
YBY	隔爆型链式运输机用	YHJ	行星齿轮减速
YBZ	隔爆型起重用	YHT	转向器式（整流子）调速
YBZD	隔爆型起重用多速	YI	装煤机用
YBZS	隔爆型起重用双速	YJI	谐波齿轮减速
YBU	隔爆型掘进机用	YK	大型高速
YBUS	隔爆型掘进机用冷水	YLB	立式深井泵用
YBXJ	隔爆型摆线针轮减速	YLJ	力矩
YCJ	齿轮减速	YLS	立式

（续）

字母代号	名　称	字母代号	名　称
YM	木工用	YSL	离合器用
YNZ	耐振用	YSR	制冷机用耐氟
YOJ	石油井下用	YTD	电梯用
YP	屏蔽式	YTTD	电梯用多速
YPG	高压屏蔽式	YUL	装入式
YPJ	泥浆屏蔽式	YX	高效率
YPL	制冷屏蔽式	YXJ	摆线针轮减速
YPT	特殊屏蔽式	YZ	冶金及起重
YQ	高起动转矩	YZC	低振动低噪声
YQL	井用潜卤	YZD	冶金及起重用多速
YQS	井用（充水式）潜水	YZE	冶金及起重用制动
YQSG	井用（充水式）高压潜水	YZJ	冶金及起重减速
YQSY	井用（充油式）高压潜水	YZR	冶金及起重用绕线转子
YQY	井用潜油	YZRF	冶金及起重用绕线转子（自带风机式）
YR	绕线转子	YZRG	冶金及起重用绕线转子（管道通风式）
YRL	绕线转子立式	YZRW	冶金及起重用涡流制动绕线转子
YS	分马力	YZS	低振动精密机床用
YSB	电泵（机床用）	YZW	冶金及起重用涡流制动
YSDL	冷却塔用多速		

电动机机座中心高度是指轴心到地面的垂直高度见表20。

表20　三相交流电动机中心高度

序　号	1	2	3	4	5	6	7	8	9	10
小型电动机中心高 /mm	63	71	80	90	100	112	132	160	180	200
中型电动机中心高 /mm	225	250	280	315	355	400	450	500	550	630

6. 变压器常识

变压器型号命名一般由三部分构成，即将变压器的功率、序号、尺寸、级数等参数以字母、数字直接标志在变压器外壳上。具体命名规格如图4所示。中频变压器的命名规格如图5所示。

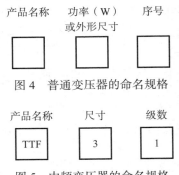

图4　普通变压器的命名规格

图5　中频变压器的命名规格

变压器产品名称的符号和意义对照见表21。

7. 常见文字符号意义

目前，为了实现与国际接轨，大多数电气仪表中都采用了大量的英文语句或单词，甚至是缩写来表示仪表的类型、功能、量程和性能等。

通常，一些文字符号直接用于标识仪表的类型及名称，见表22;有些文字符号则表示仪表上的相关量程、用途等，见表23所列。

表21 变压器产品名称的符号和意义对照表

字母	意义	字母	意义
DB	电源变压器	T	中频变压器
CB	音频输出变压器	L	线圈或振荡线圈
RB/JB	音频输入变压器	F	调幅收音机用
GB	高压变压器	S	短波段
HB	灯丝变压器	V	图像回路
SB/ZB	音频输送变压器		

表22 表示电气仪表类型及名称的文字符号

名称	文字符号	名称	文字符号
安培表（电流表）	A	频率表	Hz
毫安表	mA	波长表	λ
微安表	μA	功率因数表	$\cos\phi$
千安表	kA	相位表	ϕ
安培小时表	Ah	欧姆表	Ω
伏特表（电压表）	V	绝缘电阻表（兆欧表）	MΩ
毫伏表	mV	转速表	n
千伏表	kV	小时表	h
瓦特表（功率表）	W	温度表（计）	θ（t°）
千瓦表	kW	极性表	$\pm$
乏表（无功功率表）	var	和量仪表（如电量和量表）	ΣA
电能表（电度表、瓦时表）	Wh		
乏时表	varh		

表 23　典型电气仪表上表示量程、用途的文字符号（万用表）

文字符号	含义	用途	备注
DCV	直流电压	直流电压测量	用 V 或 V- 表示
DCA	直流电流	直流电流测量	用 A 或 A- 表示
ACV	交流电压	交流电压测量	用 V 或 V~ 表示
OHM（OHMS）	欧姆	阻值的测量	用 Ω 或 R 表示
BATT	电池	用于检测表内电池电压	国产 7050、7001、7002、7005、7007 等指针式万用表设有该量程
OFF	关、关机	关机	—
MDOEL	型号	该仪表的型号	—
HEF		晶体管直流电流放大倍数测量插孔与档位	—
COM		模拟地公共插口	
ON/OFF		开 / 关	—
HOLD		数据保持	
MADE IN CHINA		中国制造	

在电气图中，一些具有特殊用途的接线端子、导线等通常采用一些专用的文字符号进行标识，这里我们归纳总结的一些常用的特殊用途的文字符号，见表 24 所列。

由于大多数电气图等技术资料为黑白亮色，很多导线的颜色无法进行区分，因此在电气线路图上通常用字母代号表示导线的颜色。常见的表示颜色的字母代号见表 25 所列。

8. 艾默生 TD3000 型变频器常用数据

在变频器使用与调试环节，可对照变频器使用说明中的功能介绍查询菜单含义。表 26 为艾默生 TD3000 型变频器三级菜单中的各项功能参数组、功能码含义。

表24 特殊用途的文字符号

序号	名称	新符号	旧符号	序号	名称	新符号	旧符号
1	交流系统中电源第一相	L1	A	11	接地	E	D
2	交流系统中电源第二相	L2	B	12	保护接地	PE	—
3	交流系统中电源第三相	L3	C	13	不接地保护	PU	—
4	中性线	N	0	14	保护接地线和中性线共用	PEN	—
5	交流系统中设备第一相	U	A	15	无噪声接地	TE	
6	交流系统中设备第二相	V	B	16	机壳或机架	MM	
7	交流系统中设备第三相	W	C	17	等电位	CC	—
8	直流系统电源正极	L+	—	18	交流电	AC	JL
9	直流系统电源负极	L-	—	19	直流电	DC	ZL
10	直流系统电源中间线	M	Z				

表25 常见的表示颜色的字母代号

颜色	标记代号	颜色	标记代号
红	RD	棕	BN
黄	YE	橙	OG
绿	GN	绿黄	GNYE
蓝（包括浅蓝）	BU	银白	SR
紫、紫红	VT	青绿	TQ
白	WH	金黄	GD
灰、蓝灰	GY	粉红	PK
黑	BK	—	—

表 26　艾默生 TD3000 型变频器中的各项功能参数组、功能码含义

功能参数组	功能码	名称	LCD 显示	设定范围
F0 基本功能	F0.00	用户密码设定	用户密码	0~9999
	F0.01	语种选择	语种选择	0：汉语；1：英语
	F0.02	控制方式	控制方式	0：开环矢量；1：闭环矢量；2：V/F 控制；
	F0.03	频率设定方式	设定方式	0：数字设定；1：数字设定；2：数字设定；3：数字设定；4：数字设定；5：模拟给定；6：通信给定；7：复合给定；8：复合给定；9：开关频率给定
	F0.04	频率数字设定	频率设定	（F0.09）~（F0.08）
	F0.05	运行命令选择	运行选择	0：键盘控制；1：端子控制；2：通信控制
	F0.06	旋转方向	方向切换	0：方向一致；1：方向取反；2：禁止反转
	F0.07	最大输出频率	最大频率	MAX{50.00~（F0.08）}~400.0 Hz
	F0.08	上限频率	上限频率	（F0.09）~（F0.07）
	F0.09	下限频率	下限频率	0.00~（F0.08）
	F0.10	加速时间 1	加速时间 1	0.1~3600s
	F 0.11	减速时间 1	减速时间 1	0.1~3600s
	F0.12	参数初始化	参数更新	0：无操作；1：清除记忆信息；2：恢复出厂设定；3：参数上传；4：参数下载

（续）

功能参数组	功能码	名称	LCD 显示	设定范围
F1 电动机参数	F1.00	电动机类型选择	电机类型	0：异步电动机
	F1.01	电动机额定功率	额定功率	0.4~999.9kW
	F1.02	电动机额定电压	额定电压	0~ 变频器额定电压
	F1.03	电动机额定电流	额定电流	0.1~999.9A
	F1.04	电动机额定频率	额定功率	1.00Hz~400.0Hz
	F1.05	电动机额定转速	额定转速	1~24000r/min
	F1.06	电动机过载保护方式选择	过载保护	0：不动作；1：普通电动机；2：变频电动机
	F1.07	电动机过载保护系数设定	保护系数	20.0%~110.0%
	F1.08	电动机预励磁选择	预励磁选择	0：条件有效；1：一直有效
	F1.09	电动机自动调谐保护	调谐保护	0：禁止调谐；1：允许调谐
	F1.10	电动机自动调谐进行	调谐进行	0：无操作；1：起动调谐；2：起动调谐宏
	F1.11	定子电阻	定子电阻	0.000~9.999Ω
	F1.12	定子电感	定子电感	0.0~999.9mH

（续）

功能参数组	功能码	名称	LCD 显示	设定范围
F1 电动机参数	F1.13	转子电阻	转子电阻	0.000~9.999Ω
	F1.14	转子电感	转子电感	0.0~999.9mH
	F1.15	互感	互感	0.0~999.9mH
	F1.16	空载励磁电流	励磁电流	0.0~999.9A
F2 辅助参数（未全部列出）	F2.00	起动方式	起动方式	0：起动频率起动；1：先制动再起动；2：转速跟踪起动
	F 2.01	起动频率	起动频率	0.00~10.00Hz
	F2.02	起动频率保持时间	起动保持时间	0.0~10.0s
	F2.03	起动直流制动电流	起动制动电流	0.0~150.0%（变频器额定电流）
	F2.05	加减速方式选择	加减速方式	0：直线加速；1：S曲线加速；
	F2.09	停机方式	停机方式	0：减速停机1；1：自由停机；2：减速停机2
	F2.10	停机直流制动起始频率	制动起始频率	0.00~10.00Hz
	F 2.13	停电再起动功能选择	停电起动	0：禁止；1：允许
	F2.15	点动运行频率设定	点动频率	0.10~10.00Hz
	F2.38	复位间隔时间	复位间隔	2~20s

（续）

功能参数组	功能码	名称	LCD 显示	设定范围
F3 矢量控制（未全部列出）	F3.00	ASR 比例增益 1	ASR1-P	0.000~6.000
	F3.01	ASR 积分时间 1	ASR1-I	0（不作用），0.032~32.00s
	F3.02	ASR 比例增益 2	ASR2-P	0.000~6.000
	F3.03	ASR 积分时间 2	ASR2-I	0（不作用），0.032~32.00s
	F3.04	ASR 切换频率	切换频率	0.00~400.0Hz
	F3.05	转差补偿增益	转差补偿增益	50.0%~250%
	F 3.06	转矩控制	转矩控制	0：条件有效；1：一直有效
	F3.07	电动转矩限定	电动转矩限定	0.0~200.0%（变频器额定电流）
	F3.11	零伺服功能选择	零伺服功能	0：禁止；1：一直有效；2：条件有效
	F3.12	零伺服位置环比例增益	位置环增益	0.000~6.000
F4 V/F 控制	F4.00	V/F 曲线控制模式	V/F 曲线	0：直线；1：平方曲线；2：自定义
	F4.01	转矩提升	转矩提升	0.0~30.0%（手动转矩提升）
	F4.02	自动转矩补偿	转矩补偿	0.0（不动作），0.1%~30.0%
	F 4.03	正转差补偿	正转差补偿	0.00~10.00Hz
	F4.04	负转差补偿	负转差补偿	0.00~10.00Hz
	F4.05	AVR 功能	AVR 功能	0：不动作；1：动作

（续）

功能参数组	功能码	名称	LCD 显示	设定范围
F5 开关量端子 （开关量输入端子）	F5.00	FWD REV 运转模式	控制模式	0：二线模式 1；1：二线模式 2；2：三线模式
	F5.01~F5.08	开关量输入端子 X1~X8 功能	X1 端子功能~X8 端子功能	0：无功能；1：多段速度端子 1；2：多段速度端子 2；3：多段速度端子 3；4：多段加减速时间端子 1；5：多段加减速时间端子 2；6：外部故障常开输入；7：外部故障常闭输入……（共 33 个设定功能）
（开关量输出端子）	F5.09	开路集电极输出端子 Y1 功能选择	Y1 功能选择	0：变频器运行准备就绪（READY）；1：变频器运行中 1 信号（RUN1）；2：变频器运行中 2 信号（RUN2）；3：变频器零速运行中；4：频率/速度到达信号；5：频率/速度一致信号；6：设定计数值到达；7：指定计数值到达；8：简易 PLC 阶段运转完成指示；9：欠电压封锁停止中（P.OFF）；10：变频器过载报警；11：外部故障停机；12：电动机过载预报警；13：转矩限定中
	F5.10	开路集电极输出端子 Y2 功能选择	Y2 功能选择	
	F5.11	可编程继电器输出 PA/B/C 功能选择	继电器功能	
	F5.12	设定计数值到达给定	设定计数值	0~9999
	F5.13	指定计数值到达给定	指定计数值	0~（F5.12）
	F5.14	速度到达检出宽度	频率等效范围	0.0~20.0%（F0.07）
	F5.19	频率表输出倍频系数	倍频输出	100.0~999.9

（续）

功能参数组	功能码	名称	LCD 显示	设定范围
F6 模拟量端子	F6.00	AI1 电压输入选择	AI1 选择	0：0~10V；1：0~5V；2：10~0V；3：5~0V；4：2~10V；5：10~2V；6：-10~+10V
	F6.01	AI2 电压电流输入选择	AI2 选择	0：0~10V/0~20mA；1：0~5V/0~10mA；2：10~0V、20~0mA；3：5~0V/10~0mA；4：2~10V、4~20mA；5：10~2V、20~4mA
	F6.02	AI3 电压输入选择	AI3 选择	0：0~10V；1：0~5V；2：10~0V；3：5~0V；4：2~10V；5：10~2V；6：-10~+10V
	F6.04	主给定通道选择	主给定通达	0：AI1；1：AI2；2：AI3
	F6.05	辅助给定通道选择	辅助通达	0：无；1：AI2；2：AI3
	F6.08	AO1 多功能模拟量输出端子功能选择	AO1 选择	0：运行频率/转速（0~MAX）；1：设定频率/转（0~MAX）；2：ASR 速度偏差量；3：输出电流（0~2 倍额定）；4：转矩指令电流；5：转矩估计电流；6：输出电压（0~1.2 倍额定）；7：反馈磁通电流；8：AI1 设定输入；9：AI2 设定输入；10：AI3 设定输入
	F6.09	AO2 多功能模拟量输出端子功能选择	AO2 选择	

（续）

功能参数组	功能码	名称	LCD 显示	设定范围
F7 过程 PID	F7.00	闭环控制功能选择	闭环控制	0：不选择 PID；1：模拟闭环选择；2：PG 速度闭环
	F7.01	给定量选择	给定选择	0：键盘数字给定；1：模拟端子给定
	F7.03	反馈量输入通道选择	反馈选择	0：模拟端子给定
F8 简易 PLC	F8.00	PLC 运行方式选择	PLC 方式	0：不动作；1：单循环；2：连续循环；3：保持最终值
	F8.01	计时单位	计时单位	0：秒（s）　1：分（min）
	F8.02~F8.15	阶段动作选择和阶段运行时间	STn 选择 STn 时间	0~7 0.0~500m/s
F9 通信及总线	F9.00	波特率选择	波特率选择	0：1200bit/s；1：2400bit/s；2：4800bit/s；3：9600bit/s；4：19200bit/s；5：38400bit/s；6：12500bit/s
	F9.04~F9.11	PZD2~PZD9 的连接值	PZD2~PZD9 连接值	0~20
	F9.12	通信延时	通信延时	0~20ms

（续）

功能参数组	功能码	名称	LCD 显示	设定范围
FA 增强功能	FA.00	故障自动复位重试中故障继电器动作选择	故障输出	0：不输出（故障触点不动作）； 1：输出（故障触点动作）
	FA.01	P.OFF 期间故障继电器动作选择	POFF 输出	0：不输出（故障接点不动作）； 1：输出（故障接点动作）
	FA.02	外部控制时STOP 键的功能选择	STOP 功能	0~15
	FA.03	冷却风扇控制选择	风扇控制	0：自动方式运行； 1：一直运转
	FA.12	变频输入断相保护	输入缺相	0：保护禁止；1：报警； 2：保护动作
	FA.13	变频输出断相保护	输出缺相	0：保护禁止；1：报警； 2：保护动作
FB 编码器功能	FB.00	脉冲编码器每转脉冲数选择	脉冲数选择	1~9999
	FB.01	PG 方向选择	PG 方向选择	0：正向；1：反向
	FB.02	PG 断线动作	PG 断线动作	0：自由停机；1：继续运行 （仅限于 V/F 闭环）
	FB.03	PG 断线检测时间	断线检测时间	2.0~10.0s
	FB.04	零速检测值	零速检测值	0.0（禁止断线保护）， 0.1~999.9r/min

（续）

功能参数组	功能码	名称	LCD 显示	设定范围
FC 保留功能	FC.00~FC.08	保留功能	保留功能	0
FD 显示及检查	FD.00	LED 运行显示参数选择 1	运行显示 1	1~255
	FD.01	LED 运行显示参数选择 2	运行显示 2	0~255
	FD.02	LED 停机显示参数（闪烁）	停机显示	0：设定频率（Hz）/ 速度（r/min）；1：外部计数值；2：开关量输入；3：开关量输出；4：模拟输入 AI1（V）；5：模拟输入 AI2（V）；6：模拟输入 AI3（V）；7：直流母线电压（V-AVE）
	FD.03	频率 / 转速显示切换	显示切换	0：频率（Hz）；1：转速（r/min）
	FD.10	最后一次故障时刻母线电压	故障电压	0~999V
FE 厂家保留	FE.00	厂家密码设定	厂家密码	**** 注：正确输入密码，显示 FE.01~FE.14
FF 通信参数	FF.00	运行频率	不显示	运行频率（Hz）
	FF.01	运行转速	不显示	运行转速（r/min）
	FF.02	设定频率	不显示	设定频率（Hz）
	FF.03	设定转速	不显示	设定转速（r/min）
	…	…	…	…